Christina den Hond-Vaccaro (GABRIEL), Felix Herzog (Agroscope),
Johanna Schoop (Agridea Lausanne), Lisa Nilles (Agridea Lindau),
Mareike Jäger (ZHAW), Sonja Kay (Agroscope)

La pratique agroforestière en Suisse

Haupt
NATUR

Christina den Hond-Vaccaro (GABRIEL),
Felix Herzog (Agroscope),
Johanna Schoop (Agridea Lausanne),
Lisa Nilles (Agridea Lindau),
Mareike Jäger (ZHAW), Sonja Kay (Agroscope)

LA PRATIQUE AGROFORESTIÈRE EN SUISSE

QUAND LES RACINES DESSINENT L'AVENIR

Traduit de l'allemand par Hélène Caruyer

Haupt Verlag

Sommaire

Avant-propos L'agroforesterie

Les fruitiers haute-tige et les haies ont marqué mon enfance. En tant que fils d'agriculteurs, ils étaient pour moi le symbole même de nos campagnes cultivées. Tout comme aujourd'hui, les activités agricoles façonnaient les paysages pour former un patchwork emblématique de cultures annuelles, de prairies naturelles, de cultures permanentes et d'arbres. Je n'avais alors jamais entendu parler d'agroforesterie. Un lent processus de transformation était toutefois en cours, visant, par de multiples moyens, à augmenter la productivité des surfaces, du travail et du capital investi. Notamment l'utilisation accrue d'intrants comme les engrais minéraux et les produits phytosanitaires, la mécanisation, les améliorations structurelles et les méthodes de sélection. Le secteur de la culture fruitière a vu apparaître de plus en plus de plantations fermées d'arbres moyenne-tige ou basse-tige destinés à répondre aux objectifs modernes de goût, d'aspect, de rendement à l'hectare et de productivité du travail. La diversité des variétés s'en est toutefois trouvée considérablement réduite. Les fruits des arbres haute-tige ont été moins demandés comme fruits de table et davantage utilisés comme fruits à cidre.

La plupart des fruitiers haute-tige se dressaient dans des prairies naturelles, parfois aussi au milieu des champs. Un jour d'hiver, en rentrant à la maison avec mes camarades d'école, nous avons découvert avec désarroi que presque tous les arbres avaient été arrachés jusqu'à la souche par de gros tracteurs.

Un vrai spectacle de désolation. Notre paysage familier avait disparu. Cette opération financée par la Confédération s'est étalée sur plus de vingt ans, un laps de temps pendant lequel onze millions de fruitiers haute-tige ont été arrachés. À l'école, on nous a expliqué qu'il fallait lutter contre l'alcoolisme et favoriser l'arboriculture intensive pour approvisionner le marché en de nouvelles variétés de fruits. À en croire ce discours, les fruitiers haute-tige étaient inutiles et posaient un problème de santé publique.

Ce que l'on n'a pas vu venir à l'époque, c'est la perte de biodiversité : celle des cultures fruitières elles-mêmes, mais aussi celle de tout ce qui gravite autour des fruitiers haute-tige et des haies. On considère aujourd'hui que cet appauvrissement est l'une des raisons parmi tant d'autres de la perte de biodiversité dans le secteur agricole.

Tout le monde s'accorde désormais à dire que le système alimentaire, et donc l'agriculture, doivent être entièrement repensés. L'environnement doit être préservé et le système alimentaire doit tendre vers la régénération, la résilience et la durabilité. Cet enjeu fait l'objet de publications scientifiques nationales et internationales depuis près de trente ans. Au niveau mondial, les institutions des Nations Unies ont ancré dans les textes la notion d'écologie agricole en lui donnant un caractère contraignant. Et les États membres se sont engagés à appliquer ses principes à l'échelon national.

Dans ce contexte, l'agroforesterie est une solution moderne pour restaurer les écosystèmes en redonnant aux arbres une fonction écologique importante au cœur des grandes cultures et des pâtures et prairies. Il ne s'agit pas de recréer les paysages d'autrefois mais d'intégrer les arbres comme des éléments productifs dans le système agricole moderne et de profiter de leurs services environnementaux. La complexité fait partie intégrante du défi à relever. Je vois l'agroforesterie comme l'art d'associer différents éléments agroforestiers pour créer des systèmes de production locaux résilients et durables.

Prof. Dr Bernard Lehmann
ancien Directeur de l'Office fédéral de l'agriculture
23 juillet 2024

1 Pourquoi des systèmes agroforestiers ?

Qu'entend-on exactement par « agroforesterie » ? Que « fait » l'agroforesterie et que ne fait-elle pas ? C'est à ces questions que nous nous efforcerons de répondre dans ce chapitre d'introduction.

1.1 Qu'est-ce qu'un système agroforestier ?

Intégrer des arbres et des arbustes dans les systèmes d'exploitation agricole est une forme d'utilisation du sol connue sous le nom d'« agroforesterie ». Les systèmes agroforestiers associent ainsi sur une même parcelle les cultures arables et/ou l'élevage avec la production de fruits (fruits frais, noix, etc.), de bois, d'autres produits des arbres ou des haies. Ce premier sous-chapitre explique la différence entre systèmes agroforestiers *sylvoarables* et *sylvopastoraux*. Le mariage de ces deux types de systèmes agroforestiers, autrement dit la combinaison de ligneux, de grandes cultures et d'élevage est appelé « système *agrosylvopastoral* » (Figure 1). Vous trouverez une classification plus détaillée des différents types de systèmes agroforestiers au chapitre 2.

1.1.1 Ligneux et grandes cultures

Les systèmes *sylvoarables* désignent les formes d'utilisation du sol dans lesquelles une culture de ligneux sur plusieurs années est associée à une grande culture (le plus souvent annuelle) sur la même surface (Figure 2). En Suisse comme dans de nombreux pays d'Europe, il existe un large éventail de telles combinaisons de végétation ligneuse et de plantes cultivées, que nous ne pourrions pas toutes citer. La Figure 3 donne une première idée des innombrables combinaisons possibles. Différents systèmes de végétation ligneuse peuvent être associés à différentes plantes cultivées.

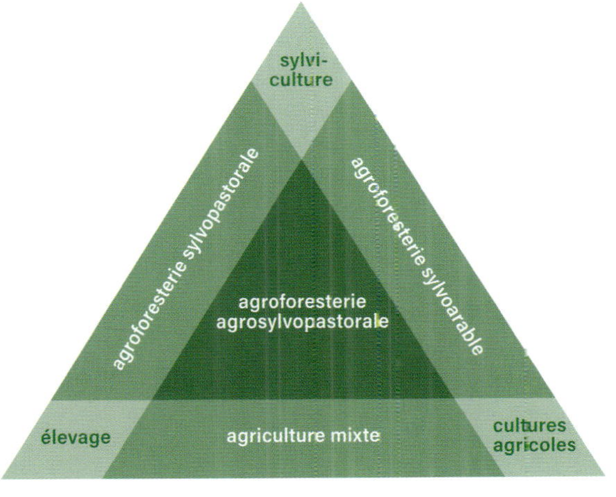

Figure 1 : Représentation simplifiée des différents types de systèmes agroforestiers, répartis entre systèmes sylvoarables, sylvopastoraux et agrosylvopastoraux (adaptée du projet AGROMIX). (Source : Agridea)

Figure 2 : Exemple de système sylvoarable en Suisse (Source : Lisa Nilles, Agridea)

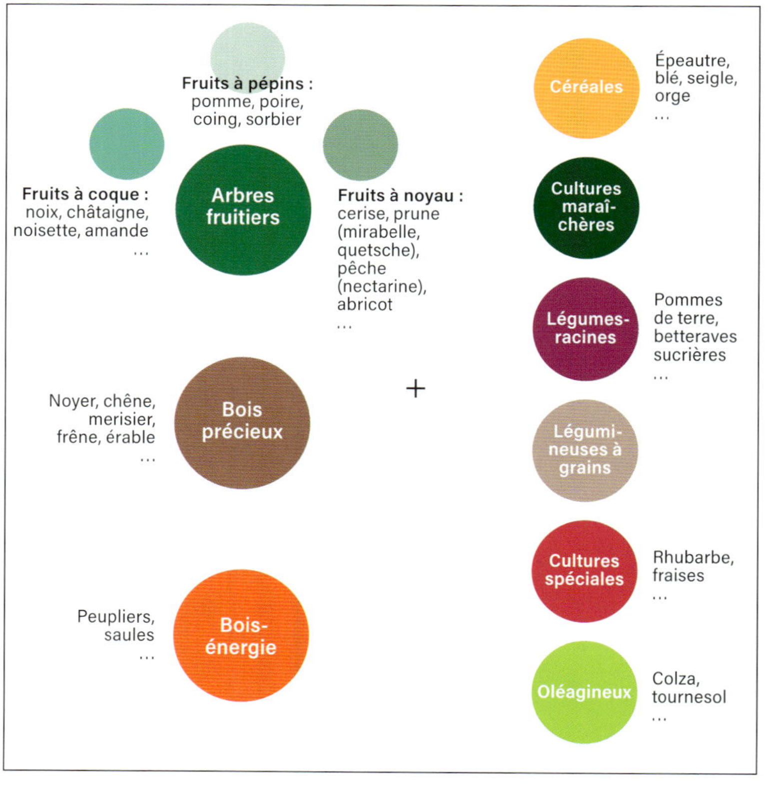

Figure 3 : Exemples (non exhaustifs) d'associations fréquentes de systèmes ligneux (à gauche) et de plantes cultivées (à droite) en agroforesterie (Source : IG Agroforst Schweiz)

Selon la culture principale (accent placé sur la végétation ligneuse ou la culture annuelle), la géographie et le contexte cultural (utilisation de machines, etc.), on obtiendra des systèmes sylvoarables très différents. Dans le présent ouvrage, le chapitre 6 « Agroforesterie et grandes cultures » et le chapitre 7 « Agroforesterie et cultures spéciales » s'intéresseront de plus près aux systèmes agroforestiers sylvoarables. Vous y trouverez aussi des exemples pratiques clairement détaillés.

1.1.2 Ligneux et élevage

Les systèmes *sylvopastoraux* désignent les formes d'utilisation du sol dans lesquelles les ligneux sont associés à des plantes fourragères (légumineuses ou graminées) cultivées ou pâturées par des animaux d'élevage (Figure 4). Les plus connus en Suisse sont les *vergers haute-tige de plein vent traditionnels,* dont les fruitiers haute-tige sont implantés au milieu d'herbages ou de pâturages. Il existe aussi tout un continuum de paysages possibles allant des *prairies semi-ouvertes* avec des arbres ou arbustes isolés ou regroupés en bosquets aux pâturages boisés.

Selon les espèces végétales et animales, les arbres et les haies peuvent aussi être directement broutés par les chèvres, les vaches ou les moutons, ou s'intégrer dans un élevage de volailles. Les formes d'agroforesterie sylvopastorale pratiquées en Suisse reflètent toutes ces différentes possibilités. Le chapitre 8 « Agroforesterie et élevage » présente les systèmes sylvopastoraux « classiques » impliquant des volailles, des ruminants ou des porcs et des exemples concrets d'exploitations suisses.

Figure 4 : Exemple d'un système sylvopastoral en Suisse (Source : Nathaniel Schmid, FiBL)

1.2 Avantages des systèmes agroforestiers

Les systèmes agroforestiers sont plantés et prisés depuis toujours pour leurs multiples fonctions. En effet, outre des aliments ou du fourrage, les parcelles agroforestières fournissent aussi du bois de chauffage ou du bois précieux. Ces parcelles donnent une production plus importante, et surtout plus diversifiée, que si elles étaient exploitées en monoculture. Le système agroforestier augmente ce qu'on appelle le *taux d'efficacité unité terre* ou le *rapport équivalent des terres.* Prenons un exemple simple : un hectare de blé en monoculture fournit en moyenne entre 6 et 8 t de blé tandis qu'un système sylvoarable produit en moyenne un peu moins de blé (5 à 7 t ha^{-1}) mais aussi du bois de chauffage et des fruits, en sachant que le rendement d'un fruitier haute tige peut varier. Les pommiers haute tige p. ex. produisent en moyenne 180 à 250 kg par arbre (poiriers 200 à 300 kg/arbre ; cerisiers 30 à 100 kg/arbre ; quetschiers 30 à 100 kg/arbre). Au total, on obtient donc un panier plus garni avec le système agroforestier.

Différents exemples pratiques confirment le meilleur rendement de l'agroforesterie par rapport à la monoculture pour une même surface. Lors d'une étude de terrain menée en Belgique, p. ex., le rendement du blé d'hiver d'un jeune système agroforestier était ainsi 6 % plus élevé que celui d'une monoculture. Et lors d'une expérimentation au champ en Allemagne, le rendement du blé d'hiver associé à un taillis de peupliers à courte rotation était même 16 % plus élevé qu'en monoculture. D'autres comparaisons de rendements lors d'études de terrain, en revanche, ont donné des différences de rendement minimes et statistiquement non significatives entre les parcelles de la sous-culture d'un système agroforestier et celles d'une monoculture. Si le rendement des bandes de ligneux est également pris en compte, le taux d'efficacité unité terre est plus élevé, comme souligné ci-dessus.

La diversification de la gamme de produits, p. ex. avec les fruits et le bois, s'accompagne en outre d'une plus grande *résilience* des exploitations agricoles. Si, p. ex., une année s'avère particulièrement mauvaise pour la culture du blé en raison d'un manque de pluie ou d'une sécheresse partielle et que des pertes de récolte sont à déplorer, l'exploitation en monoculture devra renoncer à une plus grande partie de sa récolte, et donc de ses revenus. L'exploitation agroforestière enregistrera certes elle aussi des pertes liées à sa récolte de blé, mais elle pourra compter sur sa récolte de fruits et de bois, et donc partiellement compenser les pertes de sa grande culture, voire continuer à générer des revenus. Comparativement, les pertes liées à la récolte de blé pourraient même être moins importantes grâce à un meilleur microclimat et à une sécheresse moins dévastatrice.

Outre ces avantages économiques, les systèmes agroforestiers ont été et restent appréciés du fait de leurs effets positifs sur l'environnement et les ressources : le sol, l'eau, le (micro)climat, l'air et la biodiversité.

La *protection des sols* et de leurs propriétés physiques, chimiques et biologiques est souvent une priorité absolue dans le secteur agricole. Grâce à leur système racinaire étendu, profond et développé sur des années, les arbres et les arbustes pénètrent et « tiennent » le sol.

Ils permettent de réduire sensiblement, voire d'éviter, les pertes de sol causées par l'érosion liée aux (fortes) pluies ou au vent. L'agriculture suisse a su tirer parti de cet avantage ; jusqu'à ce jour, dans notre pays, beaucoup de systèmes agroforestiers traditionnels se trouvent justement dans des zones plus escarpées. Outre cette forte capacité à retenir les sols, les systèmes agroforestiers influencent aussi leurs caractéristiques chimiques et biologiques, notamment en augmentant leur teneur en humus grâce à la pénétration plus dense et plus profonde des racines des bandes de ligneux. Les systèmes agroforestiers augmentent également la capacité d'infiltration, autrement dit la capacité d'un sol à absorber l'eau après des précipitations.

Dans l'agriculture, le sol sert également de source naturelle de nutriments. Dans un *cycle des nutriments* fermé, les nutriments du sol sont absorbés et assimilés par la plante au fil de sa croissance puis, après sa mort, restitués au sol par des agents de décomposition. Dans notre agriculture moderne, en revanche, ce cycle est rompu, car la plante est récoltée et emportée loin du champ. Les nutriments qu'elle a absorbés sont remplacés par des engrais organiques ou minéraux. Dans les systèmes d'élevage, tous les nutriments du lisier et du fumier ne peuvent généralement pas non plus être absorbés par l'herbe ou les plantes fourragères du pâturage. Dans les deux configurations – grandes cultures et élevage –, on observe en conséquence des excès de nitrates et de phosphore, qui peuvent se retrouver dans les eaux souterraines. Les arbres et arbustes d'un système agroforestier peuvent atténuer ce problème. Leur réseau racinaire, qui s'étend sous la parcelle cultivée ou le pâturage, peut capturer les pertes de nutriments comme une sorte de « filet de sécurité » et les utiliser à leur profit. Dans un système d'élevage de porcs en plein air ou en libre parcours, la percolation des nitrates mesurée sous la bande de ligneux était ainsi 75 à 80 % moins importante que dans la surface purement herbagère étudiée en comparaison. Différentes études sur des systèmes agroforestiers sylvoarables ont donné des résultats similaires, avec une réduction de la percolation des nitrates de 82 à 91 % dans un système avec des grandes cultures.

La *protection de l'eau* vise à rechercher une haute qualité de l'eau (« eau propre ») et un bilan hydrique équilibré (« quantités d'eau suffisantes »). Les systèmes agroforestiers ont une influence positive sur la qualité de l'eau, d'une part en réduisant les pollutions dues aux pertes de sol et de sédiments dans les eaux de surface, et d'autre part en évitant le lessivage des nutriments dans les eaux souterraines. Le niveau d'efficacité de cet effet compensatoire sur le bilan hydrique et le degré de préservation de la qualité de l'eau dépendent autant du système choisi (essence, âge, densité du peuplement) que du site. La végétation ligneuse a besoin d'eau pour croître et respirer : elle retient plus d'eau dans le système – dans les racines, le tronc et le feuillage – et en relargue aussi plus dans l'atmosphère par évaporation et évapotranspiration. Elle permet ainsi de réduire le ruissellement, aussi bien en surface dans les ruisseaux, les rivières et les fleuves que sous terre, dans les eaux souterraines. Nous aborderons plus en détail les autres avantages liés à l'eau au chapitre 9, au point 9.4 « Services environnementaux ».

Figure 5 : Le système agroforestier : une source d'ombre par les chaudes journées d'été (Source : Christa Hirschvogel, ZHAW)

Les systèmes agroforestiers influencent le *microclimat* de leur lieu d'implantation. La protection contre la lumière directe du soleil et les vents forts offerte par des arbres et arbustes déjà bien développés et la modification du bilan hydrique créent un microclimat propre au système agroforestier (Figure 5). Nous traiterons ce sujet en détail au chapitre 9 : d'une part, la capacité d'évapotranspiration accrue des arbres permet de retenir plus d'eau dans le système et, d'autre part, les besoins en eau des grandes cultures et des animaux sont réduits grâce à l'ombre et à la moindre exposition au vent. Les extrêmes climatiques sont ainsi atténués.

La *lumière* est un autre aspect majeur du microclimat. Un ombragement important peut naturellement être un inconvénient (cf. point 1.3 « Les défis de l'agroforesterie »), mais un trop fort ensoleillement peut induire une photo-inhibition : les chloroplastes, centres de la photosynthèse, sont alors saturés et ne peuvent plus suivre le rythme de la transformation de l'énergie lumineuse accumulée en énergie chimique – ils sont inactivés et cessent temporairement, ou parfois même de manière irréversible, d'assurer la photosynthèse. Ce processus protège les chloroplastes de dommages irréparables. L'ombre créée par le système agroforestier peut donc aussi avoir un impact positif sur la croissance des plantes.

De plus, le feuillage vert des ligneux en période d'ensoleillement maximal entretient la « pompe à photosynthèse » du système, autrement dit l'alimentation constante des microorganismes du sol en composés carbonés ; et ce à un moment de l'année où le blé, par exemple, est mûr depuis longtemps. Comparées aux systèmes agroforestiers, les monocultures céréalières sont donc un gaspillage de ressources.

Les systèmes agroforestiers sont des *réservoirs de carbone* actifs ; ils incorporent durablement le carbone dans la biomasse ligneuse, les racines et le bois. Des études menées en Suisse dans quatre parcelles agroforestières de fruitiers haute-tige de plein vent ont montré que la biomasse des arbres peut stocker 1 à 1,6 t de carbone par an et par hectare. Vous en apprendrez plus à ce sujet au chapitre 9.

Les systèmes agroforestiers peuvent aussi avoir une influence sur l'*air* et contribuer à la *protection de la qualité de l'air.* Le rôle de filtrage et d'épuration de la végétation est un fait acquis. Dans les systèmes agroforestiers, la couronne des arbres, avec ses feuilles ou ses aiguilles, ses branches, ses rameaux, ainsi que le tronc augmentent la surface des plantes au contact de l'air. À proximité de poulaillers, différentes études ont montré que les arbres, et

Figure 6 : La végétation ligneuse offre de la nourriture à de nombreuses espèces d'animaux. (Source : Dominique Dietiker)

Figure 7 : En agroforesterie, les bande de ligneux créent des conditions d'ensoleillement et de sol particulières pour la flore ségétale accompagnatrice des cultures. (Source : Giotto Roberti, Agroscope)

plus particulièrement les saules, peuvent absorber jusqu'à 27 % de l'ammonium émis. De nouveau, vous trouverez plus de détails sur les capacités d'épuration de l'air des systèmes agroforestiers au chapitre 9.

Enfin, soulignons l'importance largement étudiée et documentée des systèmes agroforestiers pour la *biodiversité*. Les habitats supplémentaires créés par les systèmes agroforestiers par rapport aux monocultures dans le paysage agricole profitent à la fois aux animaux et aux plantes. Les rangées d'arbres et d'arbustes offrent des éléments structurels supplémentaires et permanents dans les champs et les surfaces herbagères. Les systèmes agroforestiers peuvent ainsi servir de biotopes-relais à de nombreux animaux et améliorer la connexion entre des biotopes plus grands tout en enrichissant l'infrastructure écologique (Figure 6). Par ailleurs, différentes études ont établi un lien significatif entre la densité d'arbres et d'arbustes, la diversité des espèces d'oiseaux et leurs effectifs. Les habitats semi-naturels tels que les haies sont également reconnus comme favorables à la présence des oiseaux. Seuls les nicheurs au sol comme l'alouette des champs ou le vanneau huppé évitent les structures boisées.

Outre les oiseaux, les insectes et les petits mammifères profitent aussi d'une offre alimentaire plus abondante et de sites de nidification supplémentaires, ainsi que d'habitats pour passer l'hiver dans les arbres et arbustes et les bandes de végétation situées en dessous. Même la végétation s'adapte à ces nouvelles conditions : le surcroît de lumière et le sol partiellement dégagé des bandes de ligneux offre de l'espace pour la flore ségétale accompagnatrice des cultures (Figure 7) et les associations végétales plus rares.

1.3 Les défis de l'agroforesterie

Grandes cultures, cultures maraîchères, élevage, vergers haute-tige de plein vent : toutes ces formes d'utilisation du sol doivent faire face à des défis écologiques et économiques spécifiques. L'association de systèmes agricoles différents exige de toute évidence plus de savoir-faire : il faut non seulement connaître les aspects respectifs de chaque culture et ses exigences propres mais aussi leurs interactions mutuelles. Ces *interactions* se produisent aussi bien entre les cultures elles-mêmes qu'indirectement, à travers leur influence sur l'environnement physique et la modification du sol ou de la luminosité par exemple.

Bien sûr, les systèmes agroforestiers semblent incroyablement complexes, surtout au départ. Mais quiconque s'intéresse à la question remarquera que les interactions présentes dans les systèmes agroforestiers peuvent être saisies, assimilées et mises à profit. Cette compréhension des interactions dans les systèmes agroforestiers ouvre la porte à des pistes d'action et à des solutions face aux possibles difficultés. Dans le meilleur des cas, une prise en compte intelligente des exigences spécifiques de chaque système mixte et une planification judicieuse permettront d'anticiper les problèmes inutiles. Et en plus de cela, les interactions positives peuvent être tournées en avantages.

La suite de cet ouvrage traitera de manière générale des systèmes agroforestiers (chapitre 3 « Arbres, arbustes et haies dans le système agroforestier », chapitre 4 « La bande de végétation sous les arbres, le troisième niveau des systèmes agroforestiers », chapitre 5 « Mise en œuvre pratique des systèmes agroforestiers », chapitre 9 « Services rendus par les systèmes agroforestiers », chapitre 10 « Cadre politique et juridique, planification et promotion de l'agroforesterie », chapitre 11 « L'agroforesterie en Suisse – quelles perspectives ? ») et des défis spécifiques à chaque type de système (chapitre 6 « Agroforesterie et grandes cultures », chapitre 7 « Agroforesterie et cultures spéciales », chapitre 8 « Agroforesterie et élevage »). Voici toutefois déjà un aperçu des principaux thèmes abordés.

1.3.1 Compétition entre les arbres et la sous-culture

Qu'il s'agisse de céréales annuelles, de légumes bisannuels ou d'arbres vivant de nombreuses années, chaque plante a ses propres besoins en lumière, en eau et en nutriments. Ces besoins étant en fait très semblables, une compétition s'instaure inévitablement entre une plante et ses voisines (de la même espèce ou d'espèces différentes). En réalité, la *compétition intraspécifique* entre les individus d'une même espèce est généralement plus grande que la compétition interspécifique, entre le seigle et le pommier par exemple. Car, alors que deux pieds de seigle prennent racine exactement dans le même espace au niveau du sol et s'élèvent à la même hauteur, l'arbre s'enracine plus profondément, et peut donc puiser l'eau et les nutriments dans les couches plus profondes que les deux pieds de seigle. Du fait de sa feuillaison tardive, le pommier puisera la majeure partie des nutriments et de l'eau dont il a besoin après que le seigle a déjà couvert ses propres besoins au début du printemps. Dans la période critique qui sépare le tallage et la montaison du seigle, l'arbre ne lui fait pas concurrence, car ses feuilles ne sont pas encore sorties. De plus, le pommier n'a pas tout à fait besoin des mêmes proportions de nutriments organiques et d'oligo-éléments que le seigle et il utilise des mécanismes chimiques d'absorption des nutriments un peu différents au niveau cellulaire. En ce qui concerne la lumière, il domine naturellement le seigle et bénéficie donc de la meilleure position pour exploiter au maximum la lumière – toutefois, cela n'affecte le seigle que relativement tardivement vu la feuillaison tardive du pommier.

Cet exemple illustre les différents aspects de l'interaction entre les plantes. En termes de compétition spatiale entre l'arbre et la sous-culture, on distingue ce qui se passe *en surface* et *sous la terre* : si, dans le sol, les plantes sont en concurrence pour l'eau et les nutriments, en surface, l'enjeu porte sur la modification des conditions de luminosité. Les maîtres mots sont ici concurrence pour la lumière et photosynthèse.

Dans un système agroforestier, il faut donc tenir compte de la disposition des arbres, de la distance entre les rangées, de l'espèce choisie, de sa forme de croissance et de sa taille de formation ainsi que du moment de l'apparition des feuilles dans la saison. Tous ces facteurs influencent les conditions de luminosité dont disposera la sous-culture. Pour celle-ci également, il faudra tenir compte des besoins spécifiques de l'espèce ou de la variété : un

Figure 8 : Effets de bordure dans un champ de maïs (Source : Mareike Jäger)

plant de maïs n'aura jamais assez de lumière tandis qu'une salade se « réjouira » d'un peu d'ombre lors des très chaudes journées d'été. À l'inverse, une luminosité insuffisante entraînera une réponse d'*évitement de l'ombre,* avec une inhibition de la germination, un allongement des entre-nœuds (section de tige entre deux nœuds, les points d'insertion des feuilles) et un moins bon développement des tiges traçantes, voire une floraison prématurée. Outre ces modifications morphologiques, l'ombre peut aussi influencer la qualité des produits, la teneur en protéines du blé p. ex., aussi bien positivement que négativement. Un manque de lumière conséquent peut limiter la croissance et réduire la capacité de reproduction (Figure 8).

Au niveau racinaire, les plantes sont en compétition pour l'espace, l'eau, les substances organiques, les minéraux et souvent aussi pour les interactions utiles avec les micro-organismes (en particulier les champignons et certaines bactéries). Dans un système agroforestier, les premières années après la plantation des jeunes arbres sont donc particulièrement cruciales – on souhaite en effet que les racines des arbres ou arbustes poussent le plus possible en profondeur et non en largeur, sous la sous-culture. Idéalement, on obtient alors une situation propice à l'apparition de mécanismes favorables comme l'« ascenseur hydraulique » (ou « redistribution hydraulique ») ou des apports en nutriments depuis les couches inférieures du sol (cf. chapitre 9 « Services rendus par les systèmes agroforestiers »).

Pour favoriser la croissance racinaire dans cette direction, il est nécessaire de travailler le sol près des rangées d'arbres et/ou de haies pendant les premières années qui suivent leur plantation (cf. aussi chapitre 3). Cela permet de détruire les racines peu profondes dans la couche superficielle du sol et d'inciter l'arbre ou l'arbuste à développer ses racines plus en profondeur. Il faut renoncer à cette mesure quand l'arbre atteint un certain âge (à partir de la 7e année après la plantation environ), car blesser des racines plus grosses et plus anciennes pourrait créer des dommages irréversibles, voire, dans le pire des cas, entraîner la mort de l'arbre. Les exploitant·es demandent souvent s'il est possible de transformer un ancien verger (ou même un bois) en système agroforestier avec des grandes cultures. Pour les raisons précitées, la réponse à cette question est que les anciens vergers ne peuvent pas être convertis en systèmes agroforestiers sylvoarables.

Effets allélopathiques
Les plantes peuvent émettre des substances chimiques au niveau de leurs racines (c'est ce qu'on appelle l'« exsudation ») ou les libérer dans l'environnement lors de la décomposition de leur feuillage. Lors de ce phénomène, des composés organiques micromoléculaires (p. ex. monosaccharides, acides aminés) sont libérés activement dans la sphère racinaire ou dans le sol, ou s'y retrouvent passivement. Ces composés organiques micromoléculaires, aussi appelés substances secondaires, peuvent inhiber la croissance des plantes poussant à proximité. Dans les régions tempérées, le noyer commun et le peuplier tremble sont connus pour leurs capacités allélopathiques. Dans la pratique agroforestière, ces effets inhibiteurs sur la croissance ne devraient toutefois jouer qu'un rôle mineur.

1.3.2 La protection des végétaux en agroforesterie
La protection des sous-cultures des systèmes agroforestiers exige de tenir compte de certaines particularités, car la dérive des produits phytosanitaires au sein d'une parcelle associant deux cultures partenaires constitue un risque. Pour les arbres fruitiers qui fleurissent en même temps que des cultures intercalaires comme les légumes, le colza ou les cultures de baies, il faut respecter certains délais d'attente entre l'utilisation des produits phytosanitaires et la récolte. L'application d'insecticides dans des champs de colza ou de betteraves sucrières avec des arbres en fleurs exige aussi de contrôler et de respecter scrupuleusement les restrictions d'utilisation. Dans le doute, l'exploitant·e est responsable des dommages provoqués par la dérive des pesticides. Même chose pour le respect des délais d'attente. Même les produits phytosanitaires autorisés en agriculture biologique peuvent avoir un impact négatif sur la qualité des sous-cultures, p. ex. en formant des dépôts sur les cultures maraîchères. L'utilisation tardive de fongicides comme traitement final des pommes de terre quand des pruniers portant des fruits prêts à être récoltés sont présents dans le champ, les traitements de fruitiers à pépins contre l'oïdium quand des céréales à maturité se trouvent dessous ou le traitement d'arbres fruitiers quand des animaux pâturent autour sont d'autres exemples de conflits potentiels.

La règle générale en agriculture biologique est que les arbres fruitiers ne peuvent pas être traités, même avec des produits autorisés, quand des cultures prêtes à être récoltées sont présentes entre les rangées d'arbres.

1.3.3 Temps, argent et savoir-faire

Les systèmes agroforestiers font partie des systèmes agricoles qui exigent le plus une planification sur le long terme. Avant que les arbres ne soient « vraiment » productifs et que les haies ne remplissent pleinement leur fonction, plusieurs années (ou décennies) peuvent s'écouler. Les investissements engagés au départ, liés aux coûts parfois élevés des plants et aux nombreuses heures de travail exigées par la plantation et l'entretien des cultures ligneuses, ne portent leurs fruits que très progressivement (cf. point 9.1 « Considérations économiques »). Il faut également un certain savoir-faire pour obtenir le meilleur résultat possible en termes de rendement et de performances environnementales. Vous trouverez des réflexions de fond sur la planification et un sous-chapitre sur les erreurs les plus fréquentes au chapitre 5 « Mise en œuvre pratique des systèmes agroforestiers ».

1.3.4 Ravageurs et maladies des arbres

Certaines espèces d'arbres souvent présentes dans les systèmes agroforestiers exigent des mesures de protection contre les organismes nuisibles et les maladies. Au point 3.1.6 « Organismes nuisibles et maladies », nous présenterons trois ennemis des cultures à l'origine d'importantes pertes économiques en Suisse : le feu bactérien (une maladie due à une bactérie), la maladie fongique Marssonina et la drosophile du cerisier.

1.3.5 Profondeur du sol et drainage

La profondeur du sol est un critère central pour l'aménagement d'un système agroforestier sur des terres arables. Avant de planter, les conditions de sol de la parcelle choisie doivent être soigneusement vérifiées à l'aide d'une carte pédologique (si elle existe) et d'un carottage. Les parcelles à sol peu profond et où l'eau s'accumule facilement ne conviennent pas aux systèmes agroforestiers plantés d'arbres. Les parcelles avec un système intact de drainage sont également inadaptées : avec le temps, les racines des arbres finiraient par pénétrer dans les tuyaux de drainage et les détruiraient.

Si le sol contient de vastes couches avec de l'eau stagnante, il y a un risque que les racines des arbres ne s'étendent pas sous la zone racinaire des plantes cultivées, comme souhaité, mais directement dans cette zone, concurrençant ainsi les cultures pour l'eau et les nutriments (cf. aussi chapitre 6, Figure 11).

Dans certains cantons, de vastes systèmes de drainage ont été financés par les cantons ; d'autres plus modestes par les communes. Le canton de Genève, p. ex., impose de respecter une distance minimale de 10 m entre le système de drainage et l'arbre. En cas d'aménagement d'un nouveau système agroforestier, il convient de se renseigner sur la question auprès de la commune ou du canton.

1.3.6 Conflits d'objectifs

La végétation ligneuse réduit l'érosion et le lessivage des nitrates et favorise la santé du sol et la biodiversité. Dans les zones ouvertes et étendues de grandes cultures, les systèmes agroforestiers peuvent toutefois avoir un impact négatif sur les oiseaux nicheurs au sol, qui privilégient les paysages ouverts. L'alouette des champs, la caille et le vanneau huppé, p. ex., évitent la proximité des structures élevées – bâtiments, lignes à haute tension ou même arbres et haies de plus de quatre mètres de haut (cf. point 9.4.4 « Biodiversité »).

Par ailleurs, les couloirs d'air frais sont une thématique encore souvent ignorée : des tranchées ouvertes, bien dégagées, dans le paysage font en sorte que l'air des « zones de production d'air froid » (bois, prairies, masses d'eau, surfaces agricoles) puisse s'écouler dans les zones d'air plus chaud et y assurer un échange d'air (bienvenu). Une haie trop dense (ou même une rangée d'arbres très serrée) au pied d'une pente peut par exemple empêcher l'air froid de circuler, obstruant ainsi le couloir d'air frais.

Bibliographie :

Alam, M., Olivier, A., Paquette, A., Dupras, J., Revéret, J.-P., Messier, C., 2014. A general framework for the quantification and valuation of ecosystem services of tree-based intercropping systems. Agrofor. Syst. 88, 679–691. https://doi.org/10.1007/s10457-014-9681-x

Artru, S., Garré, S., Dupraz, C., Hiel, M.-P., Blitz-Frayret, C., Lassois, L., 2017. Impact of spatio-temporal shade dynamics on wheat growth and yield, perspectives for temperate agroforestry. Eur. J. Agron. 82, 60–70. https://doi.org/10.1016/j.eja.2016.10.004

Bealey, W.J., Loubet, B., Braban, C.F., Famulari, D., Theobald, M.R., Reis, S., Reay, D.S., Sutton, M.A., 2014. Modelling agro-forestry scenarios for ammonia abatement in the landscape. Environ. Res. Lett. 9, 125001. https://doi.org/10.1088/1748-9326/9/12/125001

Cardinael, R., Chevallier, T., Cambou, A., Béral, C., Barthès, B.G., Dupraz, C., Durand, C., Kouakoua, E., Chenu, C., 2017. Increased soil organic carbon stocks under agroforestry: A survey of six different sites in France. Agric. Ecosyst. Environ. 236, 243–255. https://doi.org/10.1016/j. agee.2016.12.011

Carrier, M., Rhéaume Gonzalez, F.-A., Cogliastro, A., Olivier, A., Vanasse, A., Rivest, D., 2019. Light availability, weed cover and crop yields in second generation of temperate tree-based intercropping systems. Field Crops Res. 239, 30–37. https://doi.org/10.1016/j.fcr.2019.05.004

Hagist, D., Schürmann, H., n.d. Agroforst und Brutvögel – Chancen und Konflikte. Faktenblatt. Helfenstein, J., Bürgi, M.,

Debonne, N., Dimopoulos, T., Diogo, V., Dramstad, W., Edlinger, A., Garcia-Martin, M., Hernik, J., Kizos, T., Lausch, A., Levers, C., Mohr, F., Moreno, G., Pazur, R., Siegrist, M., Swart, R., Thenail, C., Verburg, P.H., Williams, T.G., Zarina, A., Herzog, F., 2022. Farmer surveys in Europe suggest that specialized, intensive farms were more likely to perceive negative impacts from COVID-19. Agron. Sustain. Dev. 42, 84. https://doi.org/10.1007/s13593-022-00820-5

Jäger, M., 2017. Agroforstsysteme. Hochstamm-, Wildobst- und Laubbäume mit Kulturpflanzen kombinieren.

Jakobsson, S., Lindborg, R., 2017. The importance of trees for woody pasture bird diversity and effects of the European Union's tree density policy. J. Appl. Ecol. 54, 1638–1647. https://doi. org/10.1111/1365-2664.12871

Kanzler, M., Böhm, C., Mirck, J., Schmitt, D., Veste, M., 2019. Microclimate effects on evaporation and winter wheat (Triticum aestivum L.) yield within a temperate agroforestry system. Agrofor. Syst. 93, 1821–1841. https://doi.org/10.1007/s10457-018-0289-4

Kay, S., Rega, C., Moreno, G., Den Herder, M., Palma, J.H.N., Borek, R., Crous-Duran, J., Freese, D., Giannitsopoulos, M., Graves, A., Jäger, M., Lamersdorf, N., Memedemin, D., Mosquera-Losada, R., Pantera, A., Paracchini, M.L., Paris, P., Roces-Díaz, J.V., Rolo, V., Rosati, A., Sandor, M., Smith, J., Szerencsits, E., Varga, A., Viaud, V., Wawer, R., Burgess, P.J., Herzog, F., 2019. Agroforestry creates carbon sinks whilst enhancing the environment in agricultural landscapes in Europe. Land Use Policy 83, 581–593. https://doi.org/10.1016/j.landusepol.2019.02.025

Lecq, S., Loisel, A., Brischoux, F., Mullin, S.J., Bonnet, X., 2017. Importance of ground refuges for the biodiversity in agricultural hedgerows. Ecol. Indic. 72, 615–626. https://doi.org/10.1016/j.ecolind.2016.08.032

Maes, J., Barbosa, A., Baranzelli, C., Zulian, G., Batista E Silva, F., Vandecasteele, I., Hiederer, R., Liquete, C., Paracchini, M.L., Mubareka, S., Jacobs-Crisioni, C., Castillo, C.P., Lavalle, C., 2015. More green infrastructure is required to maintain ecosystem services under current trends in land-use change in Europe. Landsc. Ecol. 30, 517–534. https://doi.org/10.1007/s10980-014-0083-2

Manevski, K., Jakobsen, M., Kongsted, A.G., Georgiadis, P., Labouriau, R., Hermansen, J.E., Jørgensen, U., 2019. Effect of poplar trees on nitrogen and water balance in outdoor pig production – A case study in Denmark. Sci. Total Environ. 646, 1448–1458. https://doi.org/10.1016/j.scitotenv.2018.07.376

Pardon, P., Reubens, B., Mertens, J., Verheyen, K., De Frenne, P., De Smet, G., Van Waes, C., Reheul, D., 2018. Effects of temperate agroforestry on yield and quality of different arable intercrops. Agric. Syst. 166, 135–151. https://doi.org/10.1016/j.agsy.2018.08.008

Patterson, P.H., Adrizal, Hulet, R.M., Bates, R.M., Despot, D.A., Wheeler, E.F., Topper, P.A., 2008. The Potential for Plants to Trap Emissions from Farms with Laying Hens. 1. Ammonia. J. Appl. Poult. Res. 17, 54–63. https://doi.org/10.3382/japr.2007-00014

Qiao, X., Sai, L., Chen, X., Xue, L., Lei, J., 2019. Impact of fruit-tree shade intensity on the growth, yield, and quality of intercropped wheat. PLOS ONE 14, e0203238. https://doi.org/10.1371/journal.pone.0203238

Sánchez, I.A., McCollin, D., 2015. A comparison of microclimate and environmental modification produced by hedgerows and dehesa in the Mediterranean region: A study in the Guadarrama region, Spain. Landsc. Urban Plan. 143, 230–237. https://doi.org/10.1016/j.landurbplan.2015.07.002

Seitz, B., Carrad, E., Burgos, S., Tatti, D., Herzog, F., Jäger, M., Sereke, F., 2017. Augmentation des stocks d'humus dans un système agroforestier de sept ans en Suisse centrale. [document en ligne]. URL https://ira.agroscope.ch/fr-CH/Page/Publikation/Index/44707 (consulté le 19/02/2024).

Taiz, L., Zeiger, E., Møller, I.M., Murphy, A.S. (Eds.), 2015. Plant physiology and development, Sixth edition. ed. Sinauer Associates, Inc., Publishers, Sunderland, Massachusetts.

Vaccaro, C., Six, J., Schöb, C., 2022. Moderate shading did not affect barley yield in temperate silvoarable agroforestry systems. Agrofor. Syst. 96, 799–810. https://doi.org/10.1007/s10457-022-00740-z

Wang, Q., Xu, Z., Hu, T., Rehman, H. ur, Chen, H., Li, Z., Ding, B., Hu, H., 2014. Allelopathic activity and chemical constituents of walnut *(Juglans regia)* leaf litter in walnut–winter vegetable agroforestry system. Nat. Prod. Res. 28, 2017–2020. https://doi.org/10.1080/14786419.2014.913245

Wolz, K.J., Branham, B.E., DeLucia, E.H., 2018. Reduced nitrogen losses after conversion of row crop agriculture to alley cropping with mixed fruit and nut trees. Agric. Ecosyst. Environ. 258, 172–181. https://doi.org/10.1016/j.agee.2018.02.024

Zellweger-Fischer, J., Hoffmann, J., Korner-Nievergelt, P., Pfiffner, L., Stoeckli, S., Birrer, S., 2018. Identifying factors that influence bird richness and abundance on farms. Bird Study 65, 161–173. https://doi.org/10.1080/00063657.2018.1446903

Zubay, P., Kunzelmann, J., Ittzés, A., Németh Zámboriné, É., Szabó, K., 2021. Allelopathic effects of leachates of Juglans regia L., Populus tremula L. and juglone on germination of temperate zone cultivated medicinal and aromatic plants. Agrofor. Syst. 95, 431–442. https://doi.org/10.1007/s10457- 020-00572-9

2 Les systèmes agroforestiers en Suisse

2.1 L'agroforesterie traditionelle en Suisse

En Suisse comme dans une grande partie de l'Europe, les systèmes agroforestiers traditionnels font partie du paysage agricole depuis des siècles. Ils y sont encore très présents aujourd'hui : les Wytweiden (pâturages boisés) sont typiques du Jura comme les vergers haute-tige le sont d'une grande partie du nord de la Suisse. Le Tessin et, plus récemment, la Suisse centrale abritent de nombreuses châtaigneraies. Sans oublier les brise-vents, principalement constitués de peupliers, et les installations de type haies.

Au total, ces systèmes traditionnels représentent huit pour cent des 1,5 million d'hectares de surfaces agricoles (surface agricole utile et estives) (Tableau 1, Figure 1). L'exploitation concomitante de différentes structures sur la même surface est une longue tradition de l'économie paysanne. En Europe centrale, les haies de feuillus offraient aux animaux une source de nourriture supplémentaire, et aux paysans du bois de chauffage et de fines branches destinées à divers usages. Les allées d'arbres bordant les chemins aidaient à s'orienter et servaient à la fabrication de meubles. Les saules têtards contribuaient à la régulation naturelle de l'eau dans les zones alluviales. Les arbres fruitiers étaient quasiment omniprésents et fournissaient, à côté des céréales et des pommes de terre, des fruits séchés et du moût pour l'hiver. Ces formes d'exploitation diversifiées tirent notamment leur origine de la restriction de l'exploitation des forêts imposée par la noblesse à la fin

Tableau 1 : Les principaux systèmes agroforestiers traditionnels en Suisse. Avec une superficie d'environ 1200 km², ils représentent huit pour cent des surfaces agricoles exploitées.

Système agro-forestier traditionnel	Description	Localisation	Superficie	Source
Pâturages boisés	Pâtures (surtout pour les bovins et les chevaux) avec arbres isolés	Préalpes et Jura	650 km²	Estimation sur la base des pâturages (catégories 43, 44, 46, 47, 48, OFS 2015) qui comptent au moins 10 arbres à l'hectare (swisstopo 2023)
Prairies et pâturages avec fruitiers haute-tige de plein vent	Arbres fruitiers et noyers sur surfaces herbagères	Plateau suisse, souvent à proximité de zones habitées	199 km²	OFS (2021) (Statistique de la superficie, catégorie 38)
Haies	Haies et ligneux de petite taille	Dans toutes les zones agricoles	307 km²	OFS (2009) (Statistique de la superficie, catégorie 58)
Châtaigneraies	Surfaces herbagères pâturées	Alpes méridionales, Alpes centrales	45 km²	Moretti et al. (2021)

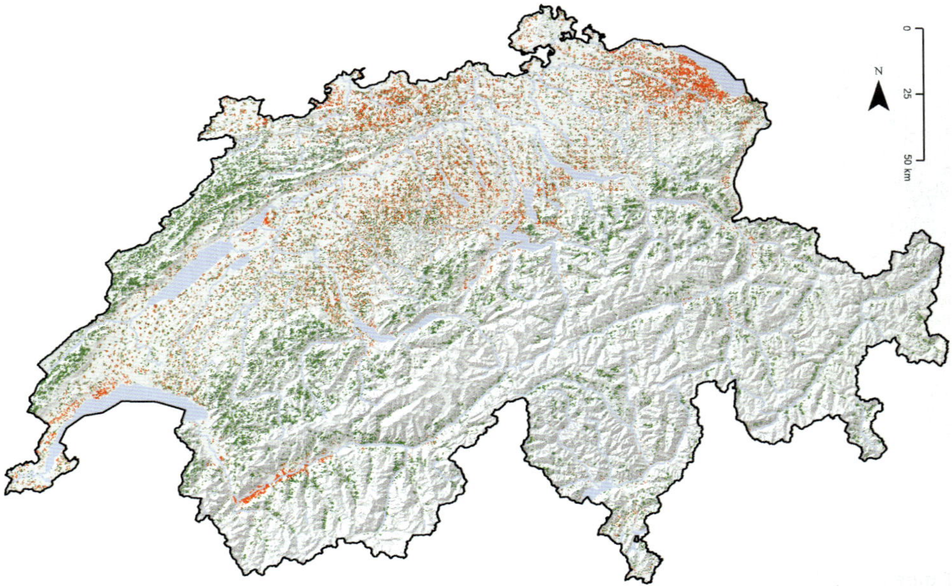

Figure 1 : Les principaux systèmes agroforestiers traditionnels en Suisse : pâturages boisés et vergers haute-tige de plein vent traditionnels – les haies et châtaigneraies ne sont pas représentées. (Source : arrière-plan cartographique : hill-shade © swisstopo. Cartographie : Erich Szerencsits, Agroscope)

du Moyen-Âge – arbres, haies et arbustes sur les terres en propre sont alors devenus des « micro-forêts » indispensables à la survie.

2.1.1 Wytweiden / pâturages boisés

Les pâturages boisés sont l'élément agroforestier le plus répandu. Ils sont présents dans les Préalpes septentrionales et le Jura, où ils sont emblématiques du paysage, mais aussi dans d'autres régions montagneuses (« Wytweiden », « pâturage boisé ») (Figure 2).

Le « pâturage boisé » (ou « Wytweide » comme on dit dans le Jura) désigne l'élevage de bétail en zone boisée ou en forêt. La mosaïque de surfaces herbagères, d'arbustes et d'arbres forme un habitat à l'interface entre forêt et pâturage qui profite à de nombreuses espèces. La proportion d'arbres peut varier de quelques arbres isolés dans une pâture au pâturage boisé principalement destiné à l'élevage. De plus, en Suisse, 15 % des forêts de montagne sont régulièrement pâturées au début de l'été ou à l'automne, le plus souvent par des bovins. Cette forme d'exploitation était et reste toutefois controversée.

2.1.2 Vergers haute-tige de plein vent

Les vergers haute-tige de plein vent traditionnels sont un élément agroforestier majeur du Plateau suisse et des Préalpes, même s'ils ont nettement régressé depuis les années 1950. Dans ces systèmes, les fruitiers haute-tige sont le plus souvent associés à des surfaces herbagères et à l'élevage (Figure 3).

Figure 2 : Les Wytweiden / pâturages boisés sont surtout répandus dans le Jura et les Préalpes septentrionales. (Source : Felix Herzog)

Figure 3 : Les vergers haute-tige de plein vent sont encore largement répandus en Suisse. (Source : Mareike Jäger)

2.1.3 Châtaigneraies

Les châtaigneraies (Figure 4), qui constituaient autrefois une source importante de nourriture et de revenus dans les vallées des Alpes méridionales, sont aujourd'hui le système agroforestier traditionnel le moins répandu. Certaines plantations isolées sont actuellement revitalisées en Suisse centrale, à proximité des lacs intra-alpins.

Figure 4 : Les châtaigneraies ne sont plus présentes que dans une petite région de Suisse. (Source : Mareike Jäger)

2.1.4 Haies

Les haies et ligneux de petite taille sont aussi des éléments agroforestiers (Figure 5). Bien que de nature très diverse, les bandes de ligneux au bord de l'eau et les brise-vents sont aussi souvent recensés comme haies. Il s'agit de systèmes linéaires constitués d'arbustes,

Figure 5 : Les haies remplissent de multiples fonctions dans le paysage. (Source : Corinne Zurbrügg, Agridea)

parfois aussi d'arbres, qui bordent les champs, les étangs, les rivières, les lacs ou les zones humides.

La végétation ligneuse peut être exploitée ou non. Elle a un impact sur les cultures agricoles dans le sens où elle modifie le microclimat en apportant ombre, protection contre le vent et protection du sol. Toutefois, les vrais « paysages de haies » au sens des « bocages » du nord-ouest de la France ou des « Knicks » du nord de l'Allemagne sont quasi inexistants en Suisse. Dans le chapitre 3 « Arbres, arbustes et haies dans le système agroforestier », nous décrirons les nombreuses formes et fonctions des haies (cf. 3.2 « Les haies ») et au chapitre 8 « Agroforesterie et élevage », nous expliquerons en détail les propriétés, les formes d'exploitation et l'entretien des haies fourragères.

2.1.5 Vite maritata

La tradition des « vignes mariées » (*vite maritata,* Figure 6) remonte à l'Antiquité. La vigne est une liane et, à l'origine, une plante forestière. Elle a besoin d'une structure de soutien pour pousser. C'est ainsi qu'on a pensé à associer arbres et pieds de vigne. En France, cette forme de culture appelée « vigne en hautain » était encore répandue au XIXe siècle. En Suisse romande, on parlait de « hautin ». Aujourd'hui, ce système traditionnel d'exploitation a pratiquement disparu de notre pays. Le chapitre 7 se penche sur l'intégration de la végétation ligneuse dans la pratique viticole moderne.

2.1.6 Déclin des systèmes traditionels

Même si les systèmes agroforestiers traditionnels représentent toujours 8 % environ des surfaces agricoles, ils ont connu un net déclin ces cent dernières années.

Aux XVIIIe et XIXe siècles, les vergers haute-tige de plein vent étaient une forme d'intensification par double exploitation des surfaces. Les fruits étaient une marchandise et

Figure 6 : La Suisse aussi a connu autrefois la pratique appelée « vite maritata » (vigne mariée), consistant à associer arbres et culture viticole, comme ici à Padoue. (Source : Viviana Ferrario)

Figure 7 : Les photographies aériennes d'Arisdorf (1946 et 2024) confirment le net recul des systèmes agroforestiers traditionnels en Suisse. (Source : swisstopo ; système d'information images aériennes LUBIS ; Swissimage ; consulté en mai 2024 pour les deux photos)

une source de revenus intéressantes. Leur culture et, avec elle, les vergers haute-tige de plein vent se sont donc répandus rapidement. En 1950, l'effectif s'élevait à 15 millions d'arbres. Au cours des 50 dernières années, près de 80 % des fruitiers haute-tige ont disparu. Cette évolution s'explique notamment par l'intensification de l'agriculture, l'apparition d'exploitations fruitières intensives modernes et l'évolution du comportement des consommateurs. De plus, ces vergers étaient traditionnellement plantés autour des villages. Avec la croissance démographique et les nouvelles constructions, beaucoup de ces surfaces ont été victimes de l'urbanisation.

Les châtaigneraies ont également fortement décliné au cours des siècles derniers. Si leur superficie était estimée à 10 000 hectares en 1750, aujourd'hui, la majeure partie est envahie par la végétation ; les anciennes plantations ne sont plus que ponctuellement éclaircies et revitalisées.

2.1.7 Vers une renaissance ?

Compte tenu des précieux services environnementaux qu'ils continuent de rendre, les systèmes traditionnels sont soutenus par différentes mesures. À commencer par les mesures de promotion de la biodiversité de la Confédération et différents programmes cantonaux. Certains cantons ont mis en place des programmes supplémentaires de préservation des paysages agricoles typiques. D'autres mesures d'incitation viennent d'organismes de labellisation et de diverses initiatives du marché comme Hochstamm-Suisse (www.hochstamm-suisse.ch), la marque de produits à base de fruits Posamenter dans le nord-ouest de la Suisse (www.posamenter.ch) ou Zugerchriesi en Suisse centrale (www.zugerchriesi.ch). Sans ces aides financières, ces précieux systèmes ne pourraient plus être entretenus, car ils ne seraient pas économiquement viables. Les fruits des vergers haute tige de plein vent, par exemple, ne se vendent plus guère comme fruits de table, car ils ne répondent plus aux exigences de qualité de la grande distribution et des consommateurs·trices. Sans compter que la récolte des fruits et, plus généralement, l'exploitation et l'entretien des systèmes traditionnels exigent souvent beaucoup de travail et ne sont que partiellement mécanisables.

2.2 L'arrivée des systèmes agroforestiers modernes

C'est là que les systèmes agroforestiers « modernes » auxquels s'intéresse le présent ouvrage entrent en jeu. Ils sont pensés pour faciliter la mécanisation et pouvoir être exploités avec les techniques agricoles modernes.

Il y a une vingtaine d'années, quelques pionniers et pionnières ont commencé à expérimenter des systèmes agroforestiers d'un nouveau genre. Par exemple, en associant alignements d'arbres et grandes cultures. La plupart du temps, il s'agit d'arbres fruitiers, surtout parce les exploitant·es sont déjà familiarisé·es avec ces espèces (contrairement aux essences forestières), et parce que les fruitiers et noyers peuvent être déclarés comme surfaces de promotion de la biodiversité, qu'ils soient plantés dans un système sylvopastoral traditionnel ou dans un nouveau système sylvoarable.

Les nouveaux systèmes agroforestiers sont en outre aménagés de manière à garantir l'utilisation des machines agricoles modernes. En Suisse, beaucoup de systèmes agroforestiers modernes associent plusieurs espèces d'arbres ; il est rare de ne cultiver qu'une seule espèce. L'exploitation de la sous-strate prend aussi différentes formes, comme nous l'expliquerons dans les chapitres qui suivent.

2.2.1 L'agroforesterie comme système de culture autonome

À la répartition grossière en systèmes agroforestiers sylvoarables, sylvopastoraux et agrosylvopastoraux présentée au chapitre 1, certains préfèrent une subdivision plus détaillée – par exemple selon l'importance de chaque composante : végétation ligneuse, plantes cultivées et élevage (Figure 8).

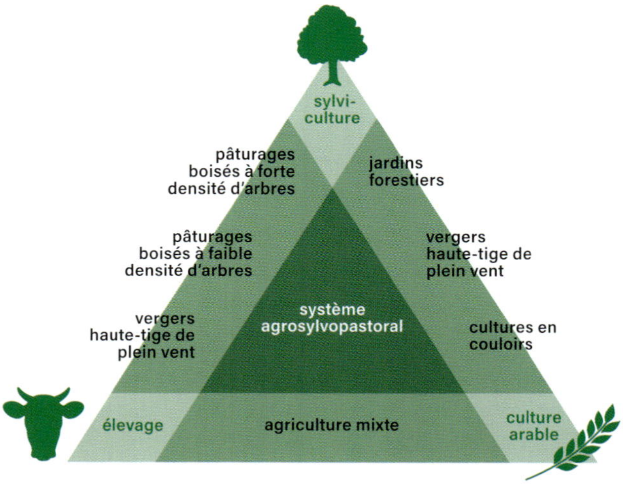

Figure 8 : Les systèmes agroforestiers selon l'importance de chaque composante : végétation ligneuse, plantes cultivées et élevage (Source : illustration adaptée de Burgess et Rosati, 2018)

- **Sylvoarable** : (du latin arabilis = « qui peut être labouré ») décrit l'association de structures ligneuses (en latin silva = « bois/forêt ») et de grandes cultures ou de cultures maraîchères, le plus souvent annuelles, sur des terres arables.
- **Sylvopastoral :** (du latin pastor = « pâtre, pasteur ») décrit l'association de structures ligneuses et d'élevage, le plus souvent sous forme de pâtures ou encore de prairies.
- **Agrosylvopastoral :** dans les systèmes agrosylvopastoraux, les arbres sont associés à la fois à l'élevage et aux cultures arables (grandes cultures et/ou cultures maraîchères). Ces systèmes sont plutôt rares en Suisse mais plus répandus dans le bassin méditerranéen ou sous les tropiques.
- **Syntropique** : l'agroforesterie syntropique s'inspire des processus de succession végétale des écosystèmes forestiers, de leur diversité et de leurs interactions (syntropie = croissance mutuellement positive).

Le facteur temps est aussi pris en compte. On ne se contente pas de cultiver des espèces annuelles : on associe toutes les espèces du développement naturel des forêts aux cultures agricoles. Espèces sauvages et cultivées se stimulent mutuellement et une sélection ciblée favorise leur développement. L'agroforesterie syntropique suit l'idée que les différents éléments (de la culture annuelle aux arbrisseaux, arbustes, petits arbres, essences de bois précieux et espèces d'arbres et arbustes fixant l'azote) remplissent leur fonction dans le cadre du processus naturel de succession végétale et sont progressivement remplacés par d'autres espèces et de nouvelles communautés végétales. L'ensemble du système profite des interactions écologiques positives avec les plantes cultivées.

▸ **Tiny Forest / microforêt** : une Tiny Forest ou microforêt est une zone densément boisée proche de l'état naturel occupant généralement une superficie de 100 à 400 m^2. L'idée de la Tiny Forest est de créer un environnement naturel dans les zones urbaines ou suburbaines, à la fois pour ses avantages écologiques et dans un but de sensibilisation à l'environnement.

▸ **Jardin forestier :** un jardin forestier est un système agricole aménagé sur le modèle de la forêt. Dans un « jardin forestier », les plantes cultivées bénéficient de la protection d'une canopée fermée (à couvert plein). Elles sont cultivées sur plusieurs strates de manière à reproduire l'écosystème forestier. La densité végétale y est beaucoup plus élevée que dans d'autres systèmes agroforestiers modernes ; le couvert plein est recherché afin que les plantes s'apportent mutuellement nutriments, eau et ombre et s'intègrent dans un écosystème préservé avec les auxiliaires des cultures qui vont de pair (insectes mais aussi champignons). Les jardins forestiers sont une forme de permaculture.

▸ **Taillis à courte rotation :** il s'agit de ligneux plantés sur des surfaces arables et herbagères et conçus pour une croissance rapide et un rendement élevé. Des boutures de saules ou de peupliers hybrides à croissance annuelle rapide sont plantées en rangées très denses. Les alignements d'arbres sont ensuite recépés tous les 3 à 8 ans et le bois est généralement utilisé comme source d'énergie ou pour la production de fibres. Ce système est quasi inexistant en Suisse.

2.2.2 Organisation spatiale du système agroforestier

Par ailleurs, les systèmes agroforestiers peuvent aussi être aménagés selon certains principes. Les concepts correspondants rendent compte de l'organisation de la végétation ligneuse dans l'espace.

▸ **Cultures en couloirs ou en bandes (alley cropping) :** arbres et arbustes en bandes rectilignes associés à des sous-cultures le plus souvent annuelles, principalement de grandes cultures ou de légumes (Figure 9). C'est la configuration classique en agroforesterie moderne ; la grande majorité des systèmes agroforestiers modernes sont aménagés sur ce modèle, qui facilite l'utilisation de grosses machines. Les espèces de ligneux choisies peuvent être productives à court terme (p. ex. fruits, bois, taillis à courte rotation) comme à long terme (production de bois précieux). La végétation ligneuse rem-

Figure 9 : Dans la culture en couloirs, la végétation ligneuse est agencée en rangées rectilignes. (Source : Lisa Nilles, Agridea)

Figure 10 : Dans le « keyline design », les courbes de niveau servent de base à la planification pour retenir l'eau dans les surfaces. Ici l'exemple de la ferme Katzhof. (Source : Thomas Alföldi, FiBL)

plit aussi d'autres fonctions (cf. les points 1.2 « Avantages des systèmes agroforestiers » et 9.5 « Valeur ajoutée des services environnementaux »).

▸ **Keyline design :** le « keyline design » est un principe d'aménagement du paysage qui, lors de la plantation de la végétation ligneuse, entend tenir compte de la topographie naturelle et optimiser ainsi l'utilisation des ressources hydriques (Figure 10). Le schéma de plantation se base sur les courbes de niveau tout en étant adapté à la mécanisation. Ce modèle d'aménagement suit les courbes convexes et concaves du paysage et a pour but de ralentir le ruissellement de l'eau entre le haut de la colline, qui s'assèche plus rapidement, et la vallée généralement plus humide. Un autre principe essentiel du « keyline design » est en outre la répartition diffuse des eaux de surface par un ameublissement en profondeur et un aménagement paysager ciblés.

2.2.3 L'agroforesterie comme composante d'une philosophie agricole

L'agroforesterie peut être une forme en soi d'utilisation des terres. Mais il existe aussi d'autres systèmes d'exploitation qui intègrent l'agroforesterie parmi les différents aspects de leur philosophie.

- **L'agroécologie :** l'agroécologie est d'abord une discipline scientifique qui recherche une prise en compte globale des écosystèmes agricoles. En comprenant comment les différentes composantes s'influencent mutuellement, elle entend développer des méthodes, favoriser les interactions souhaitables et réduire les interactions indésirables. Mais l'agroécologie comporte également des aspects sociaux et politiques, qui sont d'abord apparus pour faire contre-pied à la révolution verte. L'agroécologie impose peu de règles strictes et repose plutôt sur des principes (cf. « Les 10 éléments de l'agroécologie » de la FAO). Elle poursuit notamment l'écologisation des systèmes alimentaires. Un certain nombre de ces principes préconisent entre autres l'intégration de systèmes agroforestiers, p. ex. dans le but d'augmenter la résilience ou de favoriser la diversité.
- **La permaculture :** le terme « permaculture » est un mot-valise formé initialement à partir des mots « permanent » et « agriculture » (agriculture permanente ou durable). Là encore, il est question d'une agriculture basée sur les cycles naturels, associant une grande diversité de plantes et d'espèces animales. Sa mise en œuvre repose notamment sur un découpage en différentes zones (zonage). La végétation ligneuse représente souvent une composante importante de cette forme de polyculture.

  Depuis 2020, l'Office fédéral de l'agriculture définit la permaculture en Suisse dans le catalogue des surfaces comme « un mélange de différentes cultures à petite échelle comprenant plus de 50 % de cultures spéciales ». Ce mélange doit comprendre au moins une culture permanente.
- **L'agriculture régénératrice :** l'agriculture régénératrice met l'accent sur la structure du sol et sur la reconstitution des stocks de carbone grâce à des écosystèmes performants. Les plantes cultivées doivent permettre d'exploiter l'énergie solaire dans les sols. La végétation ligneuse sert ici le principe d'un sol durablement tenu par les racines. Cet ouvrage propose différents exemples de mise en œuvre pratique, qui reflètent la grande diversité et les différentes interprétations possibles des systèmes agroforestiers en Suisse.

Bibliographie

Office fédéral de topographie swisstopo, 2023. Swisstopo swissTLM3D.

Office fédéral de la statistique OFS, 2021. L'utilisation du sol en Suisse.

Office fédéral de la statistique OFS, 2015. L'utilisation du sol en Suisse.

Office fédéral de l'environnement OFEV, Institut féd. de recherches sur la forêt, la neige et le paysage WSL, 2015. Rapport forestier.

Buttler, A., Kohler, F., Gillet, F., 2008. The Swiss Mountain Wooded Pastures: Patterns and Processes, in: Rigueiro-Rodróguez, A., McAdam, J., Mosquera-Losada, M.R. (Eds.), Agroforestry in Europe, Advances in Agroforestry. Springer Netherlands, Dordrecht, pp. 377–396. https://doi.org/10.1007/978-1-4020-8272-6_19

Götsch, E., 2024. What is syntropic farming? [document en ligne]. URL https://agendagotsch.com/en/

Herzog, F., 1998. Streuobst: a traditional agroforestry system as a model for agroforestry development in temperate Europe. Agrofor. Syst. 42, 61–80. https://doi.org/10.1023/A:1006152127824

HOCHSTAMM SUISSE Früchte, Geschichte, Bedeutung und Biodiversität, 2018.

Jäger, M., 2018. Bäume erobern den Acker zurück = Les arbres à la reconquête des champs. https://doi.org/10.5169/SEALS-813592

Mayer, A.C., Stöckli, V., Konold, W., Kreuzer, M., 2003. Hat die Waldweide eine Zukunft? Ein interdisziplinäres Projekt in den Alpen. Schweiz. Zeitschrift für Forstwes. 154, 169–174.

Mollison, B.C., 1988. Permaculture: a designer's manual. Tagari Publications, Tyalgum, Australia. Moretti, M., Conedera, M., 2021. Kastanienselven: 30 Jahre Wiederbelebung dokumentiert.

Näser, D., 2021. Regenerative Landwirtschaft: Bodenleben und Pflanzenstoffwechsel verstehen, 2., erweiterte Auflage. ed. Ulmer, Stuttgart (Hohenheim).

Riedel, S., Walter, T., Herzog, F., 2012. Schweiz – Suisse – Svizzera, in: Oppermann, R., Beaufoy, G., Jones, G. (Eds.), High Nature Value Farming in Europe. verlag regionalkultur, Ubstadt-Weiher.

Sereke, F., Graves, A.R., Dux, D., Palma, J.H.N., Herzog, F., 2015. Innovative agroecosystem goods and services: key profitability drivers in Swiss agroforestry. Agron. Sustain. Dev. 35, 759–770. https://doi.org/10.1007/s13593-014-0261-2

Stadler-Kaulich, N., Kaulich, E., 2021. Dynamischer Agroforst: fruchtbarer Boden, gesunde Umwelt, reiche Ernte. oekom verlag, München.

3 Arbres, arbustes et haies dans le système agroforestier

3.1 Conseils pour la plantation des arbres fruitiers haute-tige, fruitiers sauvages et feuillus

L'aménagement des systèmes agroforestiers peut prendre des formes extrêmement particulières et variées. Il existe d'innombrables possibilités d'associations entre les sous-cultures et les espèces d'arbres et d'arbustes les plus diverses. En ce qui concerne la végétation ligneuse, il importe toutefois de bien réfléchir au site d'implantation ainsi qu'aux souhaits et objectifs de l'exploitation, car celle-ci s'engage pour plusieurs dizaines d'années et le système agroforestier ne peut être adapté d'une année à l'autre. Il est donc judicieux de prévoir minutieusement dès le départ avec quelles espèces on souhaite travailler.

3.1.1 Site d'implantation

Outre les objectifs généraux du projet de système agroforestier, le choix du site adapté pour sa mise en œuvre est primordial. Un certain nombre de points susceptibles de restreindre le choix des végétaux et le schéma de plantation sont à prendre en compte. Des conflits d'objectifs tels que ceux cités au point 1.3.6, un manque de profondeur du sol ou la présence d'un système de drainage sont de possibles obstacles. Ces facteurs ne signifient pas nécessairement qu'il faille renoncer à tout projet d'agroforesterie mais ils exigent des ajustements bien pensés. On peut trouver des espèces ligneuses adaptées pour quasiment toutes les conditions locales.

Le choix de l'arbre qui convient pour un site donné dépend des facteurs suivants :

- alimentation en eau et capacité à retenir l'eau
- profondeur du sol
- roche mère, pH, teneur en argile, structure, capacité de réapprovisionnement en substances nutritives, teneur en nutriments et en calcaire du sol
- système racinaire de l'arbre (doit être adapté au site)
- espèce sauvage ou greffage
- ensoleillement du site
- déclivité et topographie de la parcelle (il peut être judicieux de planter de plus petits arbres au pied de la pente si les rangées sont orientées d'est en ouest, pour que la surface au nord de la rangée d'arbres ne soit pas trop ombragée)
- sensibilité au vent et exposition aux influences environnementales
- situation en hauteur ou dans un creux

- exploitation de la sous-strate (grande culture, surface herbagère, culture spéciale)
- espèces déjà naturellement présentes sur place

Vous trouverez plusieurs tableaux détaillés des espèces de ligneux utilisées dans les systèmes agroforestiers sur www.haupt.ch/agroforst.

3.1.2 Plantation

Moment de la plantation et préparation du sol

La plantation de jeunes fruitiers et feuillus à racines nues se fait de préférence à l'automne, au moment où les arbres et arbustes environnants ont déjà perdu leurs feuilles, par temps sec et sans gel. Par rapport au printemps, la plantation d'automne a l'avantage de permettre de profiter de l'humidité hivernale, pour une meilleure croissance ultérieure et un débourrement plus vigoureux. En cas de plantation au printemps, en revanche, les arbres entrent directement en période de végétation. De même, au printemps, une transplantation au sortir de la pépinière risque d'abîmer de toutes jeunes racines. Si une période sèche suit la plantation, il faudra arroser suffisamment. Les végétaux en conteneurs peuvent être plantés toute l'année.

Figure 1 : Pour les fruitiers greffés, le point de greffe doit se situer au-dessus du sol après la plantation. (Source : Inforama Oeschberg)

Procédé de plantation

Dans les systèmes sylvoarables, les arbres sont plantés de préférence dans une terre nue, à l'automne. La bande située sous les arbres sera ensemencée après la plantation. Si de jeunes arbres sont plantés dans une prairie où pousse un mélange pour prairie vigoureux, la concurrence des herbes peut, dans certaines circonstances, influencer négativement leur croissance.

Dans les systèmes sylvopastoraux, la couche herbeuse est éliminée au préalable. La profondeur de plantation dépend de la taille de la motte. Les fruitiers à racines nues se plantent à environ une profondeur d'une bêche et demie ou dans un trou d'une profondeur correspondante effectué à l'aide d'une tarière.

Pour les arbres greffés (c.-à-d. la plupart des fruitiers), le point de greffe en cas de greffage au collet ou sur racines ne doit pas être enfoui, sinon le porte-greffe rejettera : le point de greffe et une partie du collet

Figure 2 : Jeune système agroforestier avec des arbres bien tuteurés. Une bonne ligature des jeunes arbres est essentielle. On vérifiera régulièrement que les liens ne sont pas trop serrés et on les desserrera au besoin. (Source : Beat Felder, BBZN ; Mareike Jäger ; ferme bio Textor)

doivent se trouver au-dessus de la surface après la plantation. En principe, tous les arbres doivent être plantés au niveau du sol ou légèrement surélevés.

Pour creuser le trou de plantation, il est possible d'utiliser une petite pelle mécanique ou une tarière, mais il y a alors un risque de compaction et de glaçage du sol, avec une tendance à implanter les arbres trop en profondeur.

Tuteurage et ligature

On plante ensuite un tuteur du côté exposé aux intempéries ou en fonction de la direction du vent dominant. La Figure 2 montre l'exemple d'une jeune plantation agroforestière avec un tuteurage adapté. Le positionnement du tuteur du bon côté est indispensable pour que l'arbre s'écarte toujours du tuteur quand le vent dominant souffle. Sinon, l'arbre frotterait toujours contre le tuteur et son écorce risquerait d'être durablement endommagée.

Ces dernières années, la ligature des arbres se fait souvent avec un lien tube souple (scoubidou) qui ne cisaille pas le tronc. Malheureusement, contrairement aux liens en fibre de coco, ce matériau génère aussi plus de déchets plastiques et doit être évacué de la parcelle une fois tombé.

Selon le site d'implantation et les conditions de vent, il peut être judicieux de fixer l'arbre à plusieurs piquets, car les secousses dues aux vents peuvent léser les racines des jeunes arbres et perturber leur croissance. En forêt, les arbres sont mieux protégés par les arbres voisins, mais ce n'est pas le cas en plein champ.

Dans les années qui suivent, la ligature doit être régulièrement contrôlée, pour éviter la constriction, et éventuellement remplacée, sinon il y a un risque de cisaillement et de mort de l'arbre.

Figure 3 : L'absence de contrôle régulier des ligatures peut causer de graves dommages aux arbres, voire leur mort. (Source : David Szalatnay, Strickhof Lindau)

Figure 4 : La surface au pied de l'arbre doit être préservée de la pousse d'herbe les premières années mais peut être paillée avec des plaquettes de bois ou autres. La végétation herbacée représente une forte concurrence pour les jeunes racines des arbres. (Source : Mareike Jäger)

Surface sous la couronne

Dans la zone circulaire autour du pied de l'arbre, qui correspond à peu près à largeur de la couronne, se trouvent, surtout chez les jeunes arbres, de nombreuses fines racines importantes pour l'absorption de l'eau et des nutriments. Il est utile d'empêcher l'herbe d'y pousser, surtout les premières années, car, avec leur système radiculaire encore peu développé, les arbres ont du mal à s'imposer face aux denses racines feutrées des herbes. Une fois les arbres bien implantés, la concurrence de l'herbe n'aura plus beaucoup d'importance.

Juste après la plantation, la surface sous la couronne peut être généreusement paillée avec des plaquettes de bois ou un autre paillis. Il préservera cette zone des adventices et protègera le jeune arbre du dessèchement.

Espacement des plants dans la rangée

Il est primordial de laisser suffisamment d'espace entre les arbres d'une rangée, surtout si le système agroforestier vise avant tout à produire du bois précieux. Dans la zone ombragée de la couronne de l'arbre, des branches meurent et la cicatrisation autour de

Figure 5 : Si la distance entre les arbres est trop réduite, beaucoup de branches mortes s'accumulent dans la partie inférieure de la couronne et laissent des traces de nécrose dans le bois. (Source : Mareike Jäger)

ce bois mort entraîne une perte de qualité du bois du tronc. Plus les arbres sont serrés, plus la proportion de branches mortes dans la partie inférieure de la couronne est grande. Ce point est particulièrement important pour les arbres plantés en plein champ, car le volume de la couronne des arbres solitaires y est beaucoup plus important que dans une forêt.

La distance optimale d'un arbre à l'autre peut être calculée grâce à une formule simple : diamètre de tronc visé x 25 = distance entre les arbres de la rangée. Par exemple, si le diamètre désiré est 60 cm : 0,6 m x 25 = 15 m de distance

Toutefois, l'espacement optimal entre les arbres est étroitement lié aux espèces choisies. Un espacement de 15 m convient pour le chêne, l'érable sycomore, l'érable plane, l'érable champêtre, les noyers à fructification terminale, le tilleul et les merisiers destinés à la seule production de bois précieux. Certaines espèces de fruitiers sauvages, qui fournissent également du bois intéressant, comme le poirier sauvage ou le sorbier domestique, peuvent être plantées à 10 m d'intervalle. Pour les fruitiers haute-tige de plein vent, l'espacement est de 8 à 10 m selon les espèces, ce qui permet d'atteindre une densité de 100 à 120 arbres à l'hectare dans un verger. Dans les systèmes agroforestiers sylvoarables, on atteint plutôt une densité de 30 à 50 arbres à l'hectare.

Choix du bon matériel pour la plantation de feuillus
Le site www.haupt.ch/agroforst fournit un récapitulatif des exigences des principales espèces d'arbres utilisées dans les systèmes agroforestiers en matière d'implantation. Parmi les espèces de feuillus et de fruitiers sauvages indigènes possibles, citons (sans souci d'exclusivité) :

- ▹ le châtaignier *(Castanea sativa)*
- ▹ le poirier sauvage *(Pyrus pyraster)*
- ▹ le pommier sauvage *(Malus sylvestris)*
- ▹ le sorbier des oiseleurs *(Sorbus aucuparia)*
- ▹ le sorbier domestique *(Sorbus domestica)*
- ▹ l'alisier torminal *(Sorbus torminalis)*
- ▹ le chêne pédonculé *(Quercus robur)*
- ▹ le chêne pubescent *(Quercus pubescens)*
- ▹ le tilleul à petites feuilles *(Tilia cordata)*
- ▹ l'orme champêtre *(Ulmus minor)*

Le plus souvent les plants forestiers et les ligneux sauvages et feuillus indigènes constituent des catégories *différentes* dans les catalogues de prix des pépinières. Vous trouverez des tableaux détaillés des espèces d'arbres possibles pour les différents systèmes agroforestiers sur www.haupt.ch/agroforst.

Plants forestiers / plants de semis
Tout ce qui est vendu comme « plant forestier » *ne* convient généralement *pas* comme matériel végétal pour les plantations agroforestières dans les grandes cultures et les surfaces herbagères. Les plants forestiers sont le plus souvent proposés sous forme de plants obtenus par semis ou de matériel multiplié par voie végétative (boutures). Les plants forestiers désignent généralement les très jeunes arbres forestiers (conifères *et* feuillus) plantés en grand nombre dans les bois et forêts. Même quand les plants de semis sont proposés à une taille envisageable pour les systèmes agroforestiers (p. ex. jusqu'à 180 cm), ils ne conviennent généralement *pas à une plantation agroforestière*. D'une part les plants de semis ne sont pas assez forts pour concurrencer la couche herbeuse de la bande de végétation sous les arbres – il faudrait donc investir beaucoup de temps en binage pour libérer régulièrement les jeunes arbres de la végétation au sol. D'autre part, ils n'ont pas encore été transplantés (repiqués). Quand l'année est sèche et que les plants de semis forment une certaine masse foliaire et perdent donc de l'eau par évaporation, une perturbation de la pression de turgescence consécutive à la première transplantation ou un déséquilibre entre les masses racinaire et foliaire peuvent entraîner la mort de la tige principale. Les *plants forestiers / plants de semis* se distinguent aussi par leur prix : celui-ci est en effet assez bas, car il tient compte d'un certain taux de pertes.

Plants déjà transplantés
Les jeunes arbres déjà transplantés une ou deux fois, en revanche, conviennent aux plantations en système agroforestier. Ils sont un peu plus gros et grands que les plants de semis. La transplantation (repiquage) vise la formation de nouvelles racines vitales près du tronc. D'un autre côté, ils n'ont pas encore de départ de couronne fixe et leur tronc peut encore facilement être élagué. Néanmoins, leur prix est aussi plus élevé. On trouve aussi bien des sujets à racines nues qu'en motte. Les jeunes arbres à racines nues doivent obligatoirement être plantés en hiver et sont généralement moins chers. Les sujets en motte peuvent aussi être plantés à la sortie de l'hiver.

Hautes-tiges avec motte (a.m.)
La catégorie « haute-tige avec motte » (a.m. en abrégé) désigne de plus grands arbres de parc ou de ville, souvent plantés dans un substrat et pour partie arrosés.

Cette catégorie n'est pas adaptée non plus aux plantations en système agroforestier, car ces arbres sont déjà assez grands et auront du mal à s'enraciner en plein champ. Le chiffre en centimètres indique la circonférence du tronc. Tout ce qui a une circonférence supérieure à 10 cm est généralement trop grand pour être planté en agroforesterie et nécessite un arrosage régulier.

Conclusion : lors du choix d'un matériel de plantation approprié pour les feuillus, il s'agit de trouver un bon compromis entre « trop jeune » et « trop vieux ». Il ne vaut généralement pas la peine d'essayer de faire des économies en achetant un maximum de jeunes végétaux – mais il n'est pas non plus utile de dépenser trop d'argent pour des arbres trop grands qui auront ensuite du mal à croître. Les pépinières renseignent volontiers sur la qualité et le bon choix de matériel de plantation.

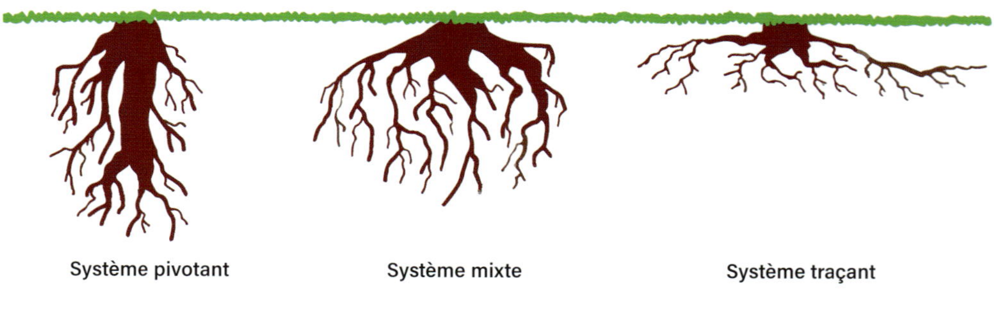

Figure 6 : Les systèmes racinaires pivotant, mixte et traçant
(Source : adapté de waldseiten.de/wurzelwerke)

Espèces de feuillus résistants à la sécheresse

Les espèces d'arbres ayant des racines plutôt traçantes ou mixtes sont particulièrement sensibles à la sécheresse pendant leur phase d'implantation et ont généralement besoin d'être arrosées. Une fois bien établies, ces espèces de feuillus, dont certaines font partie des espèces pionnières (p. ex. le bouleau), sont très robustes et adaptées à de nombreux sites.

Exemples d'arbres à racines traçantes et mixtes :

- bouleau
- hêtre
- érable
- merisier
- pommier sauvage
- aulnes
- sorbier
- tilleul

Les feuillus à système racinaire pivotant supportent plutôt bien la sécheresse. Exemples d'arbres formant un système pivotant bien développé :

- chênes (sur un sol léger, privilégier le chêne pubescent et le chêne sessile ; dans les régions humides, plutôt le chêne pédonculé)
- châtaignier
- noyer commun
- poirier sauvage
- frêne
- orme

Sur les sites au sol léger et sujets à la sécheresse, outre les feuillus à système pivotant cités ci-dessus, les espèces à système racinaire mixte à croissance particulièrement rapide offrent aussi un bon compromis et peuvent être recommandées, p. ex. :

- tilleul
- merisier
- sorbier des oiseleurs
- aulne pourpre
- peuplier (hybride ou tremble)

Choix du matériel de plantation pour les fruitiers haute-tige de plein vent

Les fruitiers haute-tige sont proposés en Suisse avec une hauteur de tronc de 1,8 m. Dans les systèmes modernes, il est toutefois judicieux d'opter pour des troncs plus hauts pour faciliter le travail avec les machines. Sur demande, les pépinières peuvent proposer des hauteurs de tronc de 2,5 m ou plus. Sinon, il est possible d'ébrancher soi-même les troncs à la hauteur souhaitée.

Espèces et choix de variété des fruitiers

a) Fruits à pépins et à noyaux

On veillera à faire le bon choix d'espèces et de variétés en fonction de la sous-strate. Pour cela, il importe que les différentes composantes, à savoir la sous-culture et la culture d'arbres, ne se nuisent pas au moment de la récolte ou des semis. Pour les fruits à pépins, p. ex., il existe diverses classes de maturité – en ce qui concerne les pommes, on distingue les variétés très précoces (pommes d'été comme la transparente blanche, à maturité dès août-septembre), les variétés d'automne, qui arrivent à maturité entre septembre et octobre, et les variétés d'hiver, mûres relativement tard, à partir d'octobre. Le choix des variétés adéquates, y compris pour d'autres espèces de fruits, doit donc se faire en étroite corrélation avec la planification de la rotation des cultures.

La Suisse compte d'innombrables variétés fruitières, des variétés anciennes aux cultivars modernes. Leur sélection doit tenir compte du site d'implantation, de l'altitude, du microclimat local, des conditions de sol, de la finalité de la production, etc. Différentes institutions peuvent aider à faire le bon choix, notamment différentes pépinières, FRUCTUS, le FiBL et les conseiller·ères en culture fruitière. Vous trouverez un tableau détaillant les caractéristiques des variétés les plus courantes sur www.haupt.ch/agroforst.

b) Noyers

Pour une culture en système agroforestier sylvoarable, il est recommandé d'opter pour des variétés à fructification sur brindilles latérales. Contrairement aux noyers à fructification terminale, qui ne portent des fruits qu'au niveau des bourgeons terminaux des rameaux d'un an, les noyers à fructification latérale forment des fruits au niveau de tous les bourgeons des rameaux d'un an. Ils sont dès lors un peu moins sensibles aux gelées tardives. De plus, sur les variétés à fructification latérale, de nouvelles fleurs femelles peuvent se succéder (floraison multiple). Une nouvelle fructification requiert plusieurs variétés pour permettre une fécondation croisée. Les variétés à fructification terminale deviennent parfois très grandes ; l'ombre portée peut être recherchée dans les pâturages. Les variétés à fructification latérale restent plutôt petites et compactes, et conviennent donc mieux aux surfaces cultivées.

c) Châtaigniers

Les châtaigniers portent des fleurs mâles et des fleurs femelles qui ne fleurissent pas en même temps. Leur culture exige donc aussi de planter plusieurs variétés.

3.1.3 Arrosage

Avec les périodes de forte sécheresse de ces dernières années, il est de plus en plus souvent nécessaire d'arroser les jeunes arbres. Plusieurs méthodes sont utilisées pour cela. Les exploitations qui disposent déjà d'un système d'arrosage professionnel pour les cultures maraîchères l'utilisent pour arroser les rangées d'arbres. D'autres utilisent différents récipients de transport pour amener l'eau jusqu'aux arbres, p. ex. des conteneurs IBC ou des abreuvoirs pour animaux (cf. Figure 7). Pour l'arrosage des arbres, mieux vaut apporter une plus grande quantité en une fois que plusieurs petits arrosages, afin que l'eau pénètre jusqu'aux couches plus profondes du sol ; idéalement, on compte 120 à 200 l d'eau par arrosage et par arbre.

Les années sèches, l'arrosage exige beaucoup plus de temps, ce qui doit impérativement être pris en compte dans la planification. Une bordure d'arrosage autour des jeunes arbres récemment plantés peut aider à garder la surface au pied de l'arbre humide plus longtemps.

3.1.4 Protection des arbres

Abroutissement, écorçage, pâturage

Les animaux sauvages et d'élevage posent différents défis pour la protection des arbres : l'abroutissement direct des jeunes rameaux (animaux sauvages et d'élevage), l'écorçage des jeunes troncs (lièvres), les poussées (principalement bovins et chevaux) et la frayure (brocards) cassent les pointes des rameaux ou usent l'écorce. Tous ces dégâts peuvent entraîner d'importants troubles de la croissance, voire la mort de l'arbre. C'est pourquoi, selon le site, une protection contre l'abroutissement/écorçage et le pâturage est capitale pour réussir à former des arbres sains et de qualité. Les dispositifs de protection doivent être commandés en même temps que les végétaux à planter – la plupart des pépinières proposent le nécessaire.

Figure 7 : Pendant les périodes sèches, il peut être nécessaire d'arroser, surtout avec les jeunes arbres. (Source : Martin et Barbara Venzin)

Figure 8 : La protection Anti-Knabb prémunit ce jeune arbre contre les dégâts de gibier. (Source : Martin et Barbara Venzin)

Figure 9 : Protection en bois contre l'abroutissement et l'écorçage : les planches décalées facilitent l'accès à la surface sous la couronne. (Source : Christian Bottlang)

Figure 10 : Un corset métallique sert ici de protection contre le pâturage. (Source : Obstbaumschnitt-schule, Michael Grolm)

Manchon Anti-Knabb

La protection classique contre l'abroutissement et l'écorçage reste le manchon Anti-Knabb en PVC dur, relativement résistant à l'épreuve du temps et disponible jusqu'à une hauteur de 180 cm (contre le cerf commun).

Protection en bois

Ces dernières années, on a vu apparaître des alternatives innovantes et moins polluantes que le plastique. Contre les dégâts de gibier, une entreprise suisse propose ainsi des protections issues de la valorisation de déchets d'épicéa provenant en partie de forêts infestées par les scolytes.

Protection anti-pâturage

Dans les pâturages, on peut recourir à différentes méthodes. Chaque exploitant·e optera pour une protection individuelle, physique ou électrique, ou pour une clôture électrique autour de la rangée. Les protections physiques peuvent être un système à trois ou quatre piquets, un treillis métallique ou un corset métallique, ce dernier étant plus cher à l'achat.

Les treillis métalliques cintrés peuvent offrir une option moins onéreuse. Ils ne protègent toutefois pas des lièvres et nécessitent donc une protection supplémentaire contre le rongement.

La protection à 3 ou 4 piquets consiste à enfoncer le nombre de pieux correspondant dans le sol, éventuellement à l'aide d'un chargeur frontal. Ils sont ensuite fixés à l'aide de planches transversales. La protection contre le petit bétail ou les lièvres peut se faire avec un grillage métallique fixé aux piquets, avec des mailles de 25 mm sur une hauteur d'environ 120 cm. Les pieux utilisés pour la protection contre les animaux peuvent aussi servir pour ligaturer l'arbre. Leur choix doit tenir compte de la durabilité du bois utilisé. L'épicéa est peu durable et ne convient donc pas. On misera plutôt sur des pieux en chêne, en châtaignier ou en robinier. La protection mise en place doit aussi protéger l'arbre de la poussée des animaux, une mesure particulièrement importante les premières années. Il est conseillé de préserver l'accès au pied de l'arbre pour pouvoir entretenir et dégager la surface sous la couronne.

Protection des racines contre les petits rongeurs

En s'attaquant aux racines, les campagnols peuvent créer des dégâts considérables pouvant aller jusqu'à la mort de l'arbre. La protection contre les petits rongeurs est donc essentielle. Selon le site et la pression exercée, il peut être décisif de planter les jeunes arbres avec une cage anti-campagnols. Celle-ci peut s'acheter dans le commerce ou être confectionnée avec du grillage métallique galvanisé. L'important est de choisir le bon maillage (13 mm)

Figure 11 : Les treillis métalliques cintrés sont une solution bon marché de protection contre le pâturage. (Source : Lisa Nilles, Agridea)

Figure 12 : Dans les parcelles pâturées, une bonne protection des arbres est recommandée ; outre les animaux sauvages comme le lièvre et le cerf, les animaux d'élevage peuvent aussi faire des dégâts dans les premières décennies. (Source : Thomas Lochschmidt)

Figure 13 : Un grillage pour volière protège la jeune écorce des dégâts de gibier ; la protection extérieure est surélevée pour laisser le pied de l'arbre dégagé. (Source : Thomas Lochschmidt)

et de bien envelopper le tronc, pour que les campagnols ne puissent pas passer par là. La cage doit être installée dans le trou et remplie d'un peu de terre avant de placer l'arbre et de combler le trou. Elle sera ensuite soigneusement refermée sur le tronc avant d'être recouverte du reste de terre. Le piégeage est utile en complément. Pour cela, on utilise souvent des pièges topcat.

Protection de la tige principale / perchoirs

La plupart des espèces de feuillus, le noyer p. ex., sont à dominance apicale, autrement dit la croissance de l'arbre est contrôlée par la croissance dominante du bourgeon terminal. Celui-ci se situe à l'extrémité de la tige et a la capacité d'inhiber la croissance des bourgeons latéraux au profit de la tige

Figure 14 : Le piégeage des petits rongeurs peut être une tâche importante en agroforesterie. On utilise notamment les pièges topcat à cette fin. (Source : Inforama Oeschberg)

Figure 15 : La protection des racines par un grillage contre les petits rongeurs est obligatoire sur de nombreux sites. (Source : Inforama Oeschberg)

principale. Ce mécanisme permet à l'arbre de concentrer son énergie sur sa croissance verticale et d'acquérir une forme élancée et bien droite. Cette dominance de la tige principale est due à une phytohormone appelée auxine.

Les espèces à dominance apicale se caractérisent par une mauvaise capacité de régénération de la tige principale. Si elle est abîmée, coudée p. ex., elle aura du mal à poursuivre sa croissance. En conséquence, l'axe central de l'arbre est affaibli et se ramifie davantage, ce qui peut fortement réduire la croissance en hauteur. Nous recommandons donc de protéger des oiseaux qui se posent sur les jeunes arbres, et risquent de les casser, la tige principale des feuillus, noyers, châtaigniers et fruitiers avec une longue tige de bambou ou une longue pièce de bois rond (plus d'explications et d'illustrations au point 5.2.9). Le sommet du perchoir doit être doté d'une barre transversale de 3 à 5 cm de diamètre, qui offre une bonne prise aux rapaces. Selon des chiffres récents, les perchoirs dont le mât est doté d'un dispositif en croix au lieu d'une barre transversale sont sensiblement plus souvent visités, car les oiseaux aiment se tourner en fonction du vent. Étant donné que, selon le site, les jeunes arbres peuvent avoir un développement juvénile important, le mât du perchoir doit être suffisamment haut (jusqu'à 4 m). Pour réduire le risque de casse, la barre transversale (ou la croix) peut être renforcée à l'aide d'étais. Il convient d'installer un nombre suffisant de perchoirs pour la surface.

Figure 16 : Les perchoirs pour rapaces doivent largement dominer les arbres pour protéger longtemps la tige principale. Une structure en croix permet aux rapaces de se tourner plus facilement sur le perchoir. (Source : Pirmin Adler)

3.1.5 Principes des interventions d'entretien des feuillus

Bases de la bonne technique de taille

Alex L. Shigo (1930–2006), biologiste forestier, est considéré comme le père de l'arboriculture moderne. Ses découvertes ont favorisé le passage de la chirurgie arboricole à un entretien basé sur la biologie de l'arbre. Jusqu'au milieu des années 1980, la « chirurgie des arbres » consistait à traiter les arbres un peu comme on traite les humains et les animaux – on éliminait largement le bois malade, on fermait les plaies avec un cicatrisant et on stabilisait les espaces vides à grand renfort de tiges filetées. Il a fallu attendre Shigo pour découvrir que les plaies de taille cicatrisent spontanément de l'extérieur par *recouvrement* et de l'intérieur par *compartimentation*. Quand des cellules vivantes sont lésées, par exemple lors de la taille d'une branche, de l'air pénètre dans le tissu. Par conséquent, les cellules de ce tissu ne transportent plus l'eau et meurent. Ces embolies gazeuses s'étendent, car les cellules sont reliées entre elles. Le but de l'arbre est donc de couper la connexion avec les cellules avoisinantes (p. ex. à l'aide des canaux résinifères). Toutefois, seule la zone de l'aubier située juste sous l'écorce et le cambium comporte assez de cellules vivantes (cellules parenchymateuses) pour produire une réaction de compartimentation. Plus les cellules parenchymateuses sont jeunes et actives, plus les réactions de protection sont vigoureuses. De plus, Shigo a établi que seul le col des branches présentait suffisamment de cellules parenchymateuses pour que la plaie puisse d'une part se fermer par recouvrement et, d'autre part, être isolée de l'intérieur.

Figure 17 : Coupe de l'aisselle d'une branche de prunier. Flèche bleue : on peut voir le recouvrement là où une branche à été coupée. Flèche rouge : montre la compartimentation de l'arbre par l'intérieur. (Source : Mareike Jäger)

Résumé des grands principes de taille selon Alex Shigo

a) Coupe au niveau du col des branches de 5 à 10 cm de diamètre

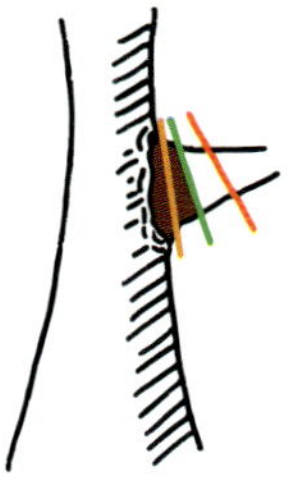

Le col des branches plus anciennes est le siège de la zone de protection de la branche qui permet d'inhiber ou de prévenir l'extension d'une blessure. Si l'on coupe la branche parallèlement au tronc, on risque d'inciser le duramen et la compartimentation ne peut pas avoir lieu. La pourriture pénètre alors de plus en plus à l'intérieur de l'arbre. D'un autre côté, si on laisse un trop grand chicot, l'arbre ne pourra pas recouvrir assez vite la blessure et fermer la plaie de l'extérieur.

Figure 18 : Exemples de tailles au col de la branche. Trait vert : coupe optimale. Zone noire : mauvaise coupe. (Source : Mareike Jäger)

La compartimentation chez les fruitiers

La capacité de compartimentation des arbres fruitiers qui poussent chez nous est variable. Les poiriers ont un bois très dur et compartimentent bien tandis que les pommiers, les noyers et les fruitiers à noyau compartimentent plutôt mal. D'une manière générale, la cicatrisation est meilleure pendant la période de végétation que pendant les six mois de repos hivernal. Les coupes à la scie sur les fruitiers à noyau doivent donc se faire pendant ou après la floraison. Les plaies des noyers guérissent également mal. Les branches concurrentes doivent donc être supprimées au plus tard à partir de 5 cm de diamètre en les coupant au niveau du col. Les coupes à la scie chez le noyer doivent être réalisées fin avril/début mai pour une cicatrisation optimale.

- Branches fines et de petit calibre < 5 cm de diamètre : coupe non problématique. Le plus souvent au sécateur pour la formation des jeunes arbres ou d'âge moyen.
- Branches de taille moyenne de 5 à 10 cm de diamètre : la taille provoque de larges blessures, qui constituent des portes d'entrée potentielles pour les champignons lignivores. Tailler à la scie en été !
- Grosses branches (étêtage) >10 cm : ne pas couper les branches de 10 cm d'épaisseur et plus, éventuellement les réduire sur un tire-sève.

Seules les branches de rang inférieur dans la hiérarchie de la couronne forment un col. Les branches dominantes dans la hiérarchie de la couronne n'en forment pas. Si on doit supprimer une branche de ce type, par exemple pour des raisons de sécurité, il faut induire une perte de feuillage sur une période prolongée pour la rétrograder dans la hiérarchie. Cette manière de procéder concerne surtout l'élimination de branches de gros diamètre.

Figure 19 : Lors de la coupe de plus grosses branches, on pratiquera d'abord une coupe de décharge afin d'éviter d'arracher le cambium. (Source : Fit im Obstbaumschnitt, Lisa Nilles)

b) Coupe de décharge

Avant de couper une plus grosse branche au collet, on la réduira d'abord à un chicot. Cela permet de décharger le site de coupe et d'éviter que la branche ne se fende et n'arrache le cambium (Figure 19).

c) Pas d'étêtage

L'étêtage est une taille des branches dominantes dans la hiérarchie de la couronne, par exemple de l'axe central vertical. Il consiste le plus souvent à enlever une grande partie de la couronne. Les plaies de taille occasionnées sont souvent supérieures à 10 cm, ce qui provoque généralement d'importantes pourritures dans le bois. L'étêtage est une intervention massive dans le processus vital de l'arbre. Il ne s'agit plus d'une mesure d'entretien mais d'une mutilation. L'étêtage provoque un déséquilibre au niveau des racines et, en conséquence, leur mauvais approvisionnement en assimilats. Il incite en outre l'arbre à produire beaucoup de nouvelles pousses, ce qui l'affaiblit encore plus et diminue fortement son espérance de vie.

Figure 20 : Couronne et branche latérale étêtées. L'étêtage induit une forte repousse et, souvent, des plaies importantes qui cicatrisent mal. (Source : Fit im Obstbaumschnitt, Lisa Nilles)

d) Pas de produits de cicatrisation

Dans l'état actuel des connaissances, les produits de cicatrisation ne permettent pas de recouvrir durablement les plaies ni d'éviter l'infection du bois par des microorganismes. L'utilisation de tels produits peut même augmenter la contamination microbienne quand le recouvrement de la plaie n'est pas complètement étanche ou que des fissures apparaissent, favorisant la pénétration et la stagnation de l'humidité.

Figure 21 : Une coupe propre au collet permet à l'arbre de refermer complètement la plaie. Si on ne préserve pas le col de la branche ou si on laisse un chicot, l'arbre ne peut pas recouvrir la plaie. (Source : Fit im Obstbaumschnitt, Lisa Nilles)

Figure 22 : Beaucoup d'espèces d'arbres ne peuvent pas recouvrir les trop grosses plaies. Elles constituent alors des portes d'entrée pour de nombreuses maladies et réduisent considérablement la qualité du bois. (Source : Mareike Jäger)

Figure 23 : Pour la taille des fruitiers, on pratique souvent la taille sur tire-sève. (Source : adapté de www.gartengnom.net/obstbaumschnitt)

e) Éviter les plaies trop importantes

Si l'entaille est trop grande, l'arbre ne peut plus recouvrir la plaie. Avec un risque de pourriture dans le bois sain et de défauts de qualité dans le fût des bois précieux.

f) Pour la taille des arbres fruitiers : réduire sur tire-sève

En plus des principes des techniques de taille applicables aux feuillus, il existe d'autres bases à respecter pour la taille des arbres fruitiers. Si, pour l'élagage sylvicole, on coupe les branches situées le long du tronc au collet, pour la taille des fruitiers, il est souvent judicieux de tailler sur tire-sève pour stimuler la formation de nouveau rameaux fruitiers. Là encore, les branches ne sont pas coupées n'importe où ; la taille sur tire-sève signifie que le bois fruitier plus ancien et épuisé est éliminé et que la sève est détournée du mieux possible vers du bois fructifère plus jeune.

Pour bien comprendre : l'application des principes de Shigo vaut principalement pour les mesures d'entretien des arbres d'âge moyen à avancé – selon leur état et l'objectif de l'intervention. Si l'objectif est de rajeunir des fruitiers d'âge moyen à avancé, les principes de Shigo doivent être respectés. Si, en revanche, l'objectif est plutôt de préserver la stabilité de l'arbre pour des raisons de sécurité ou de décharger un vieil arbre fruitier, les principes de Shigo peuvent être ignorés.

Figure 24 : Un élagage sylvicole bien mené garantit à long terme le rendement pour la production de bois précieux. (Source : Mareike Jäger)

L'élagage sylvicole
Pour pouvoir vendre le bois des fruitiers, fruitiers sauvages ou feuillus précieux comme bois précieux, il faut obtenir un fût sans branches le plus long possible. Pour cela, le cœur du tronc doit le plus possible être dépourvu de nœuds. Dans les quinze premières années, les branches situées le long du tronc doivent être régulièrement supprimées jusqu'à maximum un tiers de la hauteur finale de l'arbre. L'élagage des branches sur le fût doit commencer trois à quatre ans après la plantation. Plus les plaies sont petites, plus l'arbre les recouvre facilement. On supprimera donc les rameaux encore fins, d'un diamètre inférieur à 5 cm. Pour que l'arbre conserve suffisamment de feuillage et donc de surface d'assimilation pour garantir l'épaississement du tronc, on élimine d'abord les branches visiblement plus verticales et épaisses. L'élagage doit être répété tous les deux à quatre ans sur les arbres destinés à la production de bois précieux. On privilégiera pour cela l'élagage sélectif. Toutes les branches ne sont pas supprimées en une fois sur une hauteur donnée, mais en plusieurs étapes et sur plusieurs années. Les années qui suivent le premier élagage, on supprimera les branches restantes jusqu'à obtenir la hauteur de fût finale.

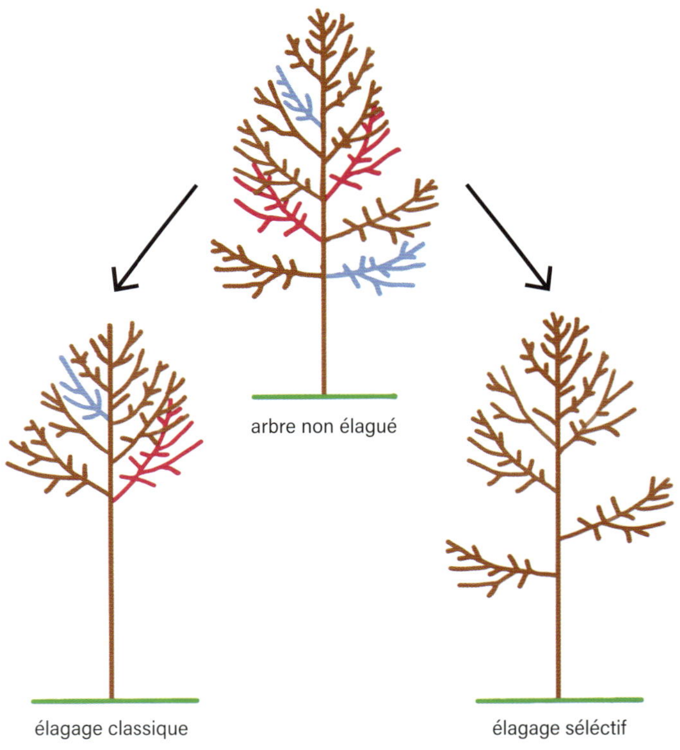

Figure 25 : Principe de l'élagage sélectif comparé à l'élagage classique (Source : Christopher Morhart)

La taille des arbres fruitiers

a) Les objectifs de taille en culture fruitière

La taille fruitière peut poursuivre différents objectifs qui dépendent en partie de l'âge de l'arbre :

- taille de plantation
- taille de formation
- taille de fructification
- taille d'entretien

b) Taille de plantation

La taille de plantation est la première taille effectuée lors de la plantation sur un nouveau site. Beaucoup de fruitiers sont livrés racines nues en sortant de la pépinière. Cela signifie que les arbres ont été directement extraits du terrain de la pépinière et livrés sans conteneur ni motte. Cette opération entraîne la perte d'une partie des plus fines racines. Il est donc judicieux de tailler l'arbre lors de la plantation pour rétablir l'équilibre entre la couronne et l'appareil racinaire.

Figure 26 : Taille de plantation sur un jeune fruitier. Elle est recommandée sur les arbres à racines nues pour compenser la perte de racines. (Source : Inforama Oeschberg)

La taille de plantation sert aussi à poser les bases de la forme ultérieure de la couronne, qui devra toutefois être ajustée par après. Classiquement, l'axe central (prolongement du tronc) doit être plus haut que les rameaux latéraux pour rester dominant et préserver la hiérarchie de la couronne.

c) Taille de formation

La phase de fructification des fruitiers haute-tige de plein vent commence relativement tardivement – après 10 à 15 ans pour les pommiers. Des premières années à la fructification, il est essentiel de mettre en place une structure de base solide, qui évitera aux branches de casser sous le poids des fruits. Les premières années visent donc à former la couronne pour la fructification future. Selon le porte-greffe et sa vigueur, on misera sur une taille qui favorise les nouveaux rameaux, pour former des branches principales et fruitières solides et stimuler l'accroissement diamétral secondaire.

d) Taille de fructification

Pour obtenir une bonne fructification et des fruits de haute qualité, il est important de tailler régulièrement les fruitiers. Du bois fruitier suffisamment jeune et productif joue alors un rôle déterminant. Selon le type de fruit, les fruits de la meilleure qualité se trouveront sur du bois fruitier d'âge différent. Il s'agit de trouver un équilibre entre les nouvelles pousses et le bois fruitier suffisamment âgé. De plus, différentes lois régissent la croissance et la taille :

- ▹ Dominance apicale : les rameaux et bourgeons situés plus haut sont favorisés (et poussent plus vigoureusement).
- ▹ Loi des rameaux supérieurs : les rameaux situés sur la face supérieure sont favorisés.
- ▹ Loi du sommet de la courbe : sur une branche courbe, les rameaux situés au niveau le plus haut sont privilégiés.
- ▹ Les rameaux plus verticaux poussent plus vigoureusement.
- ▹ Les rameaux plus longs poussent plus vigoureusement.
- ▹ Les nouvelles pousses et branches plus épaisses sont favorisées.
- ▹ Plus on taille l'arbre, plus le débourrement sera fort.

En ce qui concerne le moment de la taille, on distingue généralement la taille hivernale et la taille estivale. La première se pratique en hiver, jusqu'à peu de temps avant le débourrement. L'absence de réponse adaptative des racines en raison du repos végétatif et le déséquilibre ainsi créé entre le volume racinaire et celui de la couronne stimule la formation de nouvelles pousses. Celle-ci dépend toutefois aussi de l'importance de la taille.

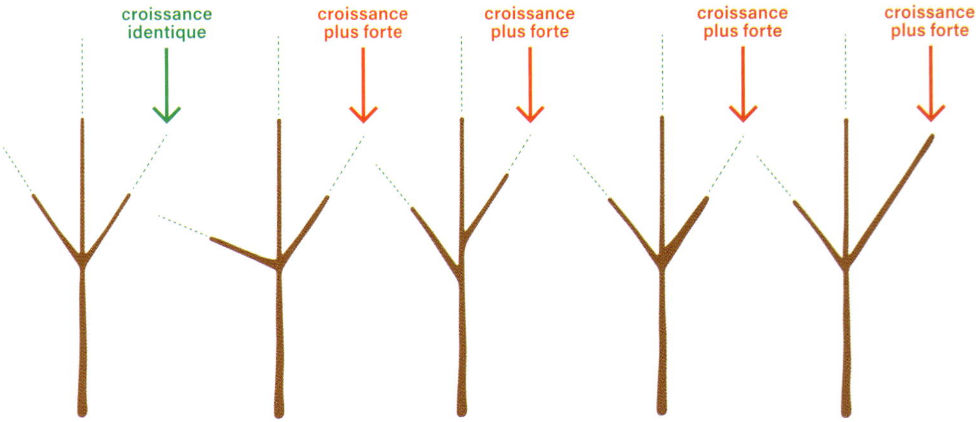

Figure 27 : Les lois de croissance des fruitiers – selon leur angle, leur situation et leur longueur et épaisseur de départ, les rameaux poussent plus ou moins vigoureusement.

La taille estivale se fait de préférence après la fin de la croissance, autrement dit quand le bourgeon terminal (le dernier bourgeon à l'extrémité d'une tige) apparaît. L'arbre achève ainsi la croissance de ses rameaux pour l'année en cours et ne forme pas de nouvelles pousses après la taille. Si on taille trop tôt (avant la fin de la croissance), l'arbre peut produire de nouvelles pousses qui ne se lignifieront pas à temps pour l'hiver et risquent de geler. La fin de la croissance est plus ou moins précoce selon les fruitiers. Pour les cerises douces p. ex., la taille peut aussi se faire au moment de la récolte (juin/juillet), car les fruitiers à noyau finissent généralement leur croissance plus tôt dans l'année. Pour les fruitiers à pépins, la fin de la croissance intervient entre juillet et septembre.

e) Taille d'entretien

Chez les fruitiers plus âgés et déclinants, d'autres problématiques prennent le dessus. Il s'agit alors souvent de préserver la stabilité de la couronne et de conserver un habitat précieux si l'arbre n'est pas destiné à une utilisation comme bois précieux.

Formes de couronne / modes de formation des fruitiers haute-tige de plein vent en agroforesterie

a) La couronne ronde « Oeschberg »

La forme Oeschberg est un grand classique dans la formation des fruitiers haute-tige en Suisse, car elle offre différents avantages. Cette forme de couronne consiste en un seul étage de 3 ou 4 charpentières avec un angle de départ de 45 °, sur lesquelles les branches à fruits avec le bois fruitier prennent naissance. Les branches fruitières sur la zone inférieure des charpentières sont volontairement dirigées vers l'extérieur. Pendant la phase de formation, les bourgeons du côté supérieur de la branche sont supprimés manuellement et on ne garde que le bois fruitier de faible diamètre pour l'ombre. L'axe central est formé en fuseau, avec plusieurs branches fruitières équilibrées et du bois fruitier. L'axe central, les charpentières et les branches à fruits forment la structure durable de l'arbre, seul le bois fruitier lui-même est régulièrement renouvelé.

On prévient ainsi le développement excessif qui repousse toujours plus vers l'extérieur la zone de fructification. Les zones inférieures de la couronne sont alors ombragées, ce qui nuit au rendement et peut faire mourir les parties des branches peu exposées au soleil. La forme Oeschberg permet aux zones inférieures de bénéficier de beaucoup de lumière et de rester ainsi productives longtemps tout en permettant une récolte relativement proche du sol. La disposition des charpentières facilite aussi le passage d'une échelle, et donc la récolte et la taille. Une formation bien menée permet d'obtenir un arbre équilibré, relativement facile à travailler. Toutefois, les couronnes peuvent devenir assez imposantes, ce qui peut constituer un inconvénient dans un système agroforestier si la rangée d'arbres doit rester relativement étroite. Mais il existe d'autres types de formation des fruitiers haute-tige de plein vent potentiellement mieux adaptées aux systèmes agroforestiers.

Figure 28 : La forme Oeschberg avec l'axe central, les charpentières, les branches à fruits et le bois fruitier. (Source : BBZN Hohenrain ; Fit im Obstbaumschnitt, Lisa Nilles)

b) Le fuseau haute-tige

La formation en fuseau haute-tige renonce aux charpentières. Seule la tige principale est formée. Différentes branches à fruits de grosseur équivalente, avec le bois fruitier, prennent directement sur le tronc et sont réparties sur l'ensemble de la couronne. Pendant la phase de formation, l'axe central est régulièrement rabattu pour favoriser l'accroissement diamétral et la stabilité. Du fait de la formation en fuseau, les arbres restent globalement plus étroits et produisent plus rapidement (après environ 10 ans). Pendant la phase de fructification, il faut toutefois surveiller un éventuel développement excessif.

c) Autres types de formation

Outre la couronne Oeschberg et le fuseau haute-tige, d'autres types de formation spécifiques sont utilisés en agroforesterie. Ils exigent toutefois beaucoup de connaissances et des soins constants.

Les formes en espalier sont courantes sur porte-greffe faible ou sur les façades des maisons. En plein champ et avec des haute-tige, elles exigent beaucoup de savoir-faire mais elles ont l'avantage d'être très peu encombrantes dans le champ cultivé.

Figure 29 : Les branches fruitières du fuseau haute-tige prennent directement sur le tronc. Le rayon de la couronne s'en trouve réduit. (Source : BBZN Hohenrain ; Charles Mouchet)

Important : la formation des fruitiers vise à obtenir des arbres qui fournissent des fruits de bonne qualité, sont faciles à entretenir et ont une architecture stable. Il est donc vivement conseillé de suivre un ou plusieurs cours sur la taille des fruitiers pour acquérir les connaissances nécessaires. Ces cours sont proposés par les écoles d'agriculture et d'horticulture et différentes institutions.

La taille des racines

Dans les systèmes agroforestiers, la formation des racines est au moins aussi importante que celle de la couronne. Car les ligneux ne doivent pas faire concurrence aux cultures arables à ce niveau. C'est pourquoi, dans les premières années, les racines qui pousseraient dans l'espace racinaire de la sous-culture sont régulièrement coupées. Il existe plusieurs possibilités pour stimuler la pousse des racines plus en profondeur. D'une part, la formation des racines en profondeur se fait en travaillant le sol à proximité immédiate de la bande arborée, le plus souvent à l'aide d'une charrue ou d'une herse/fraise. Certains exploitant·es utilisent un système de lames ou de coutre circulaire de leur propre conception pour travailler le sol une fois par an le long de la rangée d'arbres.

Figure 30 : Au niveau de la formation de la couronne, en agroforesterie, d'autres facteurs que dans les vergers haute-tige de plein vent sont à prendre en compte. Ici, la formation se fait en espalier. Cela donne une couronne très étroite mais exige des connaissances très précises de la formation des arbres. (Source : Johanna Schoop, Agridea)

La taille des racines est aussi particulièrement recommandée dans les systèmes agroforestiers sylvopastoraux qui, en dehors de cela, ne demandent pas de travail régulier du sol. Le but est de favoriser une séparation des systèmes racinaires de la couche herbeuse et des ligneux.

3.1.6 Organismes nuisibles et maladies

Certaines espèces d'arbres souvent présentes dans les systèmes agroforestiers exigent des mesures de protection contre les organismes nuisibles et les maladies. Dans cette section, nous présenterons les symptômes et dégâts de quelques pathogènes qui causent des dommages économiques significatifs en Suisse.

a) Le feu bactérien

Cette maladie dangereuse et difficile à combattre des végétaux est l'œuvre de la bactérie *Erwinia amylovora.* Elle s'attaque aux plantes de la famille des rosacées. Son impact économique se fait surtout sentir en cas d'infection des pommiers, des poiriers et des cognassiers. Les fleurs des rosacées ont un stigmate humide, ce qui favorise leur colonisation par les agents pathogènes. La bactérie pénètre dans la plante via des orifices existants (le plus souvent dans les fleurs) ou des blessures sur les feuilles et les jeunes pousses (dues p. ex. au vent, aux fortes pluies, à la grêle ou aux organismes nuisibles). Depuis les fleurs et les jeunes pousses infectées, la bactérie se répand ensuite dans toute la plante, jusqu'aux

Figure 31 : La formation des racines en agroforesterie peut se faire par différentes mesures : à la charrue ou à la herse près des bandes plantées d'arbres (photo ci-dessous ; source : Ivan Thévoz), avec une lame (photo en haut à droite ; source : Johanna Schoop chez M. Löwensberg) ou un coutre circulaire. (photo en bas à droite, source : Pirmin Adler)

racines. Les feuilles prennent une couleur brun-noir à partir du pétiole ou de la base des feuilles – la plante a l'air brûlée, d'où le nom de « feu bactérien ».

Chez les plantes hôtes plus âgées, une infection par *Erwinia amylovora* peut être latente et rester complètement ou longtemps asymptomatique. Mais le feu bactérien peut aussi complètement faire mourir la plante, parfois même en à peine 2 à 3 semaines chez les jeunes fruitiers à pépins.

L'infection se manifeste de manière irrégulière, par vagues prolongées et géographiquement variables, en fonction des conditions météorologiques. Une forte humidité et des températures comprises entre 18 et 33 °C favorisent la multiplication de la bactérie, qui se développe de manière optimale entre 21 et 28 °C. Elle passe l'hiver dans une zone frontière entre tissus malades et tissus sains de l'écorce (une zone appelée « chancre »). Au printemps, par temps humide, cette zone produit un exsudat bactérien qui contient lui-même la bactérie. Le feu bactérien continue alors à

Figure 32 : Symptômes du feu bactérien (Source : Inforama Oeschberg)

se propager dans les environs avec la pluie, le vent et les insectes qui butinent les fleurs. Dans la pratique agricole, les outils de taille contaminés et l'humain contribuent aussi à transmettre la bactérie, ce qui rend son endiguement très difficile.

En Suisse, en vertu de l'Ordonnance sur la protection des végétaux, le feu bactérien est soumis à une obligation de déclaration et de lutte. Dans certaines circonstances, il existe des restrictions à la plantation d'arbres dans les zones à risque. Les services cantonaux sont responsables de la surveillance phytosanitaire du territoire et procèdent, selon la classification des communes, à des contrôles au moyen d'analyses d'échantillons. Différentes mesures sont recommandées pour lutter contre la maladie :

- l'utilisation opportune de produits phytosanitaires pour prévenir toute nouvelle infection des fleurs et des jeunes pousses ;
- le choix de variétés et de porte-greffes résistants ;
- la taille des rameaux infectés ou l'arrachage.

La prévention par la sélection de variétés adaptées est certainement la mesure préventive la plus efficace et la plus écologique pour une nouvelle plantation.

b) La drosophile du cerisier

La drosophile du cerisier ou *Drosophila suzukii* est une mouche des fruits originaire d'Asie du Sud-Est qui, dans la culture fruitière suisse, s'attaque aux fruits intacts mûrs ou en cours de maturation et les gâte si bien qu'ils ne sont plus commercialisables. Elle constitue plus particulièrement un problème pour les cerises, les baies (myrtilles, framboises et mûres), les pêches, les prunes, les nectarines, les abricots et le raisin. Son cycle générationnel court et son taux de reproduction élevé (une femelle peut pondre 300 à 400 œufs) font de cette petite mouche d'à peine 3 mm un ravageur difficile à éradiquer qui cause de lourds dégâts économiques. Dégâts infligés : les fruits pas encore complètement mûrs deviennent mous et s'effondrent sur eux-mêmes ou sont remplis de larves. En effet, la drosophile du cerisier pond ses œufs dans les fruits sains. Ceux-ci donnent rapidement des larves (asticots) qui se transforment à leur tour en pupes à l'intérieur du fruit. L'infestation rend les fruits impropres à la consommation.

Les hivers doux, les printemps pluvieux et les étés chauds et humides favorisent le cycle de vie de la drosophile du cerisier. Avec une humidité suffisante et des températures proches des 25 °C, les femelles âgées de 3 jours peuvent déjà pondre. Les mesures de prévention et de lutte sont 1) l'entretien des cultures, 2) la pose de pièges et 3) le retrait et la destruction rapides des fruits infestés. Par « entretien des cultures », on entend des passages très réguliers pour ne pas laisser de fruits trop mûrs sur les arbres ou les arbustes. Un passage au moins tous les deux jours est indispensable. Il faut en outre ramasser tous les fruits tombés au sol. Les pièges ciblant la drosophile du cerisier doivent être suspendus à l'ombre, sur les arbres fruitiers et les arbustes à baies, ainsi qu'en périphérie de parcelle. Une superficie d'un hectare demande jusqu'à 500 pièges. Le liquide qui sert d'appât (un mélange de vinaigre de cidre, d'eau, de vin rouge, de savon et de sirop) doit être remplacé toutes les deux semaines. Les fruits infestés ne doivent en aucun cas être jetés au compost, car les larves continueraient à s'y développer sans frein.

Ils doivent être stockés dans un récipient hermétique ou dans de l'eau savonneuse. Les larves meurent rapidement en l'absence d'oxygène. Une fois mortes, les déchets peuvent être brûlés ou jetés à la fosse à purin.

Figure 33 : Dégâts infligés par la drosophile du cerisier (Source : Inforama Oeschberg)

c) La maladie fongique Marssonina

Le champignon *Diplocarpon mali,* ou plus précisément sa forme anamorphe *Marssonina coronaria,* est le responsable de la chute précoce des feuilles observée pour la première fois en Suisse en 2010. En 2012, en raison de l'été humide, la maladie s'installe plus spécifiquement en Suisse alémanique, chez les pommiers, surtout dans les exploitations bio, les vergers haute-tige et les jardins privés. Aujourd'hui, la maladie touche surtout les vergers de prairie, les pommeraies bio et même les variétés résistantes à la tavelure.

Symptômes : les petites taches nécrotiques (mortes) foncées sur la face supérieure des feuilles évoluent vers de larges taches foliaires de couleur gris-noir qui finissent par se rejoindre. Les symptômes de *Marssonina* apparaissent souvent après des périodes de pluie prolongée en juillet-août. Quand on y regarde de plus près, on peut voir de petites fructifications noires appelées acervules à la surface des feuilles. Une atteinte sévère peut entraîner la chute précoce complète des feuilles – elle affecte la récolte et la qualité des fruits mais aussi, du fait de l'affaiblissement de l'arbre, la fructification de l'année suivante. La moindre qualité des fruits n'est pas seulement due à la perte d'énergie de l'arbre mais aussi au champignon lui-même : des taches vert olive, légèrement en creux, peuvent apparaître sur les fruits, avec pour conséquence une déclassification des fruits de table et une moins bonne durée de conservation.

Le champignon passe l'hiver dans les acervules des feuilles tombées au sol. Il y forme des spores qui peuvent se propager avec les éclaboussures de la pluie. La sporulation dans les feuilles mortes se termine vers le mois de juin. Une infection des feuilles du pommier exige des périodes prolongées d'humidité des feuilles (plus de 30 heures) et des températures supérieures à 15 °C. À des températures plus élevées, 18 heures d'humidité des

Figure 34 : Symptômes de la maladie fongique Marssonina (Source : Inforama Oeschberg)

feuilles suffisent déjà. La maladie se propage aussi par la pluie, depuis les feuilles déjà infectées. Un temps chaud et humide sur une période prolongée peut entraîner une prolifération massive du champignon.

Deux semaines après l'apparition des premiers symptômes, les feuilles peuvent être déjà tellement abîmées qu'elles tombent (souvent dès la mi-août).

Il existe une série de mesures de lutte directes et indirectes. L'une d'elle est de favoriser la décomposition des feuilles par le paillage et le binage ou l'apport de compost mûr. Les feuilles tombées au sol peuvent aussi être éloignées de la rangée d'arbres à l'aide d'un aspirateur à feuilles ou par ratissage manuel puis paillage. La plantation des arbres sur un site bien aéré et une taille visant à aérer la couronne contribuent à endiguer la propagation du champignon en réduisant l'humidité. Comme pour le feu bactérien, la sélection des variétés joue un rôle important dans la lutte contre *Marssonina*. Des enquêtes ont montré de nettes différences de sensibilité à la maladie. Les variétés de pommes résistantes à la tavelure comme la Topaz, l'Otava et la Rubinola sont plutôt sensibles à *Marssonina*. En ce qui concerne l'utilisation de produits phytosanitaires, différents essais menés ces dernières années en Suisse et à l'étranger ont montré que les préparations d'argile acide sont les plus efficaces contre *Marssonina* – il est recommandé de traiter de mi-juin à trois semaines avant la récolte en période de précipitations et de températures chaudes.

d) Le gui

Le gui est une espèce de plantes de la famille des santalacées. C'est un hémiparasite qui colonise de nombreuses espèces de feuillus, y compris les fruitiers haute-tige de plein vent. Le gui prélève de l'eau et des nutriments à son hôte et une forte infestation peut faire mourir l'arbre entier. Son expansion est de plus en plus problématique et pourrait être favorisée par le changement climatique. Le gui doit impérativement être éliminé des arbres touchés en coupant toute la branche porteuse (tant qu'il ne s'agit pas d'une charpentière), sur une longueur correspondant à deux fois le diamètre de la boule de gui. Si l'on se contente de couper le gui, il reprendra. Le gui est disséminé par les oiseaux qui mangent ses baies blanches et rejettent leurs graines dans leurs excréments. Les baies blanches en

Figure 35 : Vieux poirier fortement parasité par du gui. Face à une infestation aussi importante, l'élimination de l'arbre entier est souvent le seul moyen d'éviter la propagation. (Source : Fit im Obstbaumschnitt, Lisa Nilles)

forme de perle sont constituées d'une couche de chair collante entourant les graines si bien que celles-ci adhèrent aux arbres – même après être passées dans un intestin d'oiseau.

d) La chalarose ou dépérissement des pousses du frêne

La chalarose est due à un champignon pathogène originaire d'Asie orientale appelé *Hymenoscyphus fraxineus.* La maladie a été constatée pour la première fois en Suisse en 2008 dans les cantons de Bâle-Campagne et de Soleure et se répand depuis dans l'ensemble du pays. Le champignon passe l'hiver dans la nervure centrale des feuilles de frêne tombées au sol. Entre juin et septembre, les fructifications blanches en forme de coupe s'observent dans la fane, où se développent les spores qui se disséminent sur de grandes distances avec le vent et peuvent ainsi infecter les feuilles de frêne saines.

Figure 36 : Les dégâts causés par la chalarose (Source : Andrin Gross, WSL)

Grâce à leur couche de mucus extérieure, les spores adhèrent à la surface des feuilles et permettent au champignon de pénétrer à l'intérieur. Il peut alors s'y développer et s'étend jusqu'aux jeunes pousses, dont il infecte l'écorce et le cambium. Il provoque des nécroses de l'écorce de couleur brun-olive à orange, qui détruisent les tissus de transport et de croissance de l'arbre et font mourir les rameaux au-dessus de la zone infectée.

Un petit pourcentage des frênes suisses ne tombe pas malade et montre une résistance au dépérissement des pousses de frêne. Les chercheurs mettent ce fait à profit dans le cadre de programmes de sélection. En attendant que l'on réussisse à cultiver des frênes résistants à la chalarose, il est judicieux de se rabattre sur d'autres espèces de feuillus comme l'érable, le cerisier, le charme et l'aulne commun.

3.2 Haies

Le mot « haie » vient de l'ancien haut allemand *hegga* : haie, clôture. Une haie est une formation généralement alignée d'une ou plusieurs rangées d'arbustes très ramifiés ou d'arbres taillés bas, serrés les uns contre les autres. Dans les bandes de ligneux sur plusieurs niveaux, elle est constituée d'un ourlet herbeux, d'arbustes et, éventuellement, d'arbres isolés. L'ourlet herbeux est exploité de façon extensive et assure une transition fluide entre terres cultivées et bandes de ligneux. La strate arbustive est composée d'arbustes comme le sureau, souvent complétés par des plantes grimpantes ou des lianes comme la clématite des haies ou le lierre. Les arbustes à baies ou à épines offrent aux oiseaux de la nourriture,

Figure 37 : Les haies sont une composante importante du paysage agricole. (Source : Corinne Zurbrügg)

des sites de nidification et une protection optimale contre les prédateurs. La strate arborée peut être constituée d'arbres de petite et/ou de plus grande taille. L'alisier, l'érable, le sorbier des oiseleurs, le chêne, le noyer et le merisier en font typiquement partie. Les rapaces s'y posent à l'affût.

S'il fallait les résumer en quelques mots, les intérêts des haies sont nombreux : compensation écologique (passerelles naturelles entre des biotopes séparés dans l'espace, favorisant les échanges, l'expansion des espèces et le repeuplement), abris pour les auxiliaires des cultures, protection contre le vent et l'érosion, enrichissement du paysage (fonction récréative) et sources de matières premières (prairie mellifère, bois de chauffage et de construction, baies, noix, fruits sauvages, plantes médicinales et pour tisanes).

3.2.1 Particularités

Les haies doivent souvent leur existence aux activités agricoles du passé. Elles servaient à clôturer les terres arables pour les séparer de celles du voisin, ou encore dans le contexte de l'assolement triennal. De plus, elles étaient une source importante de fourrage. Certaines espèces d'arbres permettaient aussi l'extraction du « tan » : les écorces et feuilles riches en tanins étaient utilisées pour le tannage des peaux.

L'intérêt renouvelé pour les haies n'est pas seulement lié à leur importance pour la biodiversité. Elles contribuent aussi à assurer des quantités suffisantes de fourrage pour les animaux d'élevage. En effet, la croissance de l'herbe varie fortement au cours de la saison de pâturage et peut s'arrêter complètement en cas de sécheresse prolongée. Pendant ces périodes – mais aussi en période de croissance normale de l'herbe –, les arbres et arbustes fourragers des haies peuvent représenter une précieuse source supplémentaire de nourriture pour les ruminants. En effet, les arbres et les arbustes peuvent mieux supporter la sécheresse grâce à leur profond système racinaire, qui leur permet d'utiliser des réserves d'eau auxquelles les plantes annuelles n'ont pas accès. Comme illustré au chapitre 9, il est ainsi possible de créer un petit cycle de l'eau, qui permet d'atténuer l'impact négatif de la multiplication des épisodes de sécheresse estivale. Les nombreux avantages des haies fourragères sont exposés de manière plus détaillée au chapitre 8 « Agroforesterie et élevage ».

Mais les effets favorables des haies sur le microclimat sont aussi utiles dans les systèmes agroforestiers sans élevage. Les haies ont un effet d'amortisseur thermique et influencent globalement positivement le microclimat. Des haies denses offrent aussi une protection efficace contre le vent : à partir d'une certaine hauteur, elles freinent considérablement le vent et préviennent l'érosion éolienne. Sur les coteaux et les berges, elles stabilisent le sol avec leurs racines et réduisent la survenue de glissements de terrain et l'érosion des berges. Outre cette fonction de protection contre les intempéries et le rôle du système racinaire, la concentration plus élevée de substances organiques dans le sol contribue aussi à le stabiliser. La forte teneur en substances organiques améliore la structure du sol, ce qui influence positivement sa capacité à retenir l'eau et donc la régulation du cycle de l'eau.

3.2.2 Site d'implantation

Lors de la planification, le choix du site dépend en premier lieu des fonctions que la haie devra remplir à l'avenir. Outre la fonction recherchée, les conditions de température, de luminosité, de sol et d'hydrologie dictent les espèces et variétés adaptées (voir aussi www.haupt.ch/agroforst). Si la haie doit servir de trait-d'union entre des habitats naturels ou semi-naturels, elle doit être plantée en conséquence en tenant compte des besoins des espèces qu'on souhaite encourager. Relier entre eux les vergers, les prairies extensives, les jachères et les bois est particulièrement souhaitable. Les zones moins productives sur le plan agricole comme les talus, les digues, les zones pentues, les irrégularités du terrain, les bords de parcelles ou les berges sont à privilégier. Elles constituent non seulement des zones plus calmes, sans perturbations, mais c'est aussi là que les effets positifs des haies pourront favoriser au mieux la production agricole.

Par ailleurs, pour l'agencement des plants, on tiendra compte de la configuration locale du terrain (déclivité, ombre portée) et de la direction du vent principal. Il est souvent recommandé de replanter une haie là où il y en a déjà eu une. Dans tous les cas, la haie doit toujours être implantée parallèlement au sens de travail des cultures, en direction nord-sud, pour ne pas compliquer l'utilisation des machines et minimiser l'ombre portée sur les surfaces exploitées. En bordure de parcelle ou au bord des chemins et cours d'eau, une implantation orientée ouest-est au sud de la voie en question est aussi possible pour que l'ombre de la haie tombe sur le chemin ou le cours d'eau. L'ombre peut y être la bienvenue ou même, en été, avoir un impact positif sur l'habitat aquatique. Les prescriptions en matière de distance par rapport aux voisins ou à la route doivent être respectées. Le service cantonal de l'aménagement du territoire et la commune sont là pour des informations plus précises.

Les haies n'ont pas leur place dans les prairies sèches ou maigres de grande valeur biologique. Leur ombre aurait un impact négatif sur la diversité botanique de ces habitats particuliers. La faune locale doit aussi être prise en compte : si certaines espèces animales ayant besoin de milieux ouverts pour se nourrir et se reproduire sont présentes, on plantera seulement des haies ou tronçons de haies composées d'arbustes qui ne dépassent pas 3 m de haut. Parmi les exemples connus de nicheurs en milieux ouverts, citons l'alouette des champs, ainsi que le traquet tarier, le bruant proyer et le vanneau huppé dans les prairies humides et prés à litière. Ces espèces d'oiseaux fuient les structures hautes. Pour en savoir plus sur les espèces présentes localement, tournez-vous vers la Station ornithologique suisse ou les associations locales de protection de la nature.

3.2.3 Schéma de plantation et plantation

Pour former une haie, on plante les ligneux sur une ou plusieurs rangées. La distance de plantation dépend de la façon dont l'herbe entre les jeunes plants sera entretenue (faucille, faux, motofaucheuse ou piétinement). On considère que la longueur idéale d'une haie est de 100 à 150 m. Elle sera constituée pour au moins un tiers de buissons épineux. Former des sections avec des espèces (fonctionnellement) proches aide à réduire la concurrence entre les espèces et facilite la récolte, qui peut être organisée de manière plus rationnelle. Le centre de conseil pour l'agriculture Agridea recommande par exemple de planter ensemble de petits arbustes comme le chèvrefeuille des haies et l'églantier, à raison de 5 à 10 plants de chaque espèce. Pour les arbustes épineux comme le prunellier, l'aubépine et le nerprun, on associera jusqu'à 10 plants de chaque espèce et pour les arbustes de taille moyenne comme les viornes lantane et obier, au moins 5. Les grands arbustes comme le cerisier à grappes et le sorbier des oiseleurs doivent être plantés seuls ou au maximum par trois.

Le schéma de plantation doit aussi tenir compte des besoins en lumière de chaque espèce et leur réserver une place en conséquence du côté ensoleillé ou ombragé (voir la fiche Agridea « Buissons et arbres indigènes de nos haies »). De plus, si possible, la haie ne sera pas parfaitement rectiligne : plusieurs groupes de ligneux disposés en arcades entrecoupées de trouées herbeuses (sur maximum 10 m) sont plus intéressants pour la faune qu'une longue haie linéaire ininterrompue.

Nous ne détaillerons pas ici les recommandations relatives aux espèces spécifiques à planter mais, en règle générale, on retiendra que les ligneux doivent être plantés pendant la période de repos végétatif (de novembre à mars/avril). Une plantation à l'automne a l'avantage de laisser aux plantes plus de temps pour s'adapter.

Figure 38 : Plantation d'une nouvelle haie (Source : Thomas Alföldi, FiBL)

Les racines fibreuses qui se forment aux premiers jours sans gel du printemps aident à résister sans dommage aux journées chaudes de la fin du printemps. Pour la plantation, on évitera toutefois les sols détrempés, enneigés ou gelés. Lors des hivers très froids, il y a un risque que les bourgeons gèlent. Le gibier (abroutissement, écorçage) et les petits rongeurs peuvent faire beaucoup de dégâts pendant l'hiver. La règle d'or est la suivante : la plantation d'automne se prête bien aux sols légers tandis que la plantation printanière est mieux adaptée aux sols lourds.

Avant toute plantation, un bon travail superficiel du sol ou un ameublissement en profondeur s'impose. Juste avant la plantation, on éliminera les rameaux lésés, faibles ou gelés, ainsi que les racines écrasées ou abîmées. Les rameaux sont rabattus au niveau du premier œil (bourgeon) vigoureux, idéalement aux deux tiers de leur longueur. Les racines très longues ou tordues, qui n'entrent pas bien dans le trou de plantation, seront raccourcies à une longueur adéquate.

Pour la plantation elle-même, on creusera un trou correspondant à la taille de la motte. On placera ensuite l'arbuste ou le jeune arbre dans le trou et on recouvrira ses racines de terre fine. On tirera ensuite le végétal vers le haut en le secouant légèrement pour que la terre remplisse l'espace entre les racines. L'espace restant dans le trou sera comblé de terre meuble et légèrement tassé au pied. L'ajout d'engrais n'est pas nécessaire. Après la plantation, il faut arroser abondamment, même s'il pleut, afin d'humecter parfaitement les racines et d'assurer leur contact avec le sol. Si le temps est sec, un nouvel arrosage pendant la croissance peut s'imposer.

Si les végétaux sont installés dans une prairie, il est recommandé de placer un piquet à côté des plus petits exemplaires afin qu'ils restent bien visibles lors de la première tonte entre les arbustes. La végétation herbacée doit impérativement être maintenue basse les premières années pour limiter la concurrence entre graminées et arbustes, ainsi que la pression des campagnols. Arbres et arbustes sont en effet généralement trop petits au moment de la plantation, et dans la période qui suit, pour pouvoir s'imposer face aux graminées. Le paillage est une bonne solution, le paillis désignant tout matériel organique non décomposé comme les déchets de taille ou de tonte, la paille, les feuilles mortes, le fumier, l'écorce broyée ou les copeaux de bois. On tiendra compte du rapport carbone/azote et on peut aussi y mélanger du compost. Dans tous les cas, le paillage contribue de manière essentielle au maintien durable de la fertilité du sol. Le paillage permet en outre d'éviter en grande partie les adventices et conserve l'humidité dans le sol (Figure 39).

Pour finir, soulignons que les fines racines des arbustes ou des arbres qui ne sont pas plantés directement après leur livraison doivent être protégées du dessèchement, par exemple par une mise en bauge ou un enveloppement dans un linge humide.

Figure 39 : Couche de paillis dans une haie fourragère plantée en double rangée (Source : Fabien Liagre, Agroof Sop.)

3.2.4 Entretien et taille

Sans entretien, les haies s'étendent latéralement et deviennent creuses de l'intérieur, vieillissent mal et finissent par s'effondrer. La végétation qui reste voit souvent une seule ou quelques espèces s'imposer, laissant apparaître une haie trop uniforme, sans diversité. L'entretien de la haie permet donc de la rajeunir, de favoriser de manière ciblée certaines espèces et de réguler l'ombre portée sur la parcelle cultivée. Dans l'ensemble, on distingue deux mesures d'entretien : la taille de rabattement, autrement dit la coupe des branches extérieures ou leur limitation dans l'espace, et le recépage, autrement dit la taille de tout l'arbuste près du sol. Le choix entre ces deux méthodes dépend de l'espèce et de la fonction de la haie. La règle de base : on recèpe sélectivement les arbustes communs à croissance rapide comme le noisetier et on favorise sélectivement les espèces rares et à croissance lente comme la plupart des épineux.

La stratification de la haie est préservée en conservant des arbustes denses et bas en bord de haie, ainsi qu'un ourlet herbeux. Seule une haie associant des espèces diversifiées, avec un ourlet herbeux de plantes typiques, offre à de nombreux animaux de quoi se nourrir, nidifier et se cacher. L'ourlet herbeux assure une zone de transition avec la parcelle cultivée et doit être fauché tardivement, par segments. L'entretien de la haie doit se faire pendant le repos végétatif, entre novembre et mars, ou, pour les haies riches en espèces fructifères, seulement en février-mars.

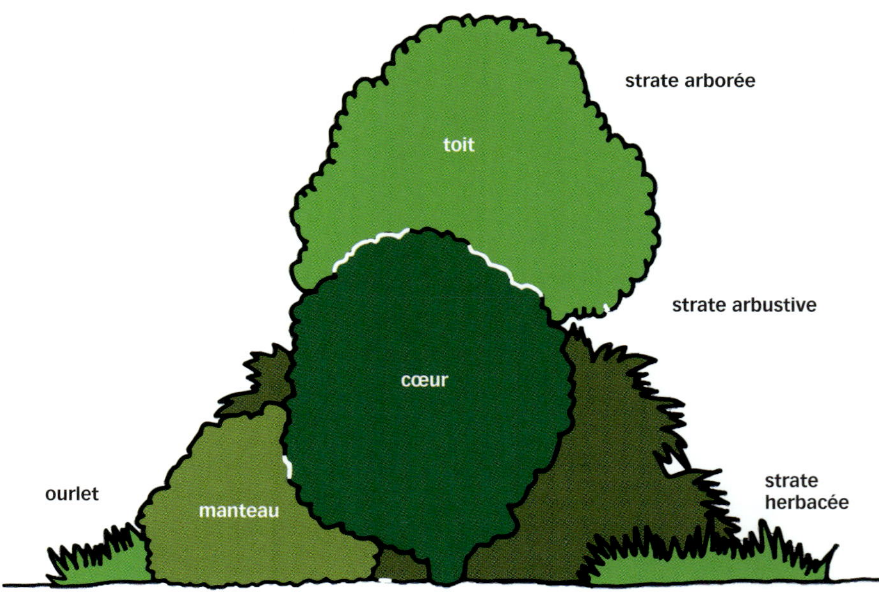

Figure 40 : Stratification d'une haie, vue en coupe (Source : adapté de la brochure « Naturhecken » de la Naturschutzstiftung des Landkreises Holzminden, Allemagne)

3.2.5 Choix des espèces et variétés

En matière de préservation de la diversité des espèces et d'adéquation à nos conditions climatiques, il existe une règle : toujours utiliser des espèces indigènes ! Le choix précis des espèces d'arbres et d'arbustes dépendra de la fonction de la haie : la fiche du service de protection de la nature de l'Amt für Landschaft und Natur du canton de Zurich classe les espèces indigènes adaptées aux haies par taille et vitesse de croissance et indique les conditions de sol et de luminosité à respecter (www.haupt.ch/agroforst). Par exemple, le frêne, le tremble, le merisier, le bouleau, l'aulne blanc et le sorbier des oiseleurs font partie des espèces à croissance rapide tandis que le chêne pédonculé, le chêne sessile, le tilleul, l'alisier torminal, le poirier et le pommier sauvages, de même que le sorbier domestique et l'érable champêtre, ont une croissance lente. Si la haie vise en priorité à promouvoir certaines espèces d'oiseaux, il faudra des arbres isolés pour leur permettre de se percher et une importante proportion de tronçons denses et bas avec des buissons d'épineux. Le sureau noir et le chèvrefeuille des haies font partie des arbustes petits à moyens à croissance rapide. Parmi les arbustes petits à moyens à croissance lente, on trouve l'aubépine à un ou deux styles, l'argousier, le nerprun purgatif et le prunellier, mais aussi les cornouillers, dont le cornouiller mâle.

3.2.6 Cadre réglementaire

Avant d'installer une haie, il est utile de clarifier la situation juridique. La plantation est réglementée par les cantons et parfois par les communes. Le mieux est donc de se renseigner directement auprès de la commune ou du canton.

La plantation d'une haie ne nécessite généralement pas d'autorisation, sauf parfois dans les réserves naturelles où elle pourrait avoir un impact négatif sur certains habitats sensibles. Que ce soit en bordure de champ, le long d'un cours d'eau ou au milieu d'un village, les haies, bosquets champêtres et berges boisées ont une chose en commun : ils sont protégés dans toute la Suisse en vertu de la loi fédérale sur la protection de la nature et du paysage (LPN). Leur arrachage, lui, est soumis à autorisation.

L'ordonnance sur la terminologie agricole (OTerm ; RS 910.91, Art. 23 : Haies, bosquets champêtres et berges boisées) définit une haie comme suit :

- Par haies et berges boisées, on entend les bandes boisées touffues, larges de quelques mètres, qui sont composées principalement d'arbustes, de buissons et d'arbres isolés, autochtones et adaptés aux conditions locales.
- Par bosquets champêtres, on entend des groupes d'arbres et d'arbrisseaux de forme compacte, autochtones et adaptés aux conditions locales.
- Les haies, les bosquets champêtres et les berges boisées ne doivent pas avoir été classés comme forêt par le canton ou ne doivent dépasser simultanément les trois valeurs suivantes :
  a) une superficie, bande herbeuse comprise de 800 m^2 ;
  b) une largeur, bande herbeuse comprise, de 12 m ;
  c) un âge des peuplements de 20 ans.

Encadré : les haies multifonctionnelles

Comme leur nom l'indique, la multifonctionnalité de ces haies offre des avantages supplémentaires et une valeur ajoutée. Outre leur fonction de protection contre le vent, les haies multifonctionnelles intègrent plus de fruitiers (sauvages), de noyers et noisetiers, de plantes tinctoriales, de bois noble ou encore de ligneux ou de graminées à croissance rapide, utilisables pour la production d'énergie. Elles offrent un habitat, une source de nourriture et un refuge à de nombreux insectes, oiseaux et mammifères. Elles favorisent les auxiliaires des cultures, ce qui influence positivement les rendements agricoles. Grâce à d'autres produits comme les fruits sauvages et les noix, les exploitant·es peuvent proposer des spécialités locales comme la confiture, les fruits séchés, la liqueur ou les tisanes. Le bois peut aussi être utilisé pour produire des bûches pour le chauffage par le prélèvement de troncs isolés ou dans le cadre de l'exploitation d'une haie à deux rangées sur une surface à rotation courte.

Figure 51 : Haie multifonctionnelle riche en sources de nourriture pour les insectes et les oiseaux (Source : Peter Meindl, FiBL)

- Les haies, les bosquets champêtres et les berges boisées sont entourés d'une bande herbeuse.

Les haies font partie de la surface agricole utile (SAU) tant qu'elles n'en sont pas exclues comme forêt selon les critères indiqués ci-dessus. Une haie avec un ourlet herbeux exploité de manière extensive compte comme une surface de promotion de la biodiversité (SPB) pour les prestations écologiques requises. Elle permet de recevoir des contributions à la biodiversité de niveaux de qualité I et II. Les exigences en matière d'entretien et d'exploitation, ainsi que le montant des contributions en vertu de l'ordonnance sur les paiements directs (OPD), sont détaillés dans la fiche Agridea « Promotion de la biodiversité dans l'exploitation agricole ».

a) Les haies fruitières

Les haies fruitières d'exploitation extensive sont appréciées pour leur entretien relativement réduit. La récolte est difficilement automatisable mais peut être facilitée par un schéma de plantation intelligent (nous vous renvoyons ici vers la brochure « Mehrnutzungshecken » de Bio Forschung Austria, sur www.bioforschung.at – en allemand). Pour des raisons de rendement et de technique de travail, l'exploitation fruitière des arbustes n'est intéressante qu'au niveau des rangées extérieures de la haie. Une haie arbustive d'une seule rangée offre l'avantage d'une récolte facile des deux côtés.

Le choix des espèces pour une haie fruitière est conditionné par différentes contraintes comme la promotion de la biodiversité, les plantes néophytes et le changement climatique. Les ligneux fruitiers indigènes présentent de multiples avantages pour la biodiversité comme sources de nourriture des chenilles, de pollen, etc. Les nouvelles espèces exotiques en revanche n'offrent généralement de quoi subvenir à leurs besoins qu'aux animaux généralistes.

Voici à quoi pourrait ressembler une liste d'espèces adaptées à une haie multifonctionnelle :

- sorbier des oiseleurs (jus, sirop, eau-de-vie, confiture, compote, liqueur)
- alisiers (pour leurs fruits, frais ou transformés)
- prunelier, différentes variétés de pruniers anciens, sauvages ou semi-sauvages (Haferschlehe, Zibarte, Spilling, Krieche), prunier-cerise (nombreux produits traditionnels ou nouveaux à base de fruit ; le bois peut aussi être valorisé pour la fabrication d'instruments)
- variétés cultivées de l'amélanchier (les fruits ressemblent aux myrtilles ; les variétés nord-américaines sont plus productives que l'amélanchier indigène)
- cornouiller mâle
- cognassier
- cognassier du Japon
- sureau noir et sureau à grappes

- berbéris (épine-vinette) et berbéris de Corée (utilisés autrefois comme assaisonnement, en boisson rafraîchissante et en gelée)

Bibliographie :

Ableidinger, Christophorus, Eva Erhart, Katharina Sandler, Bernhard Kromp et Wilfried Hartl. Merkblatt Mehrnutzungshecken. Bio Forschung Austria, 2020. https://www.bioforschung.at/wp- content/uploads/2020/03/Mehrnutzungshecke_20200321_komprimiert-.pdf.

Benz, R, P Jucker, N Koller, S Kuchen, E Marendaz Guignet, G Mulhauser, C Schiess-Bühler, et. al. Comment planter et entretenir les haies. AGRIDEA, 2021.

biologie-seite.de. Hecke, 18 mars 2024. https://www.biologie-seite.de/Biologie/Hecke.

Fachstelle Naturschutz. Merkblatt Hecken. Amt für Landschaft und Natur, avril 2014. https://www.zh.ch/content/dam/zhweb/bilder-dokumente/themen/umwelt-tiere/naturschutz/naturschutz-in-den-gemeinden/merkblatt_hecken.pdf.Gresset, Fabienne et Johanna Schoop. Arbres et buissons fourragers dans l'alimentation des ruminants. AGRIDEA, mai 2022. Vergers haute-tige – planification, plantation et soins. AGRIDEA, 2012.

Iussig G. et al. (2015). Browsing ration, species intake, and milk fatty acid composition of goats foraging on alpine open grassland and grazable forestland. Small Ruminant Research, 132 : 12–24, o. J.

Machatschek, Michael. Die Laubfutterwirtschaft – Erfahrungen aus der landwirtschaftlichen Praxis, o. J.

Meuret, M, und C Agreil. Des broussailles au menu. *INRA Avignon-Ecodéveloppement,* 2006, 4.

Novak, Sandra, Philippe Barre, Remy Delagarde, Stéphanie Mahieu, Vincent Niderkorn et Jean Claude Emile. Composition chimique et digestibilité in vitro des feuilles d'arbre, d'arbuste et de liane des milieux tempérés en été. *Fourrages,* Nr. 242 (2020): 35–47.

Ploberger, Karl. 7 Schritte zum Garten für intelligente Faule. Das etwas andere Praxisbuch. Leopoldsdorf, Stuttgart: Österreichischer Agrarverlag, Verlag Eugen Ulmer, 2002.

ProSpecieRara. Laubfütterung: gesund und ökologisch, 18. März 2024. https://www.prospecierara.ch/tiere/wissen/wissen-details/news/laubfuetterung-gesund-und-oekologisch.html.

Rahmann, Gerold. Gehölzfutter – eine neue Quelle für die ökologische Tierernährung. *Landbauforsch Völkenrode* SH, Nr. 272 (2004): 29–42.

Raskin, B., und Osborn S. The agroforestry handbook. Soil Association Limited. Bristol (UK)., 2019.

Shigo, Alex L., H. G. Marx, et David M. Carroll. *Co*dit: Compartmentalization of decay in trees. Forest Service U.S. departement of Agriculture, 1977.

4 La bande de végétation sous les arbres, troisième niveau des systèmes agroforestiers

4.1 Qu'est-ce que le linéaire sous les arbres ?

En dehors des arbres eux-mêmes et des sous-cultures, les systèmes agroforestiers comptent une troisième composante : la bande de végétation sous les arbres.

Il s'agit généralement de bandes de végétation ensemencées de graminées (et de trèfles) ou d'un mélange fleuri sur lesquelles les arbres sont plantés. La bande de végétation sous les arbres fait environ 2 m de largeur, voire plus selon l'utilisation prévue, et est aménagée dans le sens principal de travail de la parcelle agroforestière. Le chapitre 3 et le chapitre 6 donnent plus de détails sur le schéma de plantation, la distance entre les arbres dans l'alignement et l'espacement entre les alignements d'arbres dans la parcelle agroforestière. Selon le type, l'objectif et l'orientation du système agroforestier, les bandes de végétation sous les arbres peuvent être conçues de manière très simple mais aussi être exploitées de manière diversifiée.

Figure 1 : À côté des arbres et des sous-cultures, la bande de végétation sous les arbres constitue le troisième niveau des systèmes agroforestiers. (Source : Mareike Jäger)

L'intérêt écologique de la bande de végétation sous les arbres ne doit pas être sous-estimé. En effet, cette composante herbacée du système agroforestier contribue à améliorer la fertilité du sol et constitue aussi une zone de refuge et d'hivernage pour divers insectes et petits animaux.

4.1.1 Les bandes de végétation avec exploitation de l'herbe

En cas de capacités de travail limitées, les exploitant·es ne voudront et ne pourront consacrer qu'un minimum d'heures de travail manuel au système agroforestier. Les linéaires sous les arbres devraient donc pouvoir être travaillés un minimum à l'aide de machines.

Autrement dit être régulièrement fauchées ou mulchées. En Suisse, la bande herbeuse est souvent déclarée comme surface herbagère. Cela présume toutefois l'exploitation de l'herbe comme fourrage. À l'heure actuelle, sa seule exploitation comme paillis n'est pas prévue, sauf au niveau de la surface sous la couronne. Celle-ci peut aussi régulièrement être mulchée. L'exploitation extensive comme prairie n'est généralement pas recommandée, car les bandes herbeuses offrent des possibilités de retraite idéales aux campagnols. L'herbe doit donc être maintenue la plus courte possible.

4.1.2 Les bandes de végétation à finalités multiples

Des plantations intermédiaires entre les arbres de l'alignement peuvent être intéressantes pour exploiter l'espace de manière optimale. La distance entre les arbres à couronne volumineuse et à ramure étendue (comme le tilleul ou le noyer commun) peut aller jusqu'à 15 m dans la rangée. Comme plantations intermédiaires entre de telles espèces, on peut envisager toutes sortes de structures. Dans un système agroforestier associé à des grandes cultures avec des réserves limitées en nutriments organiques, l'intégration d'arbustes fruitiers fixant l'azote comme l'argousier ou les chalefs (éléagnus, famille des *Elaeagnaceae,* attention aux espèces invasives) – qui vivent en symbiose avec *Frankia alni,* une bactérie capable de fixer l'azote–, peut être intéressante. Plus de diversité implique bien sûr aussi plus de travail au moment de l'entretien et de la récolte quand des espèces avec différentes possibilités d'exploitation sont présentes. Le travail de récolte et de transformation induit par cette diversification augmente particulièrement avec l'intégration d'espèces dont la récolte est décalée dans le temps. D'un autre côté, cette diversification peut justement devenir l'un des objectifs d'exploitation du système agroforestier.

Exploitation des alignements avec des espèces ligneuses pérennes

Dans les alignements d'arbres, outre des fruitiers sauvages, il est également possible d'intégrer des ligneux à croissance rapide destinés à la production d'énergie (peuplier, saule, noisetier, etc.), des arbustes cultivés pour leur feuillage fourrager et des cultures de baies (fraisiers, ronciers, framboisiers). Le site www.haupt.ch/agroforst vous informe sur les différentes espèces d'arbustes fruitiers sauvages et leurs particularités.

Figure 2 : L'espace entre deux arbres fruitiers est ici occupé par divers arbustes fruitiers sauvages. (Source : Mareike Jäger)

Figure 3 : L'espace entre les arbres peut aussi servir à la culture de légumes pluriannuels ou de baies. (Source : Mareike Jäger)

Figure 4 : Selon leur utilisation et l'aménagement du système agroforestier, les bandes de végétation sous les arbres peuvent être plus ou moins larges ou encore accueillir une double rangée d'arbres. Quand les arbres atteignent un certain âge, il n'est plus possible de diminuer cette largeur. (Source : Mareike Jäger ; Jürg Strauss)

Figure 5 : Mulching de la bande herbeuse à droite et à gauche de la rangée d'arbres (Source : exploitation Gauch)

Alignements comprenant des cultures spéciales

Outre des ligneux pérennes, le linéaire peut également devenir une surface supplémentaire pour des cultures annuelles et diverses cultures spéciales comme les champignons, les plantes aromatiques, les légumes pluriannuels et les fraises.

Figure 6 : Ici, les arbres ne sont pas installés au milieu de la bande de végétation mais directement au bord du champ. L'espace de la bande herbeuse peut ainsi être mieux utilisé pour divers travaux.
(Source : Mareike Jäger)

Largeur et exploitation de la bande herbeuse

Les bandes herbeuses accueillant les alignements d'arbres sont normalement relativement étroites et font souvent 2 m de large. Plus cette bande est étroite, plus il est compliqué d'utiliser une faucheuse à barre de coupe, car l'une des roues de la faucheuse devra toujours rouler sur la parcelle cultivée et que la barre de coupe devra toujours être utilisée en biais. Si la limite du labour est profonde entre la surface arable et la bande herbeuse, le fauchage mécanique sera encore plus compliqué. De plus, l'espace disponible pour manœuvrer est très restreint quand les arbres se trouvent au milieu de la bande herbeuse. Bien sûr, on peut aussi aménager des bandes de végétation plus larges, de 3 m par exemple. Certains exploitant·es leur réservent même jusqu'à 6 m quand l'exploitation des arbres constitue leur activité principale.

Néanmoins, comme les arbres, et surtout les fruitiers, ont des racines traçantes, il n'est plus possible de réduire cette largeur a posteriori. Mieux vaut donc commencer par une faible largeur, quand les arbres sont encore petits, et aménager seulement plus tard une bande herbeuse plus large, quand ils ont déjà développé des racines plus profondes.

Dans l'alternative, il est aussi possible de planter les arbres directement au bord du champ comme illustré ci-dessus (Figure 6). Cette option laisse suffisamment de place pour la fauche, les machines de récolte ou autres passages mécanisés (p. ex. avec des réservoirs d'eau pour l'arrosage des arbres). Toutefois, cette implantation au bord de la bande herbeuse doit plutôt être réservée pour les plantations de bois précieux dont le tronc sera ébranché sur une grande hauteur. Plantés au bord de la parcelle arable, des fruitiers formés autour d'un axe central avec des charpentières gêneraient les travaux agricoles, à moins d'être également ébranchés sur une hauteur d'au moins 3 m. Une autre alternative consiste à aménager deux rangées d'arbres sur la bande herbeuse.

Bibliographie

Boinot, Sébastien, Jouanel Poulmarc'h, Delphine Mézière, Pierre-Éric Lauri et Jean-Pierre Sarthou. Distribution of Overwintering Invertebrates in Temperate Agroforestry Systems: Implications for Biodiversity Conservation and Biological Control of Crop Pests. *Agriculture, Ecosystems & Environment* 285 (décembre 2019) : 106630. https://doi.org/10.1016/j.agee.2019.106630.

D'Hervilly, Camille, Claire Marsden, Yvan Capowiez, Camille Béral, Léa Delapré-Cosset et Isabelle Bertrand. Trees and Herbaceous Vegetation Strips Both Contribute to Changes in Soil Fertility and Soil Organism Communities in an Agroforestry System. *Plant and Soil* 463, Nr. 1–2 (juin 2021) : 537–53. https://doi.org/10.1007/s11104-021-04932-x.

5 Mise en œuvre pratique des systèmes agroforestiers

Une planification minutieuse est l'une des conditions préalables les plus importantes pour la mise en œuvre de projets d'agroforesterie réussis. Elle implique aussi naturellement de bien clarifier l'objectif poursuivi. Ce chapitre résume les principes clés d'une bonne planification et donne un aperçu des erreurs les plus courantes qu'il est possible de commettre lors de la mise en œuvre – car on ne peut qu'apprendre de ses erreurs.

5.1 Principes de planification

Avant d'oser se plonger en détail dans la planification d'un système agroforestier, il est indispensable de bien réfléchir à l'objectif et à l'orientation du projet :

1. Quel est mon but avec l'aménagement de ce système agroforestier ?			
☐	a.	Production de bois précieux	
☐	b.	Production fruitière (fruits à cidre / fruits de table / vente directe)	
☐	c.	Biodiversité et autres services écosystémiques	
2. Quelles sont les conditions climatiques et propres au site à prendre en compte ?			
☐	a.	Caractéristiques du sol	
☐		i.	Profondeur du sol
☐		ii.	Type de sol
☐	b.	Climat et précipitations	
☐	c.	Topographie	
☐	d.	Utilisation antérieure et future des terres	
☐	e.	Orientation du système	
☐		i.	Nord-sud / ouest-est ?
3. Quelles capacités de travail ai-je à ma disposition ?			
☐	a.	Capacités de travail disponibles pour l'aménagement et l'entretien du système agroforestier	
☐	b.	Connaissance de la charge de travail liée aux différents systèmes (p. ex. bois précieux, culture fruitière)	

4. Choix des espèces			
☐	a.	Choix des espèces de ligneux	
☐		i.	Adaptés au site
☐		ii.	Adaptés au type de production et à la sous-culture
☐		iii.	Adaptés aux autres objectifs
☐	1.	Espèces résilientes à la sécheresse / à l'érosion	
☐	2.	Espèces adaptées aux sols mouillés	
5. Bonne connaissance des arbres ?			
☐	a.	Ai-je les connaissances nécessaires sur la plantation et l'entretien des espèces envisagées ?	
☐	b.	Ces connaissances peuvent-elles être acquises rapidement ?	
☐	c.	D'autres personnes sont-elles disponibles pour assurer l'entretien ?	
6. Charge financière			
☐	a.	Puis-je assumer la charge financière de l'investissement de départ ?	
☐	b.	Exploration des différentes possibilités de financement	
☐		i.	État fédéral
☐		ii.	Programmes cantonaux
☐		iii.	Communes
☐		iv.	Fondations
☐		v.	Financement participatif (crowdfunding)
7. Autres contraintes extérieures			
☐	a.	Exploitation rationnelle	
☐		i.	Largeur de travail des machines
☐		ii.	Exploitation par une entreprise de travaux agricoles
☐	b.	Régime foncier (fermage, etc.)	
☐	c.	Autres paramètres	
☐		i.	Risques de maladie (feu bactérien, etc.)
☐		ii.	Protection de la nature (p. ex. oiseaux nicheurs au sol)
☐		iii.	Système de drainage
☐		iv.	Distances à respecter
☐		v.	Réglementations cantonales ou communales

À propos des différents points de la check-list

1. Quel est mon but avec l'aménagement de ce système agroforestier ?

Le système vise-t-il une plus grande diversification, la création de valeur ajoutée ou plutôt la prestation de certains services écosystémiques ? Il convient d'abord de décider sur le principe si l'on souhaite se diriger vers la plantation d'arbres fruitiers et de noyers ou d'espèces de fruitiers sauvages et la production de bois précieux. Ces deux options ne s'excluent d'ailleurs pas forcément.

2. Quelles sont les conditions climatiques et propres au site à prendre en compte ?

Quelles sont les *conditions liées au site d'implantation et au climat* (voir aussi les chapitres 1 et 3 à ce propos) ? Le système agroforestier est-il envisagé comme une mesure de résilience pour les périodes de sécheresse ? L'établissement d'un système basé sur les courbes de niveau (keyline design) avec des espèces adaptées pourrait alors être privilégié lors de la planification. Le châtaignier, le chêne pubescent, le chêne sessile, le poirier sauvage et l'orme, par exemple, font partie des espèces résistantes à la sécheresse.

Le système agroforestier sera-t-il planté sur des sols souvent mouillés ? Toutes les espèces d'arbres ne croissent pas bien sur des sols très humides (voire où l'eau stagne) (p. ex. le pommier). L'aulne, le saule, le peuplier ou le merisier en revanche supportent l'humidité stagnante. Il peut aussi être intéressant d'intégrer d'autres partenaires dans le système, des saules têtards par exemple, dont la forte repousse annuelle exige beaucoup d'eau. On gardera à l'esprit que les arbres et arbustes ne permettent que partiellement de réguler l'équilibre hydrique du sol, car la feuillaison, et donc l'utilisation de l'eau présente dans le sol comme facteur de croissance, n'intervient que tardivement au printemps.

3. Capacités de travail sur l'exploitation

Le projet peut-il réussir avec les *capacités de travail* présentes sur l'exploitation (charge initiale plus charge supplémentaire régulière) ? Là encore, la décision de base – s'agira-t-il d'un verger haute tige de plein vent exigeant beaucoup d'entretien ou plutôt d'une production de bois précieux et dans quelle mesure le système agroforestier sera-t-il diversifié ? – est fondamentale.

4. Choix des espèces

Quels seront les *espèces d'arbres* et *produits des arbres* au centre du système agroforestier ? La première question à se poser étant : le but est-il de produire des fruits ou d'autres produits des arbres (bois, feuillage fourrager, biomasse, etc.) ? Par la suite, il faudra affiner le questionnement : la récolte des fruits doit-elle être rationalisée au maximum ? Dans ce cas, il faudra planter des groupes de variétés, et pas trop de variétés différentes d'une même espèce.

D'un autre côté, si l'objectif principal est un approvisionnement régulier en fruits destinés à la vente directe tout au long de l'année, on pourra décider de proposer une grande diversité d'espèces et de variétés.

Rotation des cultures et *choix de la sous-culture :* dans les systèmes agroforestiers comportant des fruitiers et des noyers, le choix des variétés dépend aussi beaucoup du choix de la sous-culture et de l'organisation de la rotation des cultures. La période de récolte des fruits et autres cultures doit le moins possible gêner l'exploitation de la sous-culture.

5. Connaissance spécialisée des arbres et espèces d'arbres

Au bout du compte, les connaissances préexistantes déterminent aussi le choix de la bonne espèce d'arbre. Sans connaissances préalables de la taille et des mesures d'entretien des fruitiers haute-tige de plein vent, ou sans la volonté d'acquérir ces connaissances, il n'est guère conseillé de se diriger vers ce type de culture. Dans ce cas, mieux vaut s'orienter vers des espèces d'arbres permettant une exploitation extensive. Vous trouverez des exemples d'espèces possibles sur le site www.haupt.ch/agroforst.

6. Charge financière

La charge financière initiale et les coûts d'investissement sont élevés. Une question s'impose donc : l'exploitation peut-elle se le permettre ? Existe-t-il des possibilités de financement ?

Il est conseillé de se renseigner bien à l'avance sur les programmes de soutien et de concevoir le système pour qu'il réponde au mieux aux critères des paiements directs versés dans l'agriculture.

7. Autres contraintes extérieures

Bien entendu, le *régime foncier* (terres affermées ou en propriété) est aussi déterminant quand il s'agit de savoir combien on peut ou on veut investir et qui a quelles prétentions sur la génération de capital associée à la parcelle. La mise en œuvre du projet d'agroforesterie peut en outre être influencée par certaines contraintes locales. Par exemple, les mesures liées au risque de feu bactérien dans certaines régions, certaines considérations environnementales (protection des nicheurs au sol) ou encore la présence d'infrastructures comme les lignes à haute tension, la distance par rapport aux voies publiques, les captages d'eau ou les systèmes de drainage. Les distances réglementaires avec les parcelles voisines ou les voies publiques sont définies dans les règlements communaux.

5.2 Les principales erreurs possibles lors de la mise en œuvre d'un système agroforestier

Lors de l'aménagement de systèmes agricoles complexes, beaucoup de choses peuvent aller de travers. Nous détaillons ci-après les principales erreurs possibles lors de la mise en œuvre des projets d'agroforesterie.

5.2.1 Plantation d'arbres trop petits – plants inadaptés

Commander des plants, auprès d'une pépinière par exemple, peut souvent être déconcertant : généralement, les mêmes espèces d'arbres sont proposées en différentes qualités, p. ex. sous forme de plants de semis ou de plants déjà transplantés au préalable (cf. chapitre 3). Quand un arbre est proposé sous forme de plant de semis, cela veut dire qu'il n'a pas encore été transplanté (repiqué) à la pépinière. Par conséquent, il n'a pas encore formé de fines racines proches du tronc. Les plants de semis ne sont pas adaptés pour être plantés dans un système agroforestier, car ils n'ont pas la résistance nécessaire face à la végétation herbacée des linéaires sous les arbres, dont la concurrence peut être rude. Néanmoins, les arbres ne doivent pas non plus être plantés trop grands, sinon ils auront du mal à s'enra-

Figure 1 : Cet exemple pratique montre des plants trop petits et pas assez résistants face à la végétation herbacée du linéaire sous les arbres. (Source : Agroscope)

ciner. Les arbres qui ont déjà été transplantés au moins deux fois en pépinière ou, chez les fruitiers, qui ont été greffés 2 ou 3 ans plus tôt, en revanche, sont bien adaptés.

Solution :

- Veiller à choisir des plants adaptés.
- Les plants doivent au moins dépasser en hauteur la végétation herbacée.
- Pour les feuillus, utiliser des jeunes arbres qui ont déjà été transplantés au préalable.
- Pour les arbres fruitiers, veiller à ce qu'ils aient été greffés au moins 2 ou 3 ans plus tôt.

5.2.2 Trop d'un coup

Vouloir planter un maximum d'arbres d'un coup est fréquent lors de la mise en œuvre d'un projet d'agroforesterie. Mais si un arbre est vite planté, c'est après que les choses se corsent. Il ne faut pas oublier la charge de travail récurrente impliquée par l'entretien des arbres, l'arrosage, la formation de la couronne, l'entretien de la bande herbeuse, le contrôle des rongeurs, la récolte des fruits, etc. Mieux vaut donc commencer plus modestement et planter en plusieurs étapes. La plantation échelonnée a en outre l'avantage de permettre des améliorations ou des modifications, ce qui n'est pas possible si toute la parcelle a été plantée au départ.

Figure 2 : Dans cet exemple, on voit que les exploitant·es ont eu bien du mal à suivre le rythme de l'entretien de départ des arbres. (Source : Mareike Jäger)

Solution :

- Consacrer suffisamment de temps à la planification.
- Aménager le système par étapes : c'est souvent lors de l'aménagement que naissent de nouvelles idées, qui sont ensuite plus faciles à mettre en œuvre/adapter.
- Commencer par aller visiter différents systèmes agroforestiers.

5.2.3 Taux de pertes important par manque d'arrosage

L'absence de possibilité d'arroser est l'une des causes les plus fréquentes de pertes importantes en terrain sec. Une bordure d'arrosage ou, comme dans l'illustration de droite ci-dessous, un paillage de la surface au pied de l'arbre avec des plaquettes de bois peut limiter le dessèchement de cette surface. De plus, sur les sites notoirement secs, on plantera des espèces d'arbres à croissance rapide, avec un système racinaire mixte ou pivotant. Voir les explications du chapitre 3.

Solution :

- Choisir des espèces résistantes à la sécheresse.
- Anticiper dès le départ la méthode d'arrosage et la charge de travail impliquée.
- Pailler ou biner la surface au pied de l'arbre.

Figure 3 : La photo de gauche montre des pertes dans la rangée d'arbres en raison d'un arrosage insuffisant en période de sécheresse – le paillage de la surface au pied de l'arbre avec des plaquettes de bois comme dans la photo de droite peut limiter le dessèchement du sol après la plantation. (Source : Mareike Jäger)

5.2.4 Manque de connaissances spécialisées sur les arbres

Les fruitiers haute-tige greffés plantés dans un système agroforestier sylvoarable sont très exigeants. Ils supposent une très bonne connaissance des opérations de taille et des réactions de croissance aux interventions d'entretien de la couronne (Figure 4). Pour conduire un arbre solide et économe en entretien au fil des décennies, il faut un plan clair de formation de la couronne pendant les premières années. Si vous n'avez pas les connaissances correspondantes, ni le temps nécessaire pour les acquérir, mieux vaut d'urgence opter pour des espèces avec un entretien plus extensif (p. ex. des fruitiers sauvages). Par ailleurs, le manque d'objectif clair du projet d'agroforesterie dans son ensemble est souvent étroitement lié à la plantation de la mauvaise espèce d'arbre. De nombreuses erreurs sont également possibles dans le contexte de la production de bois précieux. Pour obtenir un tronc de qualité dans quelques dizaines d'années, un élagage de valorisation rigoureux et une protection adéquate du tronc sont indispensables. Les erreurs graves ne peuvent plus être corrigées et diminuent radicalement la qualité du fût. Là encore, de solides connaissances de base s'imposent.

Solution :

- ▹ Ne pas perdre de vue l'objectif de production et faire attention au choix des espèces.
- ▹ Acquérir les connaissances nécessaires sur la formation des arbres ou demander conseil à des experts.
- ▹ Si nécessaire, miser plutôt sur des espèces avec un entretien plus extensif.

5.2.5 Infestation de petits rongeurs

Les souris et campagnols se cachent là où ils sont le moins dérangés et à l'abri des rapaces – le plus souvent dans la végétation de l'alignement d'arbres. Les jeunes racines des arbres y constituent une source de nourriture bienvenue, ce qui peut entraîner la mort complète du jeune arbre, ou du moins de graves dégâts. Ce problème peut aussi affecter des arbres plus âgés.

Solution :

- ▹ Un contrôle régulier des rongeurs est primordial.
- ▹ Attraper les petits rongeurs à l'aide de pièges.
- ▹ Installer des perchoirs pour les oiseaux prédateurs.
- ▹ Aménager des habitats pour les prédateurs des souris sous forme de tas de pierres ou de branchages.
- ▹ Planter les arbres en protégeant leurs racines (grillage).

Figure 5 : Les « sillons » dans la bande herbeuse sont le signe d'une forte infestation de campagnols. (Source : Mareike Jäger)

Figure 4 : Tentative de former une nouvelle couronne sur un tronc plus haut sans respecter les règles de l'art (Source : Mareike Jäger)

5.2.6 Absence de contrôle des ligatures

Quand une ligature cisaille le bois, l'accroissement diamétral secondaire reste faible voir nul à cet endroit ; de plus, le tissu cambial au niveau ou au-dessus de la ligature peut se nécroser. C'est pourquoi, aujourd'hui, on utilise de plus en plus des liens tubes souples (scoubidous) en PVC plutôt que des liens en coco pour ligaturer les arbres. Le lien tube est élastique et ne peut pas entrer dans le bois (il se détériore avant). Les explcitants qui ont de grandes parcelles avec beaucoup d'arbres doivent privilégier ce type de liens ou contrôler systématiquement les arbres une ou deux fois par an.

Figure 6 : En l'absence de contrôle régulier pour remplacer ou ôter la ligature au besoin, elle peut, selon le matériau, traumatiser le bois, ce qui peut altérer la croissance de l'arbre et diminuer le rendement. Dans le pire des cas, l'arbre peut mourir. (Source : Lisa Nilles, Agridea ; David Szalatnay, Strickhof Lindau.

Figure 7 : Un arbre planté de manière idéale, protégé en plus par un manchon (Source : Mareike Jäger)

5.2.7 Négliger la protection de l'arbre et/ou le tuteur

Si le tuteur n'offre pas une stabilité suffisante, l'arbre peut pousser de travers. Le tuteur doit donc également être contrôlé régulièrement et éventuellement repositionné. L'image ci-contre montre un arbre planté de manière idéale – la partie inférieure du tronc est en plus protégée par un manchon et la zone au pied de l'arbre à peu près libre de végétation. La protection des arbres dans les parcelles pâturées est particulièrement importante, car elle doit aussi résister aux animaux d'élevage qui aiment se frotter contre le bois. En l'absence de tuteur ou de ligature correcte, les arbres peuvent présenter des dépressions de croissance, car le mouvement du vent « malmène » en permanence les sujets encore jeunes et arrache les racines nouvellement formées.

Figure 8 : Tuteur cassé, enlevé trop tôt ou arbre incorrectement ligaturé... Sous l'effet des frottements des animaux qui paissent ou du vent, l'arbre peut pencher.
(Source : Fit im Obstbaumschnitt, Lisa Nilles ; Leonie Funke, Agroscope)

5.2.8 Ne pas tailler les branches au collet

À la base des branches se trouve un bourrelet (col ou collet). Les cellules parenchymateuses y sont plus nombreuses et aident l'arbre à recouvrir la plaie après la taille. Si une branche n'est pas taillée près du collet et qu'il reste un chicot, l'arbre ne pourra pas complètement recouvrir la plaie, laissant la porte ouverte à divers organismes nuisibles.

Il est tout aussi préjudiciable de tailler les branches trop près du tronc ou de créer de trop grandes plaies par une taille d'entretien trop tardive. Dans les deux cas, les plaies ne pourront pas se refermer complètement. Le chapitre 3 détaille le procédé optimal de taille des arbres.

Solution :

- Toujours tailler près du col tout en le préservant.
- Ne pas trop entamer le cambium.
- Ne pas laisser de chicot.
- Ne pas laisser les branches devenir trop grosses ; ébrancher le tronc et tailler à temps.

Figure 9 : Si l'on ne taille pas proprement près du collet, un chicot peut rester et des défauts peuvent apparaître dans le bois. Une taille trop proche du tronc, en revanche, peut créer de trop grandes plaies qui ne cicatriseront pas proprement. (Source : Agridea ; Fit im Obstbaumschnitt, Lisa Nilles)

5.2.9 Ne pas protéger l'axe central

Beaucoup d'espèces de feuillus sont à dominance apicale, autrement dit l'axe central a de très mauvaises capacités de régénération une fois cassé. L'image de droite montre une rangée de peupliers dont les oiseaux ont cassé la tige principale en se perchant dessus. Bien que ces arbres aient déjà huit ans, ils ne croissent quasiment pas en hauteur. L'image de gauche en revanche donne le bon exemple d'un tilleul dont l'axe central est protégé par un long piquet en bambou. Par ailleurs, les capacités de régénération de l'axe central (prolongement du tronc) sont particulièrement mauvaises chez les noyers. Les jeunes noyers et châtaigniers doivent donc être systématiquement protégés par une perche (ou un liteau de toiture) surplombant l'axe central. Pour les fruitiers à pépins (pommiers et poiriers), on peut facilement créer un nouvel axe central pendant la phase de formation.

Solution :

- Installer des perchoirs pour rapaces avec des barres transversales.
- Protéger la tige principale, avec une longue tige de bambou par exemple.
- Prévoir une ligature adéquate tant que l'arbre est jeune.

5.2.10 Supprimer trop tôt les branches inférieures du tronc ...

Quand on élague trop vite et de manière incorrecte, le tronc est encore trop fin et la couronne offre une prise idéale au vent, avec le risque que l'arbre soit renversé (chablis) ou ployé par le vent. Pendant les *premières années,* le tronc doit porter des branches feuillues sur au moins deux tiers de sa hauteur pour disposer d'une surface d'assimilation suffisante pour sa croissance diamétrale. Il convient de procéder selon le principe de l'*élagage sélectif,* comme expliqué au point 3.1.5 « L'élagage sylvicole », c.-à-d. en éliminant d'abord les branches les plus verticales et les plus épaisses.

Figure 10 : La protection de l'axe central est capitale. En l'absence de protection, il peut se rompre sous le poids des oiseaux de proie. Avec un risque à long terme de baisse de qualité pour le bois précieux ou d'autres dommages à l'arbre. (Source : Mareike Jäger)

Solution :

- ▹ Supprimer progressivement les branches basses du tronc selon le principe de l'élagage sélectif.
- ▹ Éliminer les branches quand elles sont encore relativement fines (jusqu'à 5 cm de diamètre).

5.2.11 … ou bien trop tardivement

Attendre trop longtemps avant d'ébrancher le bas du tronc a de sérieuses conséquences, surtout pour la production de bois précieux. Car l'arbre n'a alors plus la possibilité de recouvrir proprement les plaies. De grands trous de nœuds, et parfois des zones de pourriture qui amoindrissent fortement la qualité du bois, peuvent alors apparaître. Des plaies trop étendues peuvent sensiblement réduire la durée de vie des arbres, car elles constituent des portes d'entrée pour les champignons et bactéries lignivores.

Figure 12 : La photo illustre deux erreurs : d'une part, l'élagage a été effectué trop près du tronc, d'autre part, la branche coupée était déjà trop grosse. La plaie occasionnée ne peut que difficilement être recouverte. (Source : Mareike Jäger)

Figure 11 : Quand les branches basses sont élaguées trop tôt, la couronne peut devenir instable. (Source : Mareike Jäger)

Figure 13 : Des peupliers ont été plantés sur cette parcelle au sol très peu profond. Sur ce type de sol, ces arbres aux racines traçantes forment de véritables disques racinaires qui ne peuvent pas s'ancrer en profondeur. Les chablis sont alors fréquents et il faut replanter régulièrement. (Source : Mareike Jäger)

5.2.12 Planter des arbres inadaptés au site

En réalité, il y a peu de sites pour lesquels il n'existe pas au moins une espèce adaptée. Néanmoins, le choix de l'espèce exige la plus grande prudence, surtout pour les sites problématiques. Souvent, les problèmes ne surviennent que quelques années après la plantation. Outre la profondeur du sol, la compatibilité par rapport au pH, à la pierrosité ou à la présence de calcaire libre doit être prise en compte. Les tableaux disponibles sur www.haupt.ch/agroforst résument les principales exigences des différentes espèces d'arbres en matière d'emplacement.

Figure 14 : La profondeur du sol peut être déterminée à l'aide d'un échantillonneur. (Source : Mareike Jäger)

Solution :

- ▹ Procéder à une analyse complète du sol et du site avant la plantation et tester la profondeur à différents endroits de la parcelle. Par exemple à l'aide d'un échantillonneur Pürckhauer.
- ▹ Tenir compte des exigences de chaque espèce en matière d'emplacement.
- ▹ Observer quelles espèces se développent autour du site.

6 Agroforesterie et grandes cultures

L'association d'arbres et/ou d'arbustes et de cultures des champs est appelée agroforesterie sylvoarable. Le savoir-faire relatif à chaque composante (végétation ligneuse et grandes cultures), mais aussi à leurs interactions, est décisif pour le succès de ce type de système agricole.

6.1 Exemples pratiques

EXEMPLE PRATIQUE : JULIEN DUC ET QUENTIN MOREL, LULLY (FR)

Production de noix et grandes cultures

Quentin Morel et Julien Duc dirigent ensemble le « Domaine du Bugnonet ». (Source : Quentin Morel)

1 CRÉATION

Nous avons décidé de développer une nouvelle branche d'exploitation et opté pour les noix. L'amélioration des sols et la promotion de la biodiversité étaient aussi d'importantes motivations.

2 AMÉNAGEMENT

Nous avons planté des noyers en rangées distantes de 45 m. Nous ne voulions pas seulement planter des arbres mais aussi exploiter d'autres cultures entre eux. Entre les rangées d'arbres nous faisons pousser des grandes cultures pour produire du fourrage pour nos porcs, ainsi que des pommes de terre ou des betteraves sucrières. À l'heure actuelle, nous avons 600 noyers, dont 430 dans le système agroforestier. Ils ont maintenant 12 ans et sont pleinement productifs.

Figure 2 : L'exploitation mise sur la production intensive de noix avec des noyers haute-tige, et sur les grandes cultures. (Source : Agridea, Lisa Nilles)

Figure 3 : Après 12 ans, les arbres sont productifs. (Source : Agridea, Lisa Nilles)

3 DIFFICULTÉS RENCONTRÉES

Il n'a pas été facile de trouver suffisamment de bras pour nous aider pour les préparatifs et la plantation. Si nous devions recommencer à zéro, nous regrouperions à chaque fois trois rangées d'arbres et laisserions plus de place entre deux pour les autres cultures. Nous pourrions ainsi probablement simplifier un peu l'exploitation.

Au départ, nous ne savions pas grand-chose sur les arbres. Nous avons dû apprendre comment les former et les entretenir correctement.

Figure 4 : L'exploitation consacre plus ou moins 60 % de sa surface à l'agroforesterie.
(Source : Agridea, Lisa Nilles)

Figure 5 : La production de noix est une branche importante de l'activité. Pour pouvoir exploiter les arbres de manière optimale, la bande de végétation sous les arbres a été élargie à 6 m au fil des années.
(Source : Agridea, Johanna Schoop ; Lisa Nilles)

« L'arbre, c'est la vie ; quand il n'y a plus d'arbres, plus rien d'autre ne pousse. »

4 PARTICULARITÉS DU SYSTÈME AGROFORESTIER

Sur 26 ha, nous en exploitons 16 en agroforesterie, soit près de 60 %. C'est plutôt rare en Suisse.

5 CONSEILS

Il faut y croire et toujours continuer à s'informer, chercher d'autres agriculteurs engagés dans la même démarche et échanger avec eux. La patience est la mère de toutes les vertus… et le père des obstinés !

PORTRAIT DE L'EXPLOITATION

SUPERFICIE : 26 ha
production de semences de blé fourrager et d'avoine
plants de pommes de terre
colza, maïs et orge
600 noyers
80 fruitiers haute-tige
0,25 ha de fruitiers basse-tige
élevage et engraissement de porcs
vente directe

EXEMPLE PRATIQUE : JÜRG STRAUSS, RICKENBACH (ZH)

La famille Strauss (Source : Jürg Strauss)

1 CRÉATION

La création du premier système agroforestier remonte à l'époque de Max Strauss, le père de Jürg, il y a une vingtaine d'années. Ayant décidé de renoncer à l'élevage, il disposait de prairies inutilisées. Il a alors envisagé d'utiliser judicieusement les surfaces sous les arbres en les cultivant. C'est ainsi qu'en 2003, les arbres ont été associés pour la première fois à des céréales.

Aujourd'hui, Jürg reste fasciné par le principe de la double utilisation, que ce soit dans une perspective économique ou pour promouvoir la biodiversité. Pour lui, les systèmes agroforestiers offrent également une réponse aux changements climatiques dans le secteur agricole. La réflexion consciente autour du concept d'« agroforesterie » est venue plus tard, après avoir déjà accumulé quelques années d'expérience.

Après sa formation, Jürg s'est à son tour intéressé de près à la question et a réalisé les autres avantages de ces systèmes. La cohabitation de différents systèmes racinaires, grâce à l'association de cultures pérennes et de grandes cultures, et l'impact sur la biodiversité ont été des arguments décisifs. De plus, les systèmes agroforestiers offrent de nets avantages en termes de commercialisation dans le sens où ils permettent de se démarquer des autres. L'aménagement du paysage est devenu une tâche passionnante. Depuis, l'exploitation a planté beaucoup de nouveaux systèmes et continue à les développer en permanence.

PORTRAIT DE L'EXPLOITATION

SUPERFICIE :	12 ha
SOL/SITE :	sol argileux moyen à lourd / 430 m au-dessus du niveau de la mer
CULTURES :	avoine, épeautre, blé, légumineuses et tournesol, viticulture avec pressage sur place, fruits à cidre et un peu de fruits de table
ESPÈCES/VARIÉTÉS D'ARBRES :	arbres haute-tige, haute-tige en fuseau, colonnaires et nains en fuseau (pommes et poires [variétés anciennes et récentes]) feuillus (noisetier de Byzance, érable plane, aulne commun, bouleau, chêne sessile)
TAILLE DU CHEPTEL :	pas d'animaux

Le premier système agroforestier associant grandes cultures et haute-tige en fuseau, en 2005 et 2023 (Source : Jürg Strauss ; Lisa Nilles, Agridea)

2 AMÉNAGEMENT

L'exploitation Strauss Bioagrikultur a maintenant mis en œuvre un nombre incroyable de systèmes différents.

Elle a veillé dès le départ à bien réfléchir au financement et à la charge de travail, et à obtenir les aides financières correspondantes.

Ancien champ avec des haute-tige (de 2002 à 2010 env.)

Le premier système associait arbres haute-tige en fuseau et grandes cultures. La formation en fuseau a été choisie, car elle permet une récolte plus rapide. Au départ, la parcelle a été travaillée sans linéaire herbacé, directement jusqu'au pied des arbres. Peu à peu, la bande herbeuse a été élargie à 2 m, et fauchée avec un broyeur à capteurs. La distance entre les arbres était de 8 m entre les rangées et de 4,5 à 5 m dans la rangée. Néanmoins, le peuplement est devenu trop dense avec le temps et le champ a été transformé en prairie.

Système associant des fruitiers haute-tige et des fruitiers nains en fuseau pour la production de jus (Source : Lisa Nilles, Agridea ; Jürg Strauss)

Haute-tige associés à des basse-tige en fuseau (création 2016-2019)

En 2016, une nouvelle parcelle a été plantée avec les premières rangées de fruitiers haute-tige (distants de 15 m dans la rangée, et de 48 m entre les rangées). Pour patienter jusqu'à la récolte, en 2019, 600 arbres nains en fuseau (M111) ont été plantés entre deux dans le linéaire herbacé et en rangées distantes de 8 m pour la production de fruits à cidre. Les bandes arables larges de 7,5 m au départ ont été réduites à 6 m en 2023.

La plantation s'est faite sur 3 h avec 3 personnes, avec l'aide d'une machine de pépinière. L'important pour l'exploitation était de favoriser rapidement la croissance diamétrale des

Plantation de noisetiers dans le vignoble et conduite des pommiers selon la méthode Guyot (Source : Lisa Nilles, Agridea ; Jürg Strauss)

Dans le vignoble, des mini-kiwis sont associés à des pommes-de-terre comme sous-culture entre les rangées. (Source : Jürg Strauss)

arbres en fuseau en taillant l'extrémité des pousses. Les fruitiers haute-tige sont formés sur des troncs de 2,5 à 3 m de haut.

Pour faire face à la pression liée à la frayure des chevreuils, toute l'installation est dotée d'une clôture à gibier constituée d'un grillage métallique sur les côtés parallèles aux rangées et d'un léger filet en nylon des deux autres côtés. Ce dernier peut être déposé au sol lors de la moisson. L'opération prend environ 30 min. Le coût du matériel de clôture a été pris en charge par la société de chasse. Pour les travaux des champs au fil de l'année, un rayon de braquage suffisant a été prévu à l'intérieur de la clôture.

L'exploitation privilégie le principe de linéaires herbacés très étroits. Jürg Strauss espère ainsi favoriser encore plus l'enracinement des arbres en profondeur. Par ailleurs, cela permet de réduire considérablement le travail d'entretien des linéaires herbacés pendant les 2 à 3 premières années et de diminuer la pression des petits rongeurs. L'espace peut en outre être mieux exploité, avec une productivité accrue par surface. En été, les champs sont donc battus au plus près des arbres et, à l'automne, les pommes des arbres nains en fuseau sont ramassées sur le sous-semis de la grande culture.

La récolte se fait à l'aide d'un vibreur hydraulique et d'une récolteuse autoportée.

Vitiforesterie (hiver 2022/2023)

Le système associant arbres et vignes a vu le jour en 2022. Des noisetiers de Byzance greffés ou des pommiers ont été plantés directement entre les vignes (avec un espacement de 12 m entre les rangées et de 20 m dans les rangées).

Les noisetiers de Byzance sont greffés à 3 m avec des noisetiers communs pour profiter à la fois des racines pivotantes du noisetier de Byzance et de noisettes valorisables.

> *« L'agroforesterie est une conviction chez moi ; elle tombait tout simplement sous le sens. »*

Les pommiers sont formés selon le système de Guyot sur le fil de support de la vigne, ce qui donne un étroit mur de feuilles semblable à celui de la vigne. Pommiers et vigne s'entrelacent ainsi au fil de leur croissance, mais leur feuillage reste étroit et bien aéré.

Un autre vignoble associant vigne et mini-kiwis a été créé en 2016. Les mini-kiwis sont formés sur le même fil de support que la vigne et peuvent s'étendre jusqu'à 2,5 m de hauteur sur un système de pergola.

Champ naturel – système sylvoarable pour la biodiversité (depuis 2023)

Le système agroforestier le plus récent met encore plus l'accent sur la promotion de la biodiversité, y compris dans le choix des espèces d'arbres. De plus, les structures de type tas de branches et de pierres ont été multipliées et une jachère tournante a été instaurée.

Outre les fruitiers, d'autres espèces d'arbres ont été plantées : érables planes, aulnes communs, bouleaux et chênes. Des haies de fruitiers sauvages viennent aussi s'intercaler pour un étagement naturel du système. Les bandes d'arbres et de haies sont orientées perpendiculairement à la légère pente et à la circulation du vent.

Les cultures arables occupent la surface jusqu'au tronc d'un côté de la rangée d'arbres. De l'autre côté de chaque rangée, une bande de prairie fleurie a été semée sur 5 m de large.

3 DIFFICULTÉS RENCONTRÉES

Le plus gros challenge était de protéger les arbres nains en fuseau, c'est pourquoi, dans notre 2e système agroforestier, nous avons directement mis en place la clôture à gibier.

Lors de la planification de notre dernier système, c'est le drainage qui a posé problème et nous n'avons pas pu respecter les distances de plantation initialement souhaitées.

Il fallait aussi prendre en compte dès le départ la hauteur finale des arbres car, dans nos premiers systèmes, les couronnes sont devenues trop denses pour utiliser des machines.

Nous avons beaucoup appris de la mise en œuvre des différents systèmes et de nos premières expériences. Idéalement, nous aurions dû prendre plus de temps pour concrétiser le projet.

L'achat de plants spécifiques est aussi compliqué. Mieux vaut donc les commander 1 à 2 ans à l'avance pour obtenir les variétés souhaitées.

4 PARTICULARITÉ DU SYSTÈME AGROFORESTIER

La mécanisation a toujours été une priorité, de même qu'une mise en récolte rapide afin que les systèmes soient productifs dès le début. Avec le temps, de plus en plus de variétés sont venues s'ajouter, comme le système de vitiforesterie et l'association fruitiers haute-tige et nains en fuseau.

La faible largeur des bandes était aussi un critère primordial pour nous, car elle permet d'approcher au plus près des arbres, d'exploiter la surface de manière productive et de conduire les racines vers le bas. Une exploitation efficace et la mécanisation de l'entretien des arbres sont aussi importantes.

C'est ainsi que nous avons obtenu un système très intensif et productif.

Utilisation d'une machine de plantation de pépinière et d'une bineuse rotative avec bras palpeur pour l'entretien de la bande herbacée et une méthode de travail efficace (Source : Jürg Strauss)

5 COMMERCIALISATION

L'aménagement des systèmes agroforestiers a un impact très positif sur la vente directe. La clientèle peut en effet se promener à pied dans les installations ou déjà s'en faire une première idée en les longeant en voiture.

Elles suscitent aussi l'intérêt de nombreux autres agriculteurs. L'exploitation donne beaucoup de conseils et de formations.

Pour le système avec les arbres en fuseau, un contrat à long terme a été conclu avec un pressoir pour rendre le système productif rapidement.

CONSEILS

- **Lors de la planification, toujours représenter la taille définitive de l'arbre.**
- **Diversifier les espèces et les variétés dès le départ.**
- **Ne pas tout planter d'un coup, car de nouvelles idées et expériences se présentent au fil de la planification et de la mise en œuvre.**

EXPLOITATION D'ESTHER ET JEAN-YVES BILLAUD, ORZENS (VD)

Champs, biodiversité et bois précieux

Jean-Yves Billaud dans son système agroforestier (Source : Agridea)

1 CRÉATION

En fait, j'aurais voulu aménager un système agroforestier dès 2010. Mais nous avons déjà changé notre système d'exploitation en passant du labour au semis direct à la même époque. Les coûts et les risques auraient été trop élevés pour se lancer dans l'agroforesterie au même moment. Il fallait d'abord bien y réfléchir et tout planifier, afin de ne rien regretter par la suite.

Je veux pouvoir léguer une exploitation qui offre des perspectives et qui donne à la prochaine génération l'envie de continuer (si elle le souhaite).

2 AMÉNAGEMENT

La parcelle est très hétérogène, avec des sols aux propriétés différentes et un risque important d'érosion par endroits. Nous travaillons dans le sens nord-sud, ce qui est idéal pour l'agroforesterie. Nous avons planté les fruitiers haute-tige en haut de la parcelle, là où le sol est plus lourd. Ils doivent produire des fruits pour notre consommation personnelle et pour la transformation. La pâture a également été plantée pour offrir de l'ombre aux animaux et, occasionnellement, une source supplémentaire de fourrage vert. Le reste des rangées d'arbres est principalement destiné à la production de bois précieux. Le tronc de ces arbres doit être élagué jusqu'à quatre mètres de haut. Lors de la plantation, nous avons alterné fruitiers et fruitiers sauvages, avec des sureaux et des cornouillers mâles entre deux. Ces espèces ne grandissent pas à la même vitesse. Il ne devrait donc pas y avoir de trop gros trous dans le peuplement quand l'une d'elle sera prête pour l'abattage. La promotion de la biodiversité est le troisième objectif principal.

Devant le premier arbre de chaque rangée, nous avons systématiquement prévu neuf mètres pour pouvoir manœuvrer.

Figure 2 : Diverses petites structures complètent les rangées d'arbres. (Source : Lisa Nilles, Agridea)

Le système de protection choisi, en treillis d'armature, est efficace contre les chevreuils et réutilisable. Mais les lièvres réussissent à passer entre les mailles et mangent les jeunes rameaux. Nous y avons donc ajouté des manchons de protection. Des perchoirs de quatre mètres de haut ont été installés pour éviter que les oiseaux ne se perchent sur l'axe central des jeunes arbres et ne les endommagent.

La surface au pied des arbres a été bâchée et paillée. Les échanges gazeux du sol sont probablement un peu réduits mais ces mesures ont fait leurs preuves contre les adventices et la sécheresse.

Figure 3 : Des espèces très variées ont été plantées sur une parcelle de 12 ha exposée à un risque d'érosion relativement important. (Source : Lisa Nilles, Agridea)

3 DIFFICULTÉS RENCONTRÉES

La principale difficulté était de tomber juste dans nos calculs, en respectant les limites de la parcelle et les différentes distances, pour exploiter les linéaires sans devoir faire plusieurs passages. Nous avons eu des doutes et eu peur de nous tromper, avec le risque de nous énerver ensuite pendant toute la durée de vie des arbres.

C'était aussi embêtant de devoir traverser les cultures avec des machines pour aménager les rangées d'arbres.

4 PARTICULARITÉS DU SYSTÈME AGROFORESTIER

La distance de 60 m entre les rangées est assez spéciale. En Suisse, on plante généralement de manière plus rapprochée (24 à 26 m). Une autre particularité est qu'à partir de la troisième rangée, un arbre sur deux est un sujet greffé, suivi d'une espèce forestière et ainsi de suite. Et entre deux, on trouve des fruitiers sauvages plus petits ou des arbustes. Le système tel qu'il existe aujourd'hui permet une récolte échelonnée du bois.

Figure 4 : Les arbres sont protégés par des treillis d'armature arrondis. Une protection supplémentaire s'est avérée nécessaire, car les lièvres réussissaient à passer à travers les mailles. La surface au pied de l'arbre est bâchée et paillée. (Source : Agridea, Lisa Nilles)

5 CONSEILS

Il est important de diversifier les espèces afin de répartir les risques. Aujourd'hui, nous ne savons pas lesquelles résisteront au climat futur. Il est sensé de s'adapter au changement climatique sans pour autant tomber dans la psychose.

« Je me suis imaginé au volant de ma moissonneuse-batteuse, en train de battre mes cultures à l'ombre des arbres, et l'idée m'a plu. »

Figure 5 : Les hauts perchoirs protègent les arbres des rapaces et sont assez fréquentés. (Source : Agridea, Lisa Nilles)

PORTRAIT DE L'EXPLOITATION

PARCELLE DE	12 ha
PLANTÉE DE	344 arbres et arbustes de 30 espèces/variétés différentes
SURFACE DIVISÉE ENTRE	
PÂTURAGE POUR	vaches allaitantes Simmental, mûrier blanc, pommier sauvage, érable champêtre, sorbier des oiseleurs, tilleul et chêne sessile
GRANDES CULTURES	diverses espèces de noyers, mais aussi pommiers, cerisiers, érables, amandiers, abricotiers, merisiers, châtaigniers et quelques ifs

EXPLOITATION DE NICOLAS BOVET, ARNEX-SUR-ORBE (VD)

Du bois précieux en plein champs

Nicolas Bovet dans sa parcelle agroforestière (Source : Thierry Porchet)

1 CRÉATION

En 2011, j'ai planté 250 arbres sur une parcelle de 7 ha. J'ai acquis mes connaissances en agroforesterie essentiellement par moi-même, avec des livres et sur Internet. L'idée, c'était d'introduire plus de biodiversité dans mes cultures et de favoriser le stockage de carbone dans mes sols.

2 AMÉNAGEMENT

Les 250 arbres ont été plantés avec environ 27 m de distance entre les rangées, en fonction de la largeur de travail des machines utilisées à l'époque dans l'exploitation.

Il s'agit principalement de noyers communs, mais il y a aussi des noyers hybrides et des noyers noirs d'Amérique, des merisiers, des sorbiers domestiques, des érables et quelques chênes et tilleuls. Sont ensuite venus s'y ajouter 150 nouveaux arbres sur une autre parcelle. Maintenant, je cultive environ 12 hectares en agroforesterie. Le système est comparable aux systèmes agroforestiers existant en France et est relativement facile à mettre en œuvre. Le premier objectif d'exploitation des arbres est la production de bois précieux.

Depuis, l'exploitation est passée en semis direct et a reçu le label « Bourgeon Bio ». Les machines qui ont initialement déterminé la distance entre les rangées d'arbres ne sont plus utilisées.

Même la pâture des 2000 poules pondeuses est peuplée d'arbres haute-tige. Les poules n'y sont toutefois arrivées que plus tard, quand les arbres étaient déjà là. Pour répondre aux normes, j'ai alors replanté quelques arbres supplémentaires.

Figure 2 : L'exploitation mise sur plusieurs essences pour la production de bois précieux. (Source : Agridea, Lisa Nilles)

Figure 3 (page de droite) : Malgré les mesures de protection, 15 à 20 % des arbres ont été perdus à cause des dégâts de gibier (abroutissement, écorçage, frayure des chevreuils et des cerfs) et ont dû être remplacés. L'âge différent des arbres augmente la charge d'entretien. (Source : Lisa Nilles, Agridea)

3 DIFFICULTÉS RENCONTRÉES

Pour moi, les dégâts dus au gibier, et plus particulièrement aux chevreuils, ont été le plus gros problème malgré les protections installées. J'ai dû remplacer 15 à 20 % des arbres, ce qui complique leur entretien, car tous les sujets n'ont pas le même âge.

4 PARTICULARITÉS DU SYSTÈME AGROFORESTIER

À l'époque, ce n'était pas encore courant en Suisse de planter des arbres haute-tige sur des terres arables pour produire du bois précieux. Notre exploitation est donc pionnière en ce sens. J'ai accordé beaucoup d'importance à l'élagage de valorisation pour obtenir, à terme, de beaux fûts bien droits et d'une longueur maximale.

« J'aimais assez l'idée de faire de l'agriculture autrement. »

Figure 4 : Les jeunes arbres lors de leur plantation en 2011 et 13 ans plus tard. Former précocement les arbres pour la production de bois précieux était primordial pour l'exploitation. (Source : Agridea)

CONSEILS

- Si vous plantez des arbres, il faut les aimer et être prêt·e à y consacrer du temps. La conduite des arbres ne se fait pas toute seule. Si je devais repartir de zéro, je planterais plus de merisiers et de noyers hybrides, des espèces qui poussent rapidement et bien droits sur ma parcelle.
- Si vous envisagez de planter des arbres dans un parcours herbeux pour poules, il est intéressant de compléter le peuplement par des structures guides composées d'arbustes pour que les poules s'éloignent des entrées. Les arbres haute-tige seuls n'offrent pas suffisamment de couvert et les poules restent près du poulailler.

PORTRAIT DE L'EXPLOITATION

SUPERFICIE GLOBALE :	37 hectares
20 HA DE GRANDES CULTURES :	blé, orge, tournesol, soja et maïs-grain 4–5 ha de prairie artificielle. 1,7 ha de vigne avec vente directe
PRODUCTION DE BOIS PRÉCIEUX :	noyers communs, hybrides et noirs d'Amérique, merisiers, sorbiers domestiques, érables, tilleuls et chênes 2,5 ha de noyers haute-tige pour la production d'huile de noix
ÉLEVAGE :	2000 poules pondeuses quelques ruches

Figure 1 : Trouver le bon site est capital pour que les arbres puissent atteindre un âge avancé. (Source : Mareike Jäger)

6.2 Aménager un système agroforestier avec des grandes cultures

Avec une planification intelligente, il est possible de renforcer les interactions agroécologiques positives entre ligneux et grandes cultures, tout en atténuant les relations de concurrence négatives. Le choix du site, le schéma de plantation, le choix des espèces et variétés et la gestion du système agroforestier jouent un rôle déterminant dans son succès ou son échec. Ce sous-chapitre aborde les principaux aspects et quelques particularités à prendre en compte dans les systèmes agroforestiers sylvoarables.

6.2.1 Choix du site

L'un des critères centraux pour le choix d'une installation agroforestière potentielle est la profondeur du sol (Figure 1). Sur un terrain peu profond et donc à faible rendement, les arbres croissent difficilement, leurs racines ne peuvent pas se développer en profondeur et ils restent souvent petits.

Ils risquent aussi d'être déracinés par le vent. Le faible volume de sol disponible entraîne aussi fatalement une plus grande concurrence entre les racines des ligneux et celles de la sous-culture. C'est également le cas pour les sites où l'eau stagne facilement, qui favorisent un enracinement superficiel et donc – si les espèces ne sont pas adaptées – un risque accru de chablis et une plus grande concurrence racinaire. Un terrain au sol profond, en revanche, permet de stimuler l'enracinement en profondeur par des mesures d'entretien adéquates (voir le paragraphe sur la taille des racines au point 6.2.4 « Gestion du système »). On peut ainsi atténuer ou prévenir la concurrence racinaire pour l'eau et les nutriments, car les arbres et les grandes cultures développent leurs racines sur des horizons pédologiques différents, et favoriser au contraire une répartition avantageuse de l'eau (voir le paragraphe sur la redistribution hydraulique ou « hydraulic lift » au point 9.4.1 « Eau »). Les surfaces arables avec un système intact de drainage sont inadaptées car, avec le temps, les racines des arbres pénètreraient dans les tuyaux et les détruiraient. En ce qui concerne les vieux systèmes de drainage qui ne sont plus fonctionnels depuis longtemps, les exploitant·es peuvent envisager de remplacer le système artificiel d'évacuation des eaux par un système « naturel » avec un schéma de plantation adéquat (voir l'encadré sur les systèmes de drainage).

Par ailleurs, les terrains très ombragés et exposés au gel, dans une cuvette ou sur un site où l'air froid ne peut pas s'évacuer, sont aussi inadaptés. Le gel est plus particulièrement problématique pour les arbres fruitiers, l'excès d'ombre pour la sous-culture.

Lors du choix d'un site agroforestier en zone de grandes cultures, la présence d'espèces végétales et animales rares et protégées doit aussi être prise en compte, en particulier celle d'oiseaux nicheurs au sol qui évitent les structures élevées (voir le point 9.4.4 « Biodiversité »).

Enfin, soulignons que la « reconversion » d'anciens vergers haute-tige de plein vent en systèmes agroforestiers associés à des grandes cultures est particulièrement délicate. Les fruitiers implantés jusque-là dans une surface herbagère ont des racines traçantes sur une zone à peu près aussi étendue que le rayon de la couronne. Cette zone devra être contournée avec les machines, faute de quoi on risque d'endommager gravement les racines et de faire mourir l'arbre (voir point 6.2.4. « Gestion du système », figure 10).

En Suisse, 50 % des surfaces cultivées dans une vallée ont un système de drainage (Figure 2). Ces systèmes arrivent parfois en fin de vie et les exploitant·es doivent se demander si l'infrastructure doit être remplacée ou s'ils peuvent risquer de drainer le sol de manière naturelle avec un concept de plantation adéquat. Dans l'état actuel des connaissances, cela ne fonctionne que dans certaines conditions. Bien sûr, autrefois, on plantait couramment des arbres et des arbustes tels que les peupliers, les aulnes et les saules, surtout dans les plaines alluviales, afin de drainer naturellement les sols – les rangées de saules têtards le long des cours d'eau témoignent aujourd'hui encore de cette stratégie–, mais elle ne fonctionne que dans certaines conditions. Le début du printemps est une période critique, car aucune évaporation par les ligneux n'a lieu avant la feuillaison en raison de l'absence de masse foliaire. Dans ce type de parcelles, l'eau stagne régulièrement dans les champs au printemps. Un champ avec un système de drainage intact ne signifie pas pour autant systématiquement une incompatibilité totale avec un système agroforestier. Mais il faudra se rabattre sur des structures de type haies ou la plantation de ligneux sur porte-greffes faibles (basse-tige).

Figure 2 : Les systèmes de drainage sont à prendre en compte dans les décisions lors de la planification d'un système agroforestier. (Source : Nadia Frei)

Figure 3 : Selon le concept d'exploitation, les schémas de plantation les plus divers peuvent être envisagés, avec différentes distances entre les arbres et les rangées.
(Source : Johanna Schoop, Meinrad Betschard, Thomas Alföldi FiBL, Christina den Hond-Vaccaro)

6.2.2 Schémas de plantation multiples et variés

Il existe une grande diversité de schémas de plantation dans les systèmes agroforestiers (Figure 3). Les systèmes modernes sont le plus souvent aménagés sous forme de cultures en bandes ou en couloirs (« alley cropping »), autrement dit de rangées de ligneux alternant avec des sous-cultures, car cet agencement facilite le travail avec les machines. L'espacement des alignements d'arbres doit être adapté aux dimensions des machines agricoles et permettre de les manœuvrer le plus efficacement possible. En règle générale, on se base sur la largeur de la machine la moins facile à manœuvrer, par exemple la machine à semer et repiquer. La largeur de la bande de terre labourée doit toujours être un multiple de la largeur de cette machine, par exemple un multiple de trois dans le cas d'un semoir de 3 m de large.

Les larges bandes labourées (20 m ou plus) réduisent la concurrence entre la grande culture et les arbres, mais aussi entre les arbres eux-mêmes. Pour les fruitiers haute-tige, il est recommandé de prévoir entre 18 et 27 m entre les rangées et 10 à 12 m entre les arbres d'une même rangée (Figure 4).

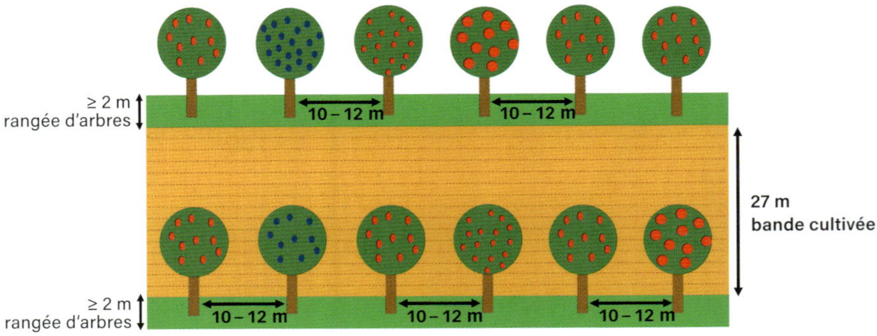

Figure 4 : Système agroforestier avec des arbres fruitiers. Selon l'espèce, les arbres sont plantés avec une distance entre eux de 8 à 10 m, idéalement en rangées orientées nord-sud. Les quetschiers et les cognassiers peuvent être espacés de 8 m dans la rangée tandis que les pommiers doivent l'être d'au moins 10 m et les poiriers de 12 m. Selon la sous-culture, la largeur de la bande cultivée peut varier. (Source : brochure « Systèmes agroforestiers » d'Agridea [Jäger 2017])

D'une manière générale, la densité à l'hectare doit être de l'ordre de 50 (grandes cultures) à 100 arbres (surfaces herbagères). Il est parfois recommandé de commencer avec une densité d'arbres beaucoup plus élevée pour pouvoir éclaircir le peuplement au fil des années. Dans les systèmes agroforestiers composés exclusivement de feuillus à large couronne destinés à la production de bois précieux, on visera une distance finale de 15 m entre les arbres de la rangée. La règle à retenir est la suivante : diamètre cible du tronc (p. ex. 60 cm) × 25 = 1500 cm = 15 m de distance entre les arbres. Autrefois, il était courant de planter les arbres par groupes de 3 sujets espacés de seulement 1,5 à 2 m, avec au moins 15 m jusqu'au prochain groupe de 3, dans l'idée de répartir les risques. Il est alors possible de sélectionner ultérieurement les arbres vigoureux et de meilleure qualité au sein du groupe, réduisant nettement la nécessité de replanter. Aujourd'hui, pour des questions de coût, cette approche est moins prisée et on plante généralement des sujets isolés à leur distance définitive (Figure 5).

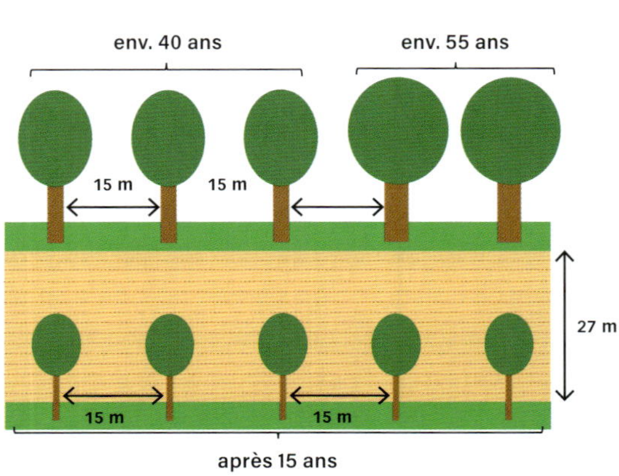

Figure 5 : Système agroforestier de feuillus destinés à la production de bois précieux, espacés de 15 m au sein de la rangée. Selon la sous-culture, la largeur de la bande cultivée peut varier. Plus les arbres vieillissent, plus les couronnes se rapprochent.
(Source : brochure « Systèmes agroforestier » d'Agridea [Jäger 2017])

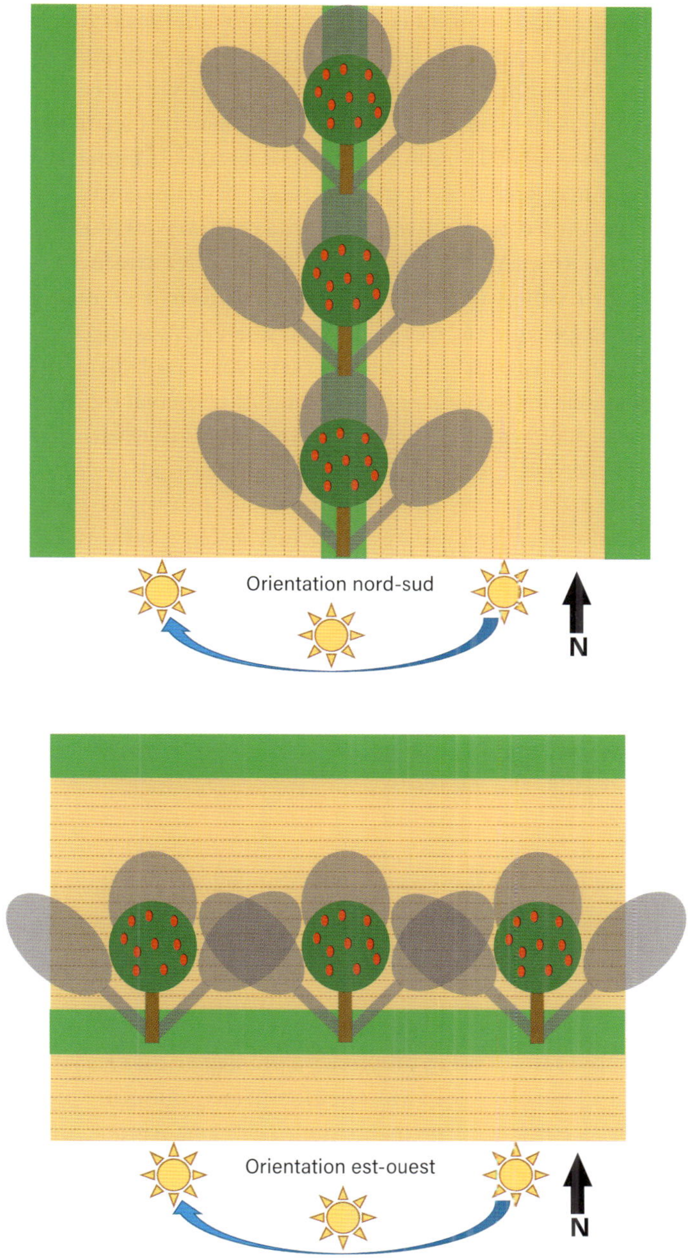

Figure 6 : Orientation des rangées d'arbres. En haut : quand la topographie de la parcelle le permet, l'orientation nord-sud est optimale, car l'ombre tombe sur la rangée d'arbres elle-même quand le soleil est à son zénith (temps de midi). En bas : l'orientation est-ouest est défavorable, car les sous-cultures reçoivent beaucoup plus d'ombre. (Source : brochure « Systèmes agroforestiers » d'Agridea [Jäger 2017])

Les linéaires sous les arbres doivent faire environ 2 m de large et être orientés nord-sud pour maximiser et « homogénéiser » la lumière reçue par la sous-culture. Avec une telle orientation, l'ombre des arbres tombe en grande partie sur la rangée d'arbres elle-même à la mi-journée, quand le rayonnement solaire est maximal. Si les rangées d'arbres sont orientées est-ouest, en revanche, l'ombre des arbres est toujours portée au nord de chaque rangée, et le côté sud n'est jamais ombragé.

La bande de terre située au nord sera alors désavantagée, avec des pertes de rendement et de qualité plus fréquentes, mais cela dépend aussi des exigences propres à chaque culture. Bien que l'orientation nord-sud soit jugée optimale, la configuration du terrain peut motiver, voire exiger une autre organisation. Il ne faut pas s'accrocher à tout prix à l'orientation nord-sud, surtout dans les régions où un fort ensoleillement à la mi-journée entraîne un problème de dessèchement ou de maturation prématurée des cultures.

Il existe d'autres possibilités que l'alternance entre rangées d'arbres et bandes de grandes cultures. On peut opter pour une double rangée d'arbres si on souhaite un peuplement plus important. Les systèmes agroforestiers sylvoarables peuvent être aménagés avec des haies à la place des rangées d'arbres. Les particularités et avantages des haies, le choix du site et des espèces et variétés ainsi que les mesures d'entretien qui s'y rapportent sont exposés au sous-chapitre 3.2 « Haies ».

6.2.3 Choix des espèces et variétés

Pour les composants ligneux comme pour les sous-cultures des systèmes agroforestiers sylvoarables, le choix des espèces et variétés sera déterminant pour leur succès en termes de productivité et de complémentarité.

Ligneux

Les systèmes agroforestiers modernes visent la rentabilité de l'exploitation tout au long du cycle de vie des arbres. Les espèces d'arbres et d'arbustes doivent être choisies de manière à réduire au minimum la concurrence pour les ressources avec la sous-culture. La végétation ligneuse et la sous-culture associées au sein d'un même système sont bien adaptées l'une à l'autre quand elles utilisent la lumière, l'eau et les nutriments le plus différemment possible dans le temps et l'espace. Les propriétés à privilégier chez les ligneux sont donc :

- l'adaptation au site en termes de consommation d'eau (pour éviter le stress hydrique) ;
- un système racinaire mixte ou pivotant (moins de concurrence pour l'eau et les nutriments) ;
- l'absence d'effet inhibiteur sur la germination (allélopathie) des plantes voisines ;
- le fait d'être ni un hôte intermédiaire ni une source de nourriture pour les organismes nuisibles des cultures ;
- une feuillaison tardive (particulièrement profitable aux cultures d'hiver) ;
- une couronneaérée qui laisse passer la lumière.

Figure 7 : Système agroforestier moderne avec des pommiers, des cerisiers et des noyers (Source : Mareike Jäger)

D'une manière générale, le seuil de température auquel les plantes sortent de leur période de repos végétatif est plus bas chez les plantes herbacées que chez la plupart des feuillus (6 à 10 °C contre 10 à 15 °C), c'est pourquoi la sous-culture profite généralement d'une avance souhaitable. De plus, plus qu'à la hausse des températures au printemps, certaines espèces de feuillus réagissent surtout à la longueur des jours. Des études ont montré que le hêtre ne développe pas de nouvelles feuilles en dessous de 13 heures de clarté. Les arbres se protègent ainsi eux-mêmes d'éventuelles gelées tardives. Mais cela ne s'applique pas aux arbres fruitiers, qui fleurissent avant la feuillaison.

L'IG (groupement d'intérêts) Agroforst Suisse recommande les associations suivantes avec les fruitiers :

Tableau 1 : Associations possibles d'arbres fruitiers et de sous-cultures selon les recommandations de l'IG Agroforst. En vert : les partenariats favorables.

	Céréales	Cultures maraîchères	Légumineuses à grains	Cultures sarclées	Oléagineux	Cultures spéciales	Particularités
Noyer	■		■	■	■	■	feuillaison tardive, profond système racinaire pivotant
Pommier	■		■	■	■	■	feuillaison intermédiaire à tardive ; système racinaire mixte à tendance traçante, à réserver à des sites au sol profond en association avec des grandes cultures ou des cultures spéciales
Poirier	■		■	■	■	■	
Quetschier	■		■	■	■	■	
Cerisier		■					feuillaison précoce et maturité précoce des fruits ; moins bien adapté aux grandes cultures

Les espèces de fruitiers répandues en Suisse – pommiers, poiriers, quetschiers – sont en principe bien adaptées à une association avec des grandes cultures et des cultures spéciales tant que le sol est suffisamment profond et que leur tendance à former des racines traçantes est contrée dès le départ par un labour rapproché. Lors du choix d'une association entre ligneux et grandes cultures, on se demandera aussi impérativement quand et quelles mesures d'entretien et opérations liées à la récolte s'imposent pour chaque culture et si elles sont compatibles en termes de calendrier et de charge de travail. On veillera en outre à ce que les traitements phytosanitaires des arbres se fassent suffisamment à distance de la récolte des grandes cultures (voir aussi le point 1.3 « Les défis de l'agroforesterie »). Idéalement, la récolte des arbres fruitiers tombera après celle de la céréale. Les associations particulièrement favorables avec les pommes de table sont l'avoine, le blé, l'orge, le colza et les pommes de terre précoces. Les betteraves sucrières et fourragères et les pommes de terre tardives, en revanche, sont des associations défavorables.

Pour les cerisiers, la situation est tout autre, car leur feuillaison est précoce, de même que la récolte des fruits. La récolte des cerises doit donc se faire alors que les céréales sont encore sur pied – ce qui pose des problèmes pratiques pour la récolte, les mesures phytosanitaires, etc. Les cerisiers peuvent néanmoins s'associer avec des pommes de terre mi-hâtives à tardives ainsi qu'avec les betteraves sucrières et fourragères. Les cerisiers peuvent également être plantés spécifiquement pour la production de bois précieux. On renoncera alors aux sujets greffés au profit de cerisiers sauvages (merisiers). Ceux-ci poussent relativement vite et l'élagage de la partie inférieure du tronc réduira la concurrence pour la lumière avec la sous-culture.

Sous-culture

Certains groupes fonctionnels de végétaux comme les cultures d'hiver sont indiqués en raison de leur phénologie tandis que d'autres, comme les plantes du type C_4 (voir l'encadré « Lumière, ombre et photosynthèse ») telles que le maïs, sont moins adaptées du fait de leur (photo-)physiologie. Avec un semis à l'automne de l'année précédente, les cultures d'hiver donnent aux plantes un avantage de départ au printemps et permettent un développement et une maturation plus rapides. Leur association avec des feuillus à feuillaison tardive assure dès lors une concurrence minimale pour la lumière et les ressources du sol.

Lumière, ombre et photosynthèse

Outre la différenciation entre cultures d'hiver et d'été, la physiologie de la photosynthèse des cultures est un autre critère central. Dans le monde végétal, l'évolution a donné naissance à trois voies métaboliques différentes pour le stockage du carbone lors de la photosynthèse : C_3, C_4 et CAM. Le cycle de Calvin est le principal mode de fixation du CO_2 chez la plupart des végétaux. Quand la première molécule de carbone stable du cycle est un composé à trois atomes de carbone, on parle de plantes de type C_3. L'immense majorité des plantes cultivées courantes ont un métabolisme C_3. Chez les plantes du type C_4, la première molécule de carbone stable possède quatre atomes de carbone. Les représentants les plus connus de ce groupe de végétaux sont le maïs, la canne à sucre et le mil. La voie métabolique CAM, quant à elle, est spécifique à la physiologie des crassulacées, ou d'espèces comme l'ananas et les agaves, qui poussent dans le désert et la savane.

Ces différentes voies de fixation du carbone lors de la photosynthèse se distinguent par des caractéristiques anatomiques internes et externes différentes (surtout au niveau des caractéristiques des feuilles), mais aussi par des points de compensation ou de saturation lumineuse et des optimums de température diffé-

rents. Le point de compensation d'une plante indique à quelle intensité lumineuse la consommation d'oxygène liée à la respiration est compensée par la production d'oxygène par la photosynthèse. Si ce point est bas, le bilan métabolique est plus vite positif et la croissance de la plante devient possible. Les plantes du type C_3 peuvent augmenter leur teneur en chlorophylle dans les environnements peu lumineux, capter ainsi des photons dans très peu de lumière et abaisser leur point de compensation, si bien que leur bilan métabolique reste positif malgré une luminosité modérée. Cette meilleure tolérance à l'ombre les distingue des plantes du type C_4 qui, dans des conditions optimales (en particulier quand elles ont suffisamment d'eau), n'ont pas de point de compensation et peuvent donc utiliser toute lumière supplémentaire pour leur croissance. Chez les plantes du type C_4, la lumière est donc un facteur limitant et elles sont généralement peu, voire pas adaptées à l'agroforesterie à partir du moment où les arbres projettent plus d'ombre.
Source : https://doi.org/10.1007/s13593-022-00783-7

Figure 8 : Ombre et lumière sur la bande cultivée jouxtant une rangée d'arbres (Source : Lisa Nilles, Agridea)

Méta-analyse sur les baisses de rendement liées à l'ombre

En ce qui concerne le risque de baisses de rendement liées à l'ombre, il faut impérativement souligner qu'il existe de nombreuses possibilités d'influencer les conditions de luminosité dans les systèmes agroforestiers : orientation des rangées, arbres de différentes tailles, suppression de rangées d'arbres à un moment donné, rajeunissement du système, replantation dans les espaces libres… Les systèmes agroforestiers peuvent être modifiés de manière dynamique. Nous souhaitons néanmoins évoquer ici une méta-analyse qui a évalué les baisses de rendement liées à l'ombre sur la base de 58 études menées dans des régions tempérées et subtropicales dans des conditions d'ombre artificielle (toiles, filets, capteurs solaires thermiques) ou dans un contexte d'agroforesterie. Il en ressort que la relation entre les rendements agricoles et la réduction de l'ensoleillement pour les espèces de plantes étudiées n'est pas linéaire. La majorité des plantes a toléré une réduction du rayonnement solaire liée à l'ombre de 15 % avec une baisse de rendement moins que proportionnelle, autrement dit inférieure à 15 %. Jusqu'à une réduction de l'ensoleillement de 30, 25 et 20 %, le rendement des baies, fruits et légumes-fruits a même pu être augmenté. Les plantes fourragères (graminées, légumineuses fourragères), les légumes-feuilles et les légumes-racines et tubercules ont montré une baisse de rendement moins que proportionnelle jusqu'à une réduction de l'ensoleillement d'au moins 20 % et les céréales du type C_3 jusqu'à une réduction de seulement 15 %. Les légumineuses à grains et le maïs étaient les plus sensibles et ont immédiatement montré des baisses de rendement supérieures à la proportionnelle en cas de réduction de l'ensoleillement liée à l'ombre.

Source : https://link.springer.com/article/10.1007/s13593-022-00783-7

Figure 9 : Thermographie d'un système agroforestier (Source : Agroscope)

Pour éviter les pics de travail, il est judicieux de choisir des sous-cultures dont l'entretien ou la récolte ne coïncident pas avec les périodes de travail accru sur les arbres, ni avec la récolte de leurs produits. Par ailleurs, les traitements phytosanitaires apportés aux sous-cultures d'un système agroforestier exigent aussi une attention particulière. Lors de l'application de ces produits, on veillera à éviter toute dérive vers d'autres composants du système. Il faudra se montrer particulièrement prudent si les arbres fruitiers et les sous-cultures (légumes, colza ou baies) fleurissent en même temps, ou en cas d'utilisation de produits insecticides et fongicides sur le colza, les betteraves sucrières et les pommes de terre (voir point 1.3 « Les défis de l'agroforesterie »).

Choix des variétés

Il faut savoir que la plupart des variétés du commerce ont été sélectionnées dans des conditions autres que l'agroforesterie, sous un ensoleillement optimal et sans autre influence des rangées de ligneux. On comprendra aisément que les variétés commerciales, cultivées avec une luminosité et des apports en nutriments optimaux, ne puissent pas développer tout leur potentiel dans des conditions sous-optimales. Il existe bel et bien un besoin pour des variétés capables de pousser correctement malgré un ombrage modéré et d'autres conditions propres à l'agroforesterie et, par exemple, de mûrir de façon homogène, mais le long processus de sélection végétale ne permet pas d'y répondre tout de suite.

6.2.4 Gestion du système

Outre le choix du site avec les conditions climatiques existantes, le schéma de plantation privilégié, l'agencement des composants ligneux dans la parcelle et le choix des espèces et variétés de ligneux et de la sous-culture, la gestion du système agroforestier joue aussi naturellement un rôle primordial pour son succès. L'éventail des combinaisons possibles dans les conditions propres à chaque site est tellement large qu'il est impossible de présenter ici un modèle-type de gestion. Nous rappellerons néanmoins différents aspects clés de la gestion d'un système agroforestier et vous renverrons éventuellement aux sections correspondantes de cet ouvrage.

Mesures d'entretien des arbres

Ces mesures englobent l'entretien des ligneux (en particulier la taille des arbres fruitiers) et de la bande herbacée où ils sont plantés. Outre la taille régulière et conforme aux règles de l'art des arbres fruitiers et des arbustes, d'autres mesures comme la fixation des charpentières ou la correction de la forme de la base de la couronne peuvent s'avérer nécessaires. Pour la production de bois précieux, il est important d'élaguer le tronc au bon moment. Les mesures de taille et d'entretien sont expliquées en détail au chapitre 3.

Encadré :
Perte et possible rétablissement de la diversité variétale

Au cours de la révolution verte, des dizaines de milliers de variétés à travers le monde ont disparu pour être remplacées par des variétés standardisées. Les populations croisées composites ou « CCP » (de l'anglais « composite cross populations »), qui permettent d'obtenir une population hétérogène en recombinant différentes variétés ou lignées, sont une approche possible pour restaurer la diversité génétique dans la sélection des végétaux. L'utilisation de telles CCP en agroforesterie est une piste prometteuse, mais encore peu étudiée et encore controversée. En théorie, le pool génétique dynamique permet de s'adapter aux conditions environnementales locales hétérogènes des systèmes agroforestiers. Lors de la culture d'une CCP dans des conditions égales, suivant un cycle d'ensemencement et de réensemencement des graines de cette population, on s'attend à ce que la sélection naturelle favorise les individus qui s'en sortent mieux dans ces conditions spécifiques. Les premiers essais au champ ont déjà été réalisés en Suisse (Figure 10).

Figure 10 : Essai au champ d'une population croisée composite de blé d'hiver « CC-2K » à Wollerau, dans le canton de Schwytz (Source : Christina den Hond-Vaccaro)

Protection des arbres

La protection des arbres englobe la protection des ligneux contre les dégâts du gibier (p. ex. à l'aide d'un manchon en grillage) ou des petits rongeurs, la protection contre les chablis (à l'aide de tuteurs) et l'utilisation éventuelle de produits phytosanitaires. Comme décrit au point 1.3 « Les défis de l'agroforesterie », les mesures de protection des cultures induisent un risque de conflit lié aux délais d'attente et à la récolte de chaque composant du système – ligneux et sous-culture.

Figure 11 : Si de vieux arbres sont déjà présents, il faut prévoir une distance suffisante avec les cultures, sinon les dommages aux racines seront trop importants. (Source : Mareike Jäger)

Fertilisation des arbres

Pour la fertilisation d'un système agroforestier associant grandes cultures et arbres fruitiers, les mêmes recommandations s'appliquent que dans un verger haute-tige de plein vent. Les noyers et les jeunes fruitiers à pépins et à noyau en particulier apprécient une fertilisation régulière les premières années. L'engrais doit être apporté en laissant le collet des racines dégagé et au sec. Dans la pratique, on observe que les arbres des systèmes agroforestiers sylvoarables profitent de la fertilisation des champs ainsi que de la minéralisation favorisée par le travail du sol, et qu'ils croissent rapidement.

Taille des racines

Un verger haute-tige de plein vent déjà existant ne se convertit pas facilement en système agroforestier avec des grandes cultures. Le travail du sol détruirait les racines superficielles des arbres et créerait des lésions massives qui peuvent aller jusqu'à faire mourir l'arbre (Figure 11).

Lors de l'aménagement d'un nouveau système agroforestier sylvoarable, outre les mesures évidentes d'entretien des arbres en surface, il ne faut pas oublier d'intervenir aussi sous la surface en taillant les racines. Les premières années après la plantation en particulier, on veillera à labourer suffisamment près de l'arbre (jusqu'à 1 m de distance du tronc) ou, en cas de travail limité du sol, à déchaumer ou à utiliser un coupe-racines comme on le fait dans les plantations fruitières. De la sorte, les racines poussant à l'horizontale dans la couche superficielle du sol sont coupées à un stade très précoce, permettant au système racinaire des arbres de se développer plus profondément sous les cultures agricoles et dans les limites du linéaire herbacé (Figure 12).

Figure 12 : Les racines des arbres dans les systèmes agroforestiers sylvoarables. À gauche (situation indésirable) : les racines de l'arbre s'étendent dans l'espace d'enracinement des plantes cultivées. L'arbre et la sous-culture sont en concurrence pour l'eau et les nutriments. À droite (situation optimale) : grâce au travail régulier du sol, les racines de l'arbre sont forcées de se développer plus profondément sous la culture. Elles gagnent les couches du sol que les racines des plantes cultivées n'atteindront pas.
(Source : brochure « Systèmes agroforestiers » d'Agridea [Jäger 2017])

Dans les systèmes de culture sans labour, il est recommandé de passer le long du linéaire herbacé tous les 2 à 3 ans pour couper les racines latérales des arbres et arbustes sur une profondeur pouvant aller jusqu'à 30 cm. Ce procédé peut aussi être utile dans d'autres systèmes agroforestiers comme les haies fourragères dans les prairies et pâturages permanents. Plus de détails et d'illustrations sur la taille des racines au point 3.1.5. Les figures 13 à 15 illustrent différentes situations de taille des racines.

Figure 13 : La taille des racines doit se faire au plus près des arbres, en respectant toutefois la largeur de la bande herbacée. (Source : Jürg Strauss)

Figure 14 : La taille doit être suffisamment profonde pour que les racines des arbres n'entrent pas en concurrence avec l'espace racinaire des autres cultures. (Source : Pirmin Adler)

Figure 15 : Une taille réussie des racines (Source : Jürg Strauss)

Bibliographie

Atlin, G.N., Frey, K.J., 1989. Breeding crop varieties for low-input agriculture. Am. J. Altern. Agric. 4, 53–58. https://doi.org/10.1017/S0889189300002721

Bender, B., Chalmin, A., Reeg, T., Konold, W., Mastel, K., Spiecker, H., n.d. Moderne Agroforstsysteme mit Werthölzern. Leitfaden für die Praxis.

Bourke, P.M., Evers, J.B., Bijma, P., Van Apeldoorn, D.F., Smulders, M.J.M., Kuyper, T.W., Mommer, L., Bonnema, G., 2021. Breeding Beyond Monoculture: Putting the «Intercrop» Into Crops. Front. Plant Sci. 12, 734167. https://doi.org/10.3389/fpls.2021.734167

Döring, T.F., Knapp, S., Kovacs, G., Murphy, K., Wolfe, M.S., 2011. Evolutionary Plant Breeding in Cereals—Into a New Era. Sustainability 3, 1944–1971. https://doi.org/10.3390/su3101944

Hagist, D., Schürmann, H., n.d. Agroforst und Brutvögel – Chancen und Konflikte. Faktenblatt. Hoops, C., 2021. Kulturelle Ökosystemdienstleistungen von Alley-Cropping Agroforstsystemen.

Jäger, M., 2017. Agroforstsysteme. Hochstamm-, Wildobst- und Laubbäume mit Kulturpflanzen kombinieren.

Jäger, M., Herzog, F., 2017. Agroforestry with standard fruit trees in Switzerland.

Laub, M., Pataczek, L., Feuerbacher, A., Zikeli, S., Högy, P., 2022. Contrasting yield responses at varying levels of shade suggest different suitability of crops for dual land-use systems: a meta-analysis. Agron. Sustain. Dev. 42, 51. https://doi.org/10.1007/s13593-022-00783-7

Moreno, G., Arenas, G., 2017. Cropping cereals among timber trees. AGFORWARD Agroforestry Innovation leaflet, 2.

Pardon, P., Reubens, B., Mertens, J., Verheyen, K., De Frenne, P., De Smet, G., Van Waes, C., Reheul, D., 2018. Effects of temperate agroforestry on yield and quality of different arable intercrops. Agric. Syst. 166, 135–151. https://doi.org/10.1016/j.agsy.2018.08.008

Sage, R.F., McKown, A.D., 2006. Is C4 photosynthesis less phenotypically plastic than C3 photosynthesis?*. J. Exp. Bot. 57, 303–317. https://doi.org/10.1093/jxb/erj040

Schulz, V., Sharaf, H., Weisenburger, S., Morhart, C., Konold, W., Stolzenburg, K., Spiecker, H., Nahm, M., 2024. Agroforst-Systeme zur Wertholzerzeugung.

Smith, J., Pearce, B.D., Wolfe, M.S., 2012. A European perspective for developing modern multifunctional agroforestry systems for sustainable intensification. Renew. Agric. Food Syst. 27, 323–332. https://doi.org/10.1017/S1742170511000597

Taiz, L., Zeiger, E., Møller, I.M., Murphy, A.S. (Eds.), 2015. Plant physiology and development, Sixth edition. ed. Sinauer Associates, Inc., Publishers, Sunderland, Massachusetts.

Vaccaro, C., Mascher, F., Six, J., Schöb, C., 2023. Performance of a winter wheat composite cross population in two temperate agroforestry systems – a case study (preprint). Plant Biology. https://doi.org/10.1101/2023.02.07.527524

Van Lerberghe, P., 2017. Planning an agroforestry project.

Zohner, C.M., Renner, S.S., 2014. Common garden comparison of the leaf-out phenology of woody species from different native climates, combined with herbarium records, forecasts long-term change. Ecol. Lett. 17, 1016–1025. https://doi.org/10.1111/ele.12308

7 Agroforesterie et cultures spéciales

En dehors des grandes cultures et des prairies et pâturages, les arbres peuvent aussi être associés à bien d'autres cultures. Ce chapitre traite de la vitiforesterie, de la trufficulture et de l'association avec des cultures maraîchères.

7.1 Exemples pratiques

EXEMPLE PRATIQUE EDI HILPERT, MÖHLIN (AG)

1 CRÉATION

La ferme Eulenhof est passée en agriculture biologique dès 1982. Très vite, nous avons accordé une grande importance à la promotion de la biodiversité, plus particulièrement à la protection des oiseaux, et veillé à introduire de nombreuses haies dans l'exploitation. Celle-ci compte désormais 1 ha de haies environ, soit 30 % de surfaces de promotion de la biodiversité. L'objectif était de rompre la monotonie du paysage agricole et d'offrir une place aux animaux domestiques et d'élevage au sein de ce paysage, tout en recréant des habitats pour les animaux sauvages.

Nous avons en outre pris la décision d'arrêter la production laitière. Avec l'élevage de bétail, l'exploitation aurait dû s'étendre. Nous avons donc réfléchi à intensifier la production et à renforcer la densité sur nos surfaces limitées, et investi dans la production maraîchère pour obtenir un bon revenu avec les surfaces disponibles. L'exploitation a évolué par étapes : d'abord en passant au bio, puis en intégrant des structures ligneuses, et enfin en franchissant le pas de l'agriculture solidaire. Pour cela, il était important d'embarquer notre clientèle avec nous dans l'aventure, pour qu'elle aussi soutienne la biodiversité grâce au modèle d'abonnement et d'approvisionnement direct. Nous avons ensuite planté des arbres en rangées, mais ce n'est que plus tard que nous avons entendu parler d'agroforesterie.

Figure 1 : L'aménagement en « arêtes de poisson » est dicté par les conditions hydrologiques locales.
(Source : Agridea, Lisa Nilles)

Figure 2 : Très vite, l'exploitation a commencé à planter des haies pour promouvoir la biodiversité, puis les a complétées par des rangées d'arbres. (Source : Agridea, Lisa Nilles)

2 AMÉNAGEMENT

Au début, nous avons planté beaucoup de ligneux en haies, associées à des jachères florales. Puis nous avons planté des rangées d'arbres. Dès le départ, nous avions à cœur de créer des sociétés végétales et animales. Ce qui m'a inspiré, c'est l'illustration d'un livre montrant une « guilde » : un arbre fruitier au centre et, autour, des buissons, des arbustes à baies, des légumes et des herbes aromatiques. Comme l'organisation concentrique n'était pas envisageable sur notre plus grande parcelle, nous avons planté les arbres en rangées. Au total, nous avons planté 540 arbres haute-tige et 440 arbres demi-tige. Les plus petits arbres et de nombreuses haies fruitières sont venus s'insérer dans les rangées, entre les haute-tige. Nous avons donc environ 300 fruitiers haute-tige en association avec des cultures de légumes et de baies.

Selon les parcelles, l'espacement entre les rangées varie entre 25 et 50 m, et l'espacement au sein de la rangée entre 8 et 10 m. La distance a été choisie pour planter un maximum de légumes entre les rangées d'arbres. Au début, nous avons beaucoup misé sur les griottiers, qui ont une croissance relativement faible, en raison des possibilités de commercialisation. Au sein des rangées d'arbres, nous avons intégré d'autres ligneux, notamment différentes variétés de fruitiers sauvages ou d'autres fruitiers. Initialement, il y avait plus de ligneux entre les arbres, mais la concurrence était alors trop forte.

Figure 3 : Une partie des parcelles en 2014, 2017 et 2023 (Source : Mareike Jäger ; Lisa Nilles, Agridea)

3 DIFFICULTÉS RENCONTRÉES

Première plantation sans protection contre les petits rongeurs

Les premières rangées d'arbres ont été installées sans protection contre les petits rongeurs selon les principes de la permaculture, à savoir que les processus naturels contribuent à l'autorégulation. Cependant, la concentration de rongeurs était – et est toujours – tellement importante qu'au début, peu d'arbres ont survécu. Aujourd'hui, nous utilisons un grillage antirongeurs lors de la plantation et nous les piégeons régulièrement (600 à 700 spécimens par an). De plus, la commune paie une prime pour les rongeurs capturés. Les pertes se limitent désormais à un ou deux arbres par an.

Figure 4 : Le niveau de la nappe phréatique étant élevé dans cette parcelle, il a fallu planter une partie des arbres en les surélevant. (Source : Lisa Nilles, Agridea)

Sol humide

L'une des principales difficultés était l'humidité du sol. Il était donc pertinent de planter les arbres en les surélevant (sur un talus faisant barrage).

Propagation et récolte de certains fruitiers sauvages

Certains fruitiers sauvages comme l'argousier et le prunelier ont beaucoup drageonné, compliquant l'exploitation du reste de la parcelle. De même, la récolte de certaines espèces de fruitiers sauvages est difficile parce que les fruits se détachent difficilement et/ou parce qu'ils ont des épines. Les argousiers et pruneliers ont donc été supprimés des rangées productives malgré le fait que leurs fruits se vendaient bien.

CONSEILS

- **Gardez les ventes à l'œil et misez sur la polyvalence pour la commercialisation.**
- **Lancez-vous, vous ne le regretterez pas !**
- **Faites attention à ce que les espèces s'associent bien entre elles dès la planification. Par exemple, la récolte des cerises sera compliquée si vous semez les céréales jusqu'au pied des arbres.**

Figure 5 : D'autres ligneux ont été plantés entre les arbres. Une densité trop importante gêne toutefois certains travaux. (Source : Lisa Nilles, Agridea)

Nombre trop important d'éléments entre deux arbres

A posteriori, nous ne planterions plus qu'un seul autre ligneux entre deux arbres pour faciliter la récolte et l'exploitation des linéaires.

Achat des plants

Pour acheter les plants souhaités, nous avons souvent dû faire preuve de patience. Comme nous avions déjà des compétences en culture fruitière, nous avons toutefois cultivé et greffé une grande partie des fruitiers nous-mêmes.

Besoins des cultures maraîchères et fruitières

Selon les traitements, il faut veiller à ce qu'aucun légume prêt à être récolté ne se trouve sous les arbres traités. L'ombre portée des arbres doit aussi être prise en compte lors de la planification des cultures de légumes.

« Nos efforts en valaient la peine. »

4 PARTICULARITÉS DU SYSTÈME AGROFORESTIER

Lors de l'intégration des arbres et arbustes fruitiers, nous avons réfléchi dès le départ aux circuits de commercialisation – et pris contact avec des pressoirs pour les griottes ou les fruits sauvages. Une partie des fruits sont commercialisés via notre modèle d'abonnement.

Certaines parcelles sont aménagées « en arêtes de poisson » pour assurer l'écoulement de l'eau. Comme ces parcelles sont très humides par endroits – le niveau de la nappe phréatique est élevé –, il était important de planter une partie des arbres en hauteur et de prévoir des fossés pour les eaux de ruissellement. Cette rangée d'arbres accueille en partie des cultures et en partie d'autres surfaces de promotion de la biodiversité (jachères) et sa largeur est aussi particulière (3 m).

Les arbres sont formés selon le modèle Oeschberg mais une partie des poiriers ont une formation en fuseau haute-tige pour faciliter le travail.

PORTRAIT DE L'EXPLOITATION

ALTITUDE :	340 m au-dessus du niveau de la mer
BRANCHES D'ACTIVITÉ :	agriculture solidaire en coopérative
	vente de fruits et légumes avec un modèle d'abonnement
	production de plantes vivaces
	activités pédagogiques pour les écoles et garderies
SUPERFICIE :	terres en propriété : 15,2 ha
	terres affermées : 5,8 ha
CULTURES :	légumes de plein champ : 1,75 ha
	serres tunnel : 0,18 ha
	permaculture : 5,34 ha
	engrais verts à l'année : 0,67 ha
	prairie naturelle et pâture : 1,77 ha
	surfaces pour la biodiversité : 7,31 ha
	baies : 0,58 ha
	plantes vivaces : 0,16 ha
ESPÈCES/VARIÉTÉS DE LIGNEUX :	fruitiers haute-tige et sauvages : 540 arbres
ARBRES DEMI-TIGE ET EN FUSEAU :	210 arbres
	divers arbustes fruitiers sauvages (hors haies) : 234 arbustes
ÉLEVAGE :	apiculture avec 22 ruches

FERME NATURGUT KATZHOF. CLAUDIA MEIERHANS ET MARKUS SCHWEGLER MEIERHANS, RICHENTHAL (LU)

Markus Schwegler explique son système agroforestier. (Source : Thomas Alföldi, FiBL)

« Keylines » et rétention d'eau

1 CRÉATION

Face à la sécheresse croissante et à la distribution irrégulière des précipitations, les futurs apports en eau nécessaires aux cultures de légumes sur des sols argileux-sablonneux posaient ici de plus en plus question. La ferme Katzhof cultive traditionnellement des légumes et des grandes cultures. L'exploitation est relativement exposée au vent en haut d'une colline qui reçoit 900 mm de précipitations par an. Markus Schwegler tombe un jour par hasard sur un webinaire consacré au « keyline design ».

Il avait déjà commencé à planifier un système agroforestier sur ses parcelles de légumes en prévoyant d'utiliser la topographie du site. Outre les aspects liés à l'eau, l'une des idées phares du webinaire était d'intégrer l'aspect esthétique dans la planification. Ou comment associer le « beau » et l'« utile ».

Dans le « keyline design », l'intégration de structures ligneuses vient logiquement compléter l'aménagement de fossés. Ces structures dessinent un motif qui s'intègre dans le paysage et qui sert aussi l'esthétique.

L'association de ligneux et de fossés vise à assurer une plus grande résilience face à la sécheresse. Les arbres servent à prévenir le dessèchement par le vent tandis que l'ombre portée contribue à rafraîchir les surfaces et influence ainsi positivement le microclimat dans les périodes de forte chaleur.

Le but est aussi de continuer à développer l'exploitation. Outre une meilleure résilience face aux conditions climatiques extrêmes, ainsi qu'un impact positif sur l'environnement et la promotion de la biodiversité, l'intégration de différentes espèces de ligneux vise aussi à augmenter la diversité alimentaire.

Figure 2 : Sur les surfaces de grandes cultures, les châtaigniers ont été plantés 70 cm derrière l'arrête supérieure du fossé sur la courbe de niveau. En général, les rangées d'arbres sont plus éloignées sur les surfaces de grandes cultures que dans les parcelles de légumes ; la distance entre les châtaigniers est de 16 m. (Source : Thomas Alföldi, FiBL ; Philipp Garhardt, Baumfeldwirtschaft)

2 AMÉNAGEMENT

Les « lignes clés » donnent la structure de base

Le sol et l'alimentation en eau ont été les deux principes directeurs lors de la planification. Nous avons pensé tout le système en pensant « eau » et « sol » et pas en partant des ligneux. Après avoir discuté avec des conseillers, le modèle a été étendu à toute la superficie de l'exploitation. Il était logique de collecter l'eau des parcelles supérieures, sur lesquelles nous faisons pousser des grandes cultures, pour la redistribuer aux parcelles situées plus bas, dédiées à la culture de légumes. À cela s'ajoutent deux bassins de 300 et 200 m^3, utilisés comme réservoirs intermédiaires.

Une planification en plusieurs temps

Les premières idées et les premiers plans ont été remaniés et améliorés, encore et encore. Au total, en l'espace d'un an, nous avons organisé pas moins de onze sessions de planification. Il a fallu faire des expériences pour déterminer le tracé des lignes et les distances. Le nombre de lignes planifiées et plantées au final a été déterminé par la structure de chaque parcelle, la largeur des machines et le bassin versant.

Figure 3: Dans les parcelles de cultures maraîchères, les keylines sont plus rapprochées et suivent les courbes de niveau. Les légumes sont cultivées en bandes fixes de 75 cm de large. Le système ne cesse d'évoluer.
(Source : Thomas Alföldi FiBL, NaturGut Katzhof)

À certains endroits, certaines lignes ont été supprimées des plans pour mieux tenir compte du stockage de l'eau ou des lignes d'arbres déjà existantes. La planification s'est donc surtout basée sur les infrastructures en surface et sous terre, et moins sur les futurs arbres. Mais, y compris du fait de ce long processus de planification, nous avons quand même commencé à réfléchir aux premières espèces de végétaux. Au final, nous avons opté pour une distance de 42 m entre les lignes d'arbres dans les parcelles de grandes cultures. Dans les cultures de légumes, où nous travaillons avec des bandes permanentes de 75 cm de large, la trame des keylines est plus serrée. Dans ces parcelles, ainsi que dans les surfaces herbagères voisines, on a choisi une distance de 24 m entre les lignes.

Dans les parcelles de grandes cultures, nous avons plutôt misé sur des arbres de grande taille, tant au niveau du tronc que de la hauteur finale. Entre les châtaigniers, nous avons mis des plants de sureau cultivé (espacés de 4 m chacun). Nous avons aussi pour projet de planter des chalefs entre les sureaux pour fixer l'azote. Sur la parcelle située à l'est, où nous cultivons les légumes et où tout est plus serré, la hauteur définitive des ligneux devait être plus réduite. Comme ces lignes sont orientées est-ouest, les ligneux ont été adaptés en fonction de leur hauteur sur un axe allant du sud (plus bas, p. ex. des baies) au nord (plus hauts, p. ex. des noisetiers).

Une fois les keylines en place, l'exploitation a pu compter sur sa croissance organique

Une fois la structure de base bien définie, on a réfléchi aux arbres et arbustes qu'il fallait planter sur telle ou telle ligne et aux choix les plus judicieux. Il nous fallait répondre aux questions suivantes :

- Quelles sont les espèces envisageables selon le site ?
- Quelles espèces ai-je plaisir à cultiver ? Qu'est-ce que j'ai envie d'essayer ?
- Qu'est-ce qui peut venir compléter le panier de légumes déjà proposé par abonnement ?
- Comment les nouvelles cultures complètent-elles les cultures déjà existantes, notamment en termes d'échelonnement des récoltes ?
- Comment ai-je envie de commercialiser les futurs récoltes, en sachant que certaines espèces n'auront un rendement correct que dans plusieurs années ?
- Comment continuer à donner la priorité à la vente directe ?
- Comment répartir la charge de travail (entretien, récolte) sur l'ensemble de l'année ?

Le « keyline design » a complètement restructuré les parcelles et influence aussi le travail. Nous avons donc accordé beaucoup d'importance à une conception intelligente, qui permet une exploitation optimale. Les bandes de végétation sous les arbres font ainsi 6 m de large, fossé compris. Les fossés se trouvent presque au milieu de la bande, avec une butée de 40 cm de haut. Les arbres sont plantés à 70 cm du bord du fossé. Grâce à la large zone tampon, l'accès aux ligneux est toujours possible sans devoir faire passer les machines dans les cultures en place. La même logique explique l'espacement plus important entre les arbres que ce que ne recommande généralement la littérature (p. ex. 16 m entre les châtaigniers).

« À notre époque où tout va très vite, le facteur temps est complètement différent avec les arbres. La création de valeur se pense à beaucoup plus long terme : nous ne nous situons plus dans un rythme annuel comme avec les grandes cultures. Je dois me projeter sur des cycles de 5 ans, parfois même sur une période de 50 ans. C'est une tout autre dimension temporelle qui prend soudain de l'importance. »

Sur les parcelles de légumes, au nord de l'exploitation, nous avons associé des noisetiers et des groseilliers avec des surfaces herbagères et, le long des parcelles de légumes vers le sud, des fruitiers basse-tige. Au niveau des keylines des parcelles de légumes elles-mêmes, nous avons planté des fruitiers à baie et des fruitiers sauvages plus petits pour la vente directe. Ces cultures plus intensives complètent bien les légumes car, comme eux, elles ont besoin de plus d'attention. Leur exploitation s'accorde bien avec les travaux maraîchers. Ce principe de planification est dérivé de l'analyse sectorielle en permaculture. Ainsi, dans les keylines, les ligneux de la parcelle située à l'est ont été placés par taille décroissante, mais avec une charge d'exploitation croissante, suivant un axe nord-sud. Dans l'ordre, nous avons donc planté : des noisetiers, des amandiers à titre expérimental, des fruitiers basse-tige (pommes, poires, cerises, prunes), des fruitiers sauvages et arbustes à baies (p. ex. groseilliers à maquereau, chèvrefeuilles à baies de mai, groseilliers, argousiers).

L'aménagement n'est toujours pas terminé aujourd'hui. Nous comptons encore planter quelques rangées. Grâce à l'expérience accumulée, nous avons toujours de nouvelles idées que nous pouvons mettre en œuvre petit à petit. L'objectif est de préserver la flexibilité du système, car personne ne peut prévoir comment la situation va évoluer ces 30 prochaines années. Les châtaigniers associés aux grandes cultures sont les arbres les plus pérennes. Toutes les autres espèces et variétés peuvent être adaptées et réorganisées assez rapidement.

3 DIFFICULTÉS RENCONTRÉES

Un long processus de planification

La planification s'est étalée sur une très longue période, ce qui s'est avéré très précieux en fin de compte. Toujours plus de petits détails sont ainsi venus se greffer sur la structure générale.

L'acquisition des connaissances a aussi représenté un gros travail. Nous avons collaboré avec plusieurs expert·es et recueilli un large éventail de supports d'information. Chaque nouvel échange a donné lieu à de nouvelles idées et perspectives, reprises ensuite dans les plans adaptés. Après onze sessions de planification, le feu vert a été donné pour les premières plantations. Nous sommes très contents d'avoir pris tout le temps nécessaire pour la planification. Nous sommes très satisfaits du concept actuellement en place.

Achat des plants

En agriculture biologique, les spécifications relatives aux plants sont parfois très restrictives. Beaucoup d'autres espèces et variétés auraient été intéressantes mais leur achat aurait coûté très cher. Il a donc fallu faire des compromis. De plus, certaines espèces et variétés exigent de s'y prendre très longtemps à l'avance auprès des pépiniéristes. L'achat des plants s'est bien passé jusqu'ici, car les aspects évoqués ci-dessus ont été pris en compte assez tôt dans la planification.

Figure 4 : Le tracé des fossés doit idéalement toujours rester à la même altitude, sinon l'eau s'accumulera différemment. L'aménagement se fait à l'aide d'une pelle mécanique et d'un GPS. (Source : NaturGut Katzhof)

Prise des végétaux

La plantation des ligneux s'est ensuite faite rapidement mais nous manquions de recul sur la façon dont ils allaient prendre dans les parcelles et sur les risques de maladie. Ces risques ne se précisent qu'avec le temps. Les végétaux sont systématiquement plantés en protégeant les racines et nous utilisons des pièges topcat et les prédateurs naturels des petits rongeurs.

4 PARTICULARITÉS DU SYSTÈME AGROFORESTIER

Les « lignes clés » d'abord, les arbres et arbustes ensuite

Les rangées d'arbres ont été systématiquement aménagées en suivant les keylines. L'eau et son écoulement ont donné le ton. Tout le reste a été fait en fonction.

Division en zones et nette séparation des pôles d'activités

Les parcelles ont été subdivisées en différentes zones agroforestières dans l'esprit de la permaculture. Les surfaces de grandes cultures plus éloignées de la ferme accueillent des châtaigniers haute-tige, exploités de manière plus extensive et simplement complétés par des sureaux.

Plus les keylines se rapprochent de la ferme, plus la hauteur des ligneux augmente, mais plus l'intensité de leur exploitation diminue. Sur les parcelles de légumes au nord, on a ainsi installé des noisetiers et des fruitiers basse-tige, et dans les autres surfaces maraîchères, des cultures plus intensives de baies et de fruitiers sauvages.

Nette séparation des unités

Au départ, on a réfléchi à l'installation d'une haie fourragère sur 30 m de long à côté des cultures de noisetiers. Mais un tel compromis n'aurait été satisfaisant ni pour le pâturage et l'exploitation de la haie fourragère, ni pour la récolte et l'entretien des noisetiers. Nous avons donc misé sur les noisetiers.

Ce design cohérent, avec des fonctions bien définies, se retrouve dans l'ensemble du système. Les linéaires herbacés sur les keylines ont donc été aménagés sur une très grande largeur (6 m) pour permettre de travailler sur et entre les arbres, quoi qu'il se passe dans les champs à droite et à gauche. L'accès aux arbres et arbustes est donc toujours garanti. Il n'est pas nécessaire de traverser les cultures pour l'arrosage des arbres. Le travail avec les plus grosses machines comme lors de la moisson ne devrait pas non plus perturber les ligneux. Chaque unité d'agroforesterie doit constituer un élément qui fonctionne de manière autonome.

Priorité à la vente directe

Les espèces et variétés cultivées sont principalement destinées à la vente directe. Étant donné que ce mode de commercialisation était déjà bien rodé, il s'agissait d'un aspect essentiel pour la planification et le choix des cultures ligneuses. Seuls les sureaux et les châtaigniers sont exclus de la vente directe et destinés à la vente externe.

CONSEILS

- **Faites confiance à votre instinct : interrogez-vous sur les végétaux que vous avez plaisir à cultiver, puis préoccupez-vous des conditions propres au site. Cela aide déjà à réduire le choix. Le plaisir associé à une culture est important car, pour certaines espèces d'arbres, vous vous engagez pour les 50 prochaines années.**
- **Déterminez clairement vos objectifs et mettez-les en œuvre de manière cohérente :**
- **Voulez-vous un schéma de plantation rigoureux et des processus de travail optimisés pour votre exploitation ou préférez-vous une approche spontanée et dynamique ?**
- **Quels sont vos objectifs sur telle ou telle parcelle ? Qu'est-ce qui est vraiment important ?**
- **Au fil de la mise en œuvre, plein d'autres questions auxquelles vous n'aviez pas pensé vont surgir. Il est donc bon de connaître autant que possible vos propres besoins. Vous pourrez alors concrétiser vos plans sans faire trop de mauvais compromis.**

PORTRAIT DE L'EXPLOITATION

FRUITS ET LÉGUMES EN VENTE DIRECTE, GRANDES CULTURES ET VACHES ALLAITANTES

SUPERFICIE TOTALE :	environ 15 ha
PERMACULTURE :	1,2 ha (légumes, baies et fruitiers basse-tige) Grandes cultures : 6 ha en rotation sur 6 ans avec des bandes-tampon en agroforesterie ▹ commercialisation partielle en vente directe : épeautre, engrain, avoine alimentaire, mil, lin et lentilles
SURFACES HERBAGÈRES :	pâtures, production de fourrage
ÉLEVAGE	9 UGB de grises rhétiques, vaches allaitantes 6 ruches
ESPÈCES/VARIÉTÉS D'ARBRES :	Avec les grandes cultures châtaigniers : Brunella, Bouche de Betizac (16/17 sujets) sureaux : Haschberg en tige remontée
PARCELLES DE LÉGUMES ET HERBAGES	Avec les surfaces herbagères noisetiers : 50 sujets basse-tige ▹ Géant de Halle, Corabel, Ennis, EMOA 1, Butler amandiers : 8 sujets à titre expérimental : Ferrastar, Ferragnes, Ferraduel
PARCELLES DE LÉGUMES	fruitiers basse-tige : 27 arbres ▹ pommes Milena venant de la culture biodynamique Poma Culta / autres variétés : Ariwa, Cox Orange, Remo, Bonita, Goldparmäne ▹ poiriers : Beurré Bosc, Giffart, Beurré Hardy, Précoce de Trévoux ▹ cerisiers : Kordia, Regina ▹ quetschiers/pruniers : Fellenberg, Mirabelle de Nancy ▹ Les espèces et variétés ont été choisies pour permettre une récolte échelonnée.
EN PROJET :	aménagement d'un étang bordé de bouleaux, ormes, aulnes, saules évent. haies fourragères sur les surfaces herbagères

EXEMPLE PRATIQUE ROLAND LENZ, UESSLINGEN-BUCH (TG)

Vitiforesterie

La famille Lenz, composée de Roland, Karin et leur fille Rahel, au travail dans le vignoble (Source : Weingut Roland Lenz)

1 CRÉATION

L'histoire du système agroforestier de Roland Lenz remonte à 2006, quand il a planté des haies sauvages aérées en bordure de la parcelle voisine. Sa motivation était tout à fait pratique : établir une limite claire à la dérive des traitements utilisés par le voisin en agriculture conventionnelle. Mais ce qui n'était au départ qu'une démarcation a vite fait naître de plus grandes ambitions. Les haies sauvages se sont transformées en habitats variés, offrant aux vignes une protection bienvenue contre le vent grâce à des arbres plus hauts comme les charmes et les noyers. C'est pourquoi, outre les haies de démarcation, d'autres rangs de vigne ont été convertis en bandes de haies et de nouvelles installations ont vu le jour.

L'idée de continuer à développer les haies sauvages a été motivée par la production de fruits sauvages (cynorrhodons, cornouilles) et l'envie de les commercialiser. C'est également ainsi qu'a germé l'idée d'intégrer directement des noyers et des fruitiers dans de nouvelles rangées de ligneux. Aujourd'hui, l'objectif est de commercialiser un mélange de type « mendiant », constitué d'une grande diversité de noix et de fruits grâce aux différentes espèces de fruitiers, sauvages ou non.

2 AMÉNAGEMENT

En 2019, le premier vignoble a accueilli des noisetiers de Byzance greffés, en rangées simples. Ces arbres ont déjà produit une première récolte en 2023. La récolte est pour l'instant encore effectuée manuellement, à l'aide de filets, de même que son traitement et sa transformation. À l'avenir, ces étapes devraient se moderniser. D'autres arbres fruitiers et noyers communs ont été intégrés dans d'autres rangées. Au total, plus de 2000 noisetiers, 100 noyers communs et 150 autres fruitiers (produisant kakis, mûres de mûriers, pommes, poires, quetsches, etc.) ont été plantés.

Figure 2 : Les noisetiers de Byzance installés en 2019 donnent déjà leurs premiers fruits. Avec d'autres fruits, sauvages ou non, ils serviront à produire un mendiant. (Source : Weingut Roland Lenz)

Dans les vignobles existants, des rangs complets de vigne ont été remplacés par des bandes de haies ou d'arbres. Dans une nouvelle parcelle, deux rangs de vigne espacés de 2 m alternent avec une rangée de noyers, espacée de 2,5 m de part et d'autre. Pour les noisetiers greffés, cinq variétés différentes ont été plantées en alternance. Chaque année, 200 à 300 arbres viennent compléter le système. Entre deux, différentes bandes sont exploitées dans le cadre de la rotation des cultures et servent notamment à produire de l'avoine, de l'épeautre, du sarrasin, du chanvre et des graines de lin. Ces bandes font 3 m de large pour permettre le passage de la moissonneuse-batteuse. Comme le vin, les produits récoltés sur ces surfaces sont commercialisés en vente directe sur place.

Des peupliers ont en outre été intégrés aux haies sauvages comme protection contre le vent, car les étés secs, et surtout les tempêtes toujours plus intenses et plus fréquentes, font des dégâts dans les vignes.

Figure 3 : Culture d'épeautre entre les rangs de vigne. La largeur des bandes est adaptée à celle de la moissonneuse-batteuse. (Source : Weingut Roland Lenz)

3 DIFFICULTÉS RENCONTRÉES

En agriculture biologique, il est souvent compliqué de trouver des plants certifiés bio dans les espèces et variétés souhaitées.

Les périodes prolongées de sécheresse estivale sont aussi problématiques pour les jeunes arbres. Au début, l'arrosage représente une charge supplémentaire.

L'augmentation de la population de cerfs augmente les dégâts dus à la frayure, à l'abroutissement et à l'écorçage. L'exploitation mise sur un nouveau type de protection des arbres en bois et en lin, qui permet au tronc de recevoir plus de lumière.

Il y a des années, l'exploitation avait testé la culture des cerises. Mais la période de récolte des cerises (juin/juillet) tombait justement à la période où le vignoble exige beaucoup d'opérations plus intensives. Les cultures actuelles de noix et de fruits s'intègrent mieux dans les processus de travail. Grâce à la diversité des cépages, la récolte est échelonnée de fin août à début octobre. On vendange uniquement le matin. L'après-midi, une partie de l'équipe peut ainsi se consacrer aux travaux de la cave, et le reste à la récolte des noix et autres fruits.

4 PARTICULARITÉS DU SYSTÈME AGROFORESTIER

Intensification écologique

Les produits et les ligneux plantés doivent avoir un impact perceptible sur les ventes futures, autrement dit une certaine masse s'impose. Roland compte produire 10 000 sachets de mendiants par an. Parallèlement, il veut continuer à produire annuellement 300 000 bouteilles de vin sur sa surface, bien qu'une partie des parcelles de vigne aient été remplacées par d'autres ligneux. Depuis 2006, la superficie du vignoble est passée de 27 à 22 ha en intégrant des surfaces de haies, de rotation des cultures ou des rangées d'arbres sur les hectares libérés. Le maintien de la productivité de la vigne repose sur le principe de l'intensification écologique, qui fait la part belle à la fertilité du sol et à la formation d'humus. Le chef d'exploitation compte ainsi réduire d'un tiers la surface de production de la vigne (en la remplaçant par la production de noix et d'autres fruits) tout en maintenant la productivité du vignoble sur une surface plus petite. Un tel rendement ne peut toutefois être atteint qu'avec un taux d'humus de 4 à 5 %, qui a été amélioré constamment au cours des dernières années.

Figure 4 : Structures de promotion de la biodiversité – tas de branches, arbres protégeant du vent et haies de fruitiers sauvages – dans le vignoble (Source : Weingut Roland Lenz)

Figure 5 : Parcelle riche en diversité, près de la maison (Source : Weingut Roland Lenz)

Quand la biodiversité prend le relais de la protection des cultures

La richesse du paysage ainsi créé favorise l'implantation d'auxiliaires des cultures, qui se chargent de tâches assumées jusque-là par les exploitant·es. Une opération de suivi des chauves-souris a permis d'attester la présence de trois espèces différentes.

Roland rapporte qu'il peut renoncer à l'utilisation de techniques de confusion sexuelle contre les vers de la grappe et la drosophile du cerisier, qui sont fortement jugulés par les chauves-souris et ne posent quasiment plus de problèmes.

« Nous cherchons à atteindre une intensification écologique. Mais pour maintenir la production, il faut impérativement garder à l'œil la fertilité du sol. »

Grâce aux différents moyens mis en œuvre, les dépenses liées aux mesures de protection des végétaux sont désormais inférieures à 100 CHF/ha et la consommation de diesel de l'ordre de 50 à 60 l/ha.

Une charge de travail égale

La charge de travail dans les systèmes agroforestiers reste en fait identique à celle qu'exigeait la vigne. Différents travaux de la vigne comme la taille et l'entretien se reportent maintenant sur les ligneux. Comme les systèmes et les produits se diversifient, une autre organisation du travail s'impose. Les lacunes en matière de techniques agricoles sont comblées par des échanges avec d'autres exploitant·es avec une production comparable.

CONSEILS

Des questions comme « Qu'est-ce que je veux? » et « Quel est l'objectif ? » sont primordiales. Avant la plantation, il faut avoir une idée précise de la façon dont on va gérer et commercialiser les futurs produits. L'objectif du système agroforestier doit être clair dès le départ : est-ce que je plante, par exemple, des peupliers pour protéger les grandes cultures intercalaires du vent ou est-ce que j'aménage un système diversifié avec des arbres et des arbustes fruitiers ? L'organisation dans les années qui suivent et la gestion des systèmes et des produits seront alors différentes. Dans le deuxième cas, je dois savoir à l'avance comment je vais exploiter les fruits et les intégrer dans le fonctionnement de l'exploitation.

PORTRAIT DE L'EXPLOITATION

SUPERFICIE :	27 ha au total
VIGNOBLE :	22 ha ; avec 50 cépages PIWI différents (résistants aux champignons)
ROTATION DES CULTURES :	1 ha ; rotation sur 7 ans, cultures réparties en bandes entre les vignes : épeautre, avoine, sarrasin, graines de lin, chanvre, pois chiches
BANDES DE LIGNEUX :	5 ha 2000 noisetiers de Byzance greffés 100 noyers communs 60 autres fruitiers
ARBUSTES FRUITIERS SAUVAGES :	mûriers, argousiers, cornouillers mâles, églantiers, chalefs, cerisiers à grappes, amélanchiers, alisiers, pruneliers
AUTRES LIGNEUX :	charmes, peupliers, érables champêtres, saules marsault

EXEMPLE PRATIQUE NOÉMIE GRAFF, BEGNINS (VD)

Vitiforesterie sur le Domaine Le Satyre

Noémie Graff du Domaine Le Satyre
(Source : Noémie Graff)

1 CRÉATION

Lors de la création du Domaine Le Satyre en 1940 dans le canton de Vaud, René Graff a décidé de planter du Pinot Noir et du Gamay au milieu d'un océan de Chasselas. Aujourd'hui, cela n'a plus rien d'extraordinaire et, sur ce domaine viticole biologique de 9,5 hectares, des cépages d'avenir comme le Divico, ainsi que des cépages d'un passé plein de promesses comme la Mondeuse noire côtoient les désormais traditionnels Gamaret et Garanoir. La Mondeuse noire a l'avantage d'aimer les climats chauds et d'avoir une faible teneur en alcool, deux propriétés très appréciées compte tenu des nouvelles réalités climatiques. La perte de biodiversité et la diminution de la fertilité des sols ne sont que deux raisons parmi d'autres de retrousser nos manches.

Noémie Graff incarne la troisième génération active sur le domaine. Et c'est la même chose pour ses collaborateurs, dont le grand-oncle et l'oncle travaillaient déjà dans l'exploitation. Elle ajoute qu'il s'agit d'un privilège de travailler à leurs côtés.

2 AMÉNAGEMENT

Convaincus que la perception cyclique du temps qui caractérise notre métier nous libère d'une vision linéaire du progrès, nous avons cherché des solutions dans toute l'histoire de notre tradition viticole. Les parcelles du Domaine Le Satyre favorisent aujourd'hui la coexistence d'arbres fruitiers, de haies arbustives et de vignes, avec des bénéfices mutuels, mais le projet viticole le plus emblématique se trouve en bordure du village et d'un lieu-dit au nom qui en dit long : « Les Hutins ». Le hutin (ou hautain) était une méthode de culture usuelle à l'époque romaine, quand l'expansion de la vigne suivait l'avancée des légions. Elle était largement répandue sur les bords du Léman avant de s'étendre aux hauteurs de la Savoie. Le terme hutin désigne des vignes qui poussent sur des arbres, qui leur servent de tuteurs, dans le cas présent, les végétaux qui accompagnent traditionnellement la vigne :

le pêcher de vigne et le mûrier. La vigne ainsi cultivée produit des raisins de table et forme une haie jouxtant une grande parcelle de Pinot Noir.

Le sol sablonneux et relativement pierreux convient bien à ce cépage qui craint à la fois la surcharge et l'humidité. Si la première peut être évitée grâce au travail du viticulteur et à un apport d'engrais organique plutôt que minéral, le problème des ressources en eau est plus délicat. Bien que la parcelle soit équipée d'un système de goutte à goutte alimenté par le Léman, les considérations agronomiques sont prépondérantes. Des îlots de tilleuls ont donc été plantés sur la parcelle pour exploiter l'impact positif des arbres. Au fil de la replantation de cette parcelle, son aménagement est complété par des haies arbustives. Actuellement, l'accent est clairement placé sur la capacité des arbres à atténuer la chaleur excessive grâce à l'ombre et à l'effet de ventilation qu'ils créent, à la vapeur d'eau qu'ils libèrent – qui réduit la température ambiante et atténue les variations extrêmes de température – et à la meilleure infiltration de l'eau dans le sol.

3 PARTICULARITÉS DU SYSTÈME

Entre les rangs de vigne fleurissent des fleurs de foin et de légumineuses (papilionacées), ce qui améliore à la fois le rendement, la biodiversité et la diversité alimentaire. D'autres projets fournissent des légumes et des fruits comestibles comme le cassis ou la grenade, mais l'alimentation de la faune est privilégiée sous la forme de haies arbustives, principalement constituées d'espèces mellifères à proximité des ruches (cornouiller mâle et sanguin, noisetier et fusain d'Europe). La saison de la floraison commence avec les amandiers et les noisetiers et se termine avec les pruneliers, qui fournissent du miellat en septembre pour les réserves hivernales.

« Il faut que tout change pour que rien ne change », disait le comte de Lampedusa dans 'Le Guépard', et bien que la vigne et le vin soient un métier riche en traditions, ils ont continué d'évoluer au fil des siècles, avec la géographie, l'histoire et le climat.

La vigne reste néanmoins toujours au centre de nos projets de vitiforesterie. Des ronces ont ainsi été plantées directement entre les rangs de vignes (culture en joualles) et devraient augmenter la teneur en polyphénols du Pinot Noir. Réintroduire de la biodiversité dans nos vignobles n'est pas juste une affaire d'esthétique, de paysage et d'identité mais vise avant tout à garantir des conditions de départ saines pour nos vignes, avec un sol stabilisé et plus fertile et moins d'organismes nuisibles. Nous avons besoin de l'aide précieuse et gratuite des microorganismes pour libérer les nutriments exploitables des plantes. Nos arbres et arbustes complètent ainsi le travail commencé avec un reverdissement diversifié et adapté à notre terroir et les fruits de la dissémination des fleurs de foin. La vitiforesterie contribue à la qualité de nos vins en apportant à nos vignes ce dont elles ont besoin. Elle influe aussi sur leur équilibre, car les températures élevées et un déficit en eau pendant et en dehors de la période de végétation ont de nombreuses conséquences au niveau organoleptique. Toutefois, les effets, globalement positifs jusqu'ici, sur les vignobles situés au nord risquent de s'inverser. Atténuer, grâce à la présence d'arbres, les conséquences du réchauffement planétaire – comme des vins riches en alcool, caloriques, moins acides, au goût confituré, voire de réchauffé, sans parler de la survenue plus fréquente du « goût de souris » influencée par le pH – est une piste prometteuse qui ne peut être écartée. Le Domaine Le Satyre a ainsi décidé d'introduire progressivement dans son domaine viticole différents systèmes de vignobles arborés, selon la situation et les services écosystémiques recherchés. L'introduction des différents modèles permettra aussi un échange d'expériences sur les méthodes qui ont fait leurs preuves au fil des siècles mais dont le savoir a largement disparu dans les vignobles actuels qui, bien souvent, évoquent plutôt un jardin à la française bien ordonné.

4 DIFFICULTÉS RENCONTRÉES

La concrétisation de ces projets a demandé d'acquérir un maximum de connaissances et de s'entourer d'un maximum de bonnes volontés. Lors du choix des espèces pour les haies arbustives, nous nous sommes surtout appuyés sur le travail réalisé pour protéger le site naturel du Bois de Chênes, qui jouxte le domaine, et sur les conseils de nos amis apiculteurs et ornithologues, car notre région dispose d'un programme important et efficace de protection de la huppe fasciée.

Le choix définitif des espèces s'est avéré difficile en raison de l'incroyable éventail de possibilités et des avis parfois contradictoires, qui nous ont amenés à décider de privilégier la vigne. Malgré tout le soin apporté à la composition de nos haies arbustives, certaines espèces sont moins adaptées que d'autres. Les connaissances techniques spécifiques à la vitiforesterie font encore défaut ; les conseillers et conseillères ne connaissent chacun·e que leur propre domaine et c'est dommage. À l'avenir, le Domaine Le Satyre entend faire la part belle aux systèmes intégratifs et, surtout, aux îlots de fraîcheur – constitués par des arbres en plein champ et des haies arbustives –, plus qu'aux cultures fruitières ou aux

Figure 2 : Sur le Domaine Le Satyre, des arbres et arbustes très variés sont asscciés aux vignes. (Source : Noémie Graff)

Figure 3 : Un satyre
(Source : Domaine Le Satyre)

arbustes en rangées, qui répondent plus à une démarche agricole qu'agronomique, du moins tant que nous ne cherchons pas à diversifier nos cultures dans un but de commercialisation.

L'aspect le plus surprenant de cette aventure viticole réside toutefois dans son côté subversif. Il est surprenant de voir le nombre de viticulteurs qui ont visiblement plus peur d'être en contact avec les arbres que de prendre le risque de compacter le sol avec des véhicules et des machines toujours plus lourds ou d'utiliser des produits phytosanitaires cancérigènes, mutagènes et reprotoxiques.

Il existe toujours un flou juridique sur certaines questions concernant les arbres dans les vignobles et c'est dommage. Dans la mythologie grecque, le satyre est à la fois l'incarnation des pratiques bachiques et d'une certaine rupture avec les rites établis. Sa participation à l'aventure de la vitiforesterie lui va donc comme un gant !

PORTRAIT DE L'EXPLOITATION

9,5 HA DE VIGNES

CÉPAGES : Pinot Noir, Gamay, Chasselas, Diolinoir, Carminoir, Gamaret, Garanoir, Ancellotta, Divico et Mondeuse Noire
Les vins sont commercialisés en vente directe.

5 PERSONNES sont actives toute l'année sur le domaine ; outre Noémie Graff, aussi son mari et son père.

7.2 Pourquoi associer les arbres et la vigne ?

L'association d'arbres et de vigne (vitiforesterie) est une tradition ancienne, car la vigne est une liane et, à l'origine, une plante forestière. Sous sa forme naturelle, elle utilise donc les arbres comme support et a pu être cultivée avec des arbres dans le passé. Cette forme de viticulture était notamment couramment connue sous le nom de « vite maritata » (la vigne mariée). L'association d'arbres et de vignes est encore parfois pratiquée traditionnellement dans certains pays du sud de l'Europe, p. ex. sous le nom de « joualles » ou de « hautain » (Figure 1).

Les études scientifiques sur la vitiforesterie moderne sont encore rares mais se multiplient et devraient apporter de nouvelles données dans les prochaines années.

En Suisse, ce mariage entre vigne et arbres fait son chemin chez un certain nombre de viticulteurs et viticultrices. Ils en attendent différents avantages, y compris par rapport au changement climatique. Notamment sur les plans suivants :

- **Réduction du stress dû à la chaleur :** une chaleur et un ensoleillement trop importants peuvent affecter la vigne elle-même, mais aussi le raisin et sa qualité, et donc la qualité du vin.

Figure 1 : La vitiforesterie était déjà une pratique répandue il y a plusieurs centaines d'années Jakob Philipp Hackert, Les saisons, L'automne, 1783 (© HAStK-RBA, rba_c000986).

Figure 2 : Coup de soleil sur le raisin (Source : AMTRA/Agroscope)

La sécheresse croissante réduit le transfert des nutriments indispensables à la fermentation dans le raisin. Les mois chauds, mois de maturation des fruits, influencent l'acidité du moût ainsi que la synthèse des arômes, deux propriétés qualitatives essentielles du produit fini qu'est le vin. Beaucoup de cépages blancs forment ainsi plus de xanthophylles et de caroténoïdes, dont la métabolisation ultérieure conduit le vin à vieillir plus rapidement et implique une charge de travail supplémentaire en cave.

Un ensoleillement plus important et des températures plus élevées peuvent modifier la fenêtre de récolte, le degré de maturité et le degré Oechsle. Une teneur en alcool plus élevée n'est toutefois pas toujours souhaitée, ce qui exige une récolte plus précoce.

Les arbres peuvent réduire la température ambiante par évaporation.

► **Coups de soleil :** l'insolation peut affecter directement les végétaux et entraîner une baisse de rendement (Figure 2). Les raisins se dessèchent sur pied. Outre les pertes de rendement, s'ils sont récoltés avec le reste, les grains touchés peuvent produire des arômes indésirables dans le vin. Une étude menée ces dernières années dans un vignoble mosellan a permis d'observer une augmentation des dommages dus aux coups de soleil, une problématique quasiment inconnue pendant les décennies précédentes.

▷ **Effet sur la maturation :** si les raisins mûrissent trop tôt à cause du stress dû à la chaleur, ils ne peuvent pas développer les substances aromatiques propres au cépage.

7.2.1 Bénéfices des arbres en viticulture

La présence d'arbres dans un vignoble vient contrer certains de ces facteurs :

- **Ombre :** les arbres ombragent directement les vignes et peuvent ainsi réduire l'insolation. L'ombre portée peut être maîtrisée grâce au schéma de plantation. Si les rangées sont orientées est-ouest, les vignes recevront suffisamment de soleil à travers l'ombre mouvante.
- **Modification du microclimat :** avec leur ombre, l'évaporation et leur effet coupe-vent, les arbres influencent le microclimat et peuvent ainsi réduire la température dans le vignoble. Selon les études, les arbres et les haies dans un vignoble peuvent faire baisser la température de 1,5 °C ou plus.
- **Rétention d'eau et réduction de l'érosion :** les racines principales des vignes s'enfoncent dans les 60 premiers centimètres du sol tandis que, selon le site, les racines des arbres pénètrent plus profondément et, par l'effet d'« ascenseur hydraulique », rendent disponibles plus d'eau et de nutriments depuis les les couches inférieures du sol. Par ailleurs, lorsqu'elles se décomposent, les racines et leurs exsudats enrichissent le sol en matières organiques. La teneur en humus augmente et améliore la capacité de stockage de l'eau. Les racines des arbres favorisent aussi une meilleure infiltration. Lors de tests scientifiques, on a pu constater que les vignes absorbaient plus d'azote grâce à la meilleure disponibilité de l'eau. La vigne est souvent cultivée sur des terrains en pente, davantage touchés par l'érosion lors des phénomènes météorologiques extrêmes. L'intégration d'arbres, avec leur système racinaire plus profond et plus dense, peut lutter contre ce phénomène et améliorer la stabilité des coteaux.
- **Commercialisation :** lors de la vente, les viticulteurs·trices peuvent, dans certains cas, obtenir un prix 10 à 15 % plus élevé grâce à la mention « Vin en agroforesterie ». Lors de tests organoleptiques, il n'a cependant pas été possible de distinguer les vins issus de la vitiforesterie de ceux de vignes cultivées en l'absence d'arbres.

7.2.2 Schéma de plantation

L'intégration d'arbres dans le vignoble peut augmenter la charge de travail. Chaque exploitant·e doit donc décider comment il ou elle souhaite mettre en œuvre un tel système. Outre la parcelle, les propriétés du sol, les possibilités de commercialisation des fruits produits, la charge de travail, etc. doivent être prises en compte.

Il y a plusieurs moyens d'intégrer les arbres dans le vignoble (Figure 3) :

- directement dans les rangs de vigne, y compris comme supports
- entre les rangs de vigne
- en marge du vignoble

Figure 3 : Les ligneux peuvent être intégrés dans les rangs de vigne, entre deux rangs ou en marge du vignoble. (Source : Linnéa Hauenstein, FiBL)

7.2.3 Paramètres à prendre en compte

Mécanisation

En cas d'intégration directe des arbres dans les rangs de vigne, l'utilisation d'une vendangeuse qui enjambe les rangs ne sera plus toujours possible. Si les arbres sont taillés en têtard (voir chapitre 8.2.3), ce mode de récolte reste envisageable.

Distances

Pour une influence optimale des arbres sur la vigne, il est recommandé de respecter 10 à 15 m de distance entre eux. En marge des parcelles, le long des vignes, cette distance peut être de 2 à 4 m côté nord et plus grande côté sud.

Choix des espèces et variétés

Lors du choix des arbres et arbustes à planter au sein ou autour du vignoble, différents critères sont à prendre en compte : promotion de la biodiversité, période de floraison, promotion des auxiliaires des cultures, type de sol, tolérance à la sécheresse, hauteur et largeur à maturité, taille des arbres (plus petits dans les rangs de vigne, plus grands autour de la parcelle), tolérance à la taille, infiltration, type de racines, type d'arbre (fruitier, feuillu). Chaque espèce a ses particularités et convient plus ou moins bien, selon le site, dans un système vitiforestier. Pour les ligneux plantés près des vignes, la symbiose avec les endomycorhizes est importante.

L'âge potentiel des arbres doit aussi être pris en compte quand ils sont plantés dans les rangs de vigne. On évitera en effet de planter des arbres avec un cycle de vie plus court que les pieds de vigne (p. ex. pêcher de vigne), car la mort des arbres peut avoir des répercussions négatives sur les vignes voisines.

Il est judicieux de choisir des espèces déjà présentes à proximité du vignoble. Certaines espèces résistantes aux températures élevées peuvent être introduites au cas par cas. On veillera alors à éviter celles qui favorisent la présence d'organismes nuisibles tels que *Drosophila suzukii.*

Vous trouverez une liste détaillée des espèces possibles établie par Daniel Wyss, conseiller viticole et agroforestier chez Delinat, sur www.haupt.ch/agroforst.

Soulignons l'intérêt des rosiers sauvages, utiles pour endiguer la cicadelle de la vigne grâce aux *Mymaridae* (petites guêpes qui parasitent leurs œufs).

D'expérience, Daniel Wyss souligne aussi que certains conifères, notamment certaines espèces de pin (p. ex. *Pinus brutia*) mais aussi les chênes, peuvent avoir une incidence négative s'ils sont plantés trop près des vignes, peut-être par effets allélopathiques ou concurrence pour l'eau. Ils doivent donc être plantés plutôt en bordure de parcelle, à 10–15 m de distance. Les mûriers, en revanche, ont une influence très positive sur la vigne.

Dans la liste des espèces énumérées sur www.haupt.ch/agroforst, les ligneux sont donc classés par implantation privilégiée dans le vignoble (dans les rangs de vigne, en fin de rang ou en bordure du vignoble).

7.3 La trufficulture en agroforesterie

Les truffes sont la fructification souterraine de certains ascomycètes (champignons à asques) qui forment un réseau de mycorhizes avec différentes espèces d'arbres. Diverses espèces de truffes sont déjà établies et naturellement présentes en Europe (Figure 4). Il est donc possible d'intégrer des truffes en association avec des ligneux dans un système agroforestier. Certaines particularités doivent toutefois être prises en compte lors de la mise en œuvre d'un tel système.

Figure 4 : Diverses espèces de truffes sont naturellement présentes en Suisse. (Source : Stefan Spahr, Trüffelgarten Schweiz)

7.3.1 Espèces de champignons

En Suisse, la commercialisation des truffes est réglementée par l'Ordonnance du DFI sur les denrées alimentaires d'origine végétale, les champignons et le sel comestible (817.022.17).

Dans la lettre d'information de l'OSAV 2020/2 « Conditions de commercialisation de champignons à titre de denrées alimentaires », neuf espèces de la famille des truffes *(Tuber)* sont classées parmi les champignons comestibles commercialisables :

- la truffe de Bourgogne *(Tuber uncinatum)*
- la truffe d'été *(Tuber aestivum)*
- la truffe blanquette *(Tuber borchii)*
- la truffe d'hiver *(Tuber brumale)*
- la truffe de l'Himalaya *(Tuber himalayense)*
- la truffe de Chine *(Tuber indicum)*
- la truffe blanche du Piémont *(Tuber magnatum)*
- la truffe noire du Périgord *(Tuber melaosporum)*
- la truffe mésentérique *(Tuber mesentericum)*

En Suisse, la production en grandes quantités concerne principalement la truffe de Bourgogne *(Tuber uncinatum)*, la truffe d'hiver *(Tuber brumale)* et la truffe de printemps *(Tuber borchii)*. La production de truffe noire du Périgord, qui aime la chaleur et atteint les meilleurs prix sur le marché, est encore expérimentale. Dans certains cantons, la récolte et la vente de truffes sauvages à titre professionnel exige une autorisation. La culture et la commercialisation par plantation est exclue de ce cadre.

Depuis 2014, le code de culture 718 « Truffières en production » permet de recevoir des contributions au paysage cultivé et à la qualité du paysage et les truffes peuvent faire l'objet d'une culture ciblée. Depuis 2019, ces contributions peuvent être perçues pour des truffières qui ne sont pas encore en production.

7.3.2 Espèce d'arbres

Les truffes sont des champignons mycorhiziens et ont en partie besoin de certaines espèces d'arbres spécifiques. La truffe d'été *(Tuber aestivum)* dépend p. ex. de certaines espèces de feuillus et de conifères. Certaines espèces de ligneux conviennent mieux que d'autres à la trufficulture et favorisent une fructification plus rapide avec des soins appropriés (Figure 5). Avec le chêne, un arbre à croissance lente, la mycorhization est plus longue. Selon Stefan Spahr de TrüffelGarten Schweiz, les chênes sont rarement plantés en monoculture dans les exploitations truffières et cet effet est donc négligeable. Les espèces de ligneux suivantes sont adaptées à la culture truffière en Suisse :

- Dans un système de haie :
  - noisetier commun *(Corylus avellana)*
  - charme commun *(Carpinus betulus)*
- Dans un système arboré
  - hêtre commun *(Fagus sylvatica)*
  - tilleul à petites feuilles *(Tilia cordata)*
  - chêne pédonculé *(Quercus robur)*

Figure 5 : Différentes espèces d'arbres peuvent être utilisées pour la plantation de truffes. (Source : Stefan Spahr, TrüffelGarten Schweiz)

- chêne pubescent *(Quercus pubescens)*
- chêne sessile *(Quercus petraea)*

7.3.3 Culture et entretien

Avant l'aménagement, il est essentiel de demander des conseils de mise en œuvre et une analyse de sol auprès d'un ou une spécialiste. Différentes entreprises et instituts proposent ce type de services.

L'intégration des arbres truffiers dans le système agroforestier peut prendre différentes formes : de façon étendue sous forme de système arboré ou sous forme de haie, dans un système en bandes avec d'autres possibilités d'exploitation. P. ex. la production de fruits tels que les noisettes, les noix de pécan ou les châtaignes. En raison de la formation spécifique des arbres dans les cultures truffières, la production de bois précieux est compliquée. Une association avec le pâturage est envisageable les premières années mais les arbres doivent être protégés des dégâts d'abroutissement du bétail.

L'aménagement de nouveaux systèmes agroforestiers pour la trufficulture offre des avantages pour le champignon, car la concurrence avec d'autres espèces de champignons est moindre sur les sols arables ou les surfaces herbagères.

Sol

Avant la plantation, une analyse de sol est indispensable, car un pH élevé est important pour la culture truffière. Il s'agit d'une analyse de sol spécifique, qui va au-delà de l'analyse réalisée d'habitude en agriculture. Le sol doit en outre être bien aéré et drainant. L'eau stagnante, les sols compactés et plutôt lourds sont défavorables.

Plantation

La période de plantation optimale est octobre-novembre pour permettre aux champignons de bien s'implanter. Une plantation au printemps est toutefois aussi possible mais requiert plus de travail d'arrosage. On utilise pour cela des arbres mycorhizés proposés par diverses pépinières. L'important est alors que les racines, et donc les mycorhizes, ne se dessèchent pas lors de la plantation.

Entretien

Selon le site et selon les années, l'arrosage peut être nécessaire. Dans l'alternative, on peut aussi travailler avec du paillage ou une végétation accompagnatrice. La pousse des herbes doit être régulée par fauchage pendant les premières années. Il est aussi important de garder la zone au pied des arbres libre de végétation.

7.3.4 Récolte, rendement, commercialisation

En Suisse, la récolte se fait exclusivement avec des chiens truffiers pour lesquels il existe des formations spécifiques (Figure 6).

Figure 6 : La récolte ou la recherche de truffes se fait avec des chiens truffiers spécialement formés. (Source : Stefan Spahr, TrüffelGarten Schweiz)

En moyenne, les exploitations suisses donnent leur première récolte après 6 à 7 ans. Celle-ci peut être très variable selon les années et est de l'ordre de 130 à 300 g par arbre. On parle d'un rendement de 20 à 30 kg à l'hectare, avec des rendements records pouvant aller jusqu'à 150 kg par an. Mais il y a aussi des années à très faible rendement, surtout en cas de sécheresse prolongée.

7.4 Agroforesterie avec d'autres cultures spéciales

7.4.1 Agroforesterie et maraîchage

Nous avons déjà expliqué les effets des arbres sur leur environnement dans les chapitres précédents. Selon les systèmes, le maraîchage a encore une particularité supplémentaire : celle de concentrer un grand nombre de cultures différentes sur une surface relativement réduite, c'est pourquoi les variations liées au bilan hydrique, au microclimat et à l'ombre peuvent avoir plus d'incidences. De plus, de nombreuses sortes de légumes exigent souvent plus de travail manuel, et leur culture entraîne plus d'opérations sur la même surface au fil de l'année que les cultures céréalières, par exemple. Pouvoir accéder facilement et à tout moment aux cultures est donc essentiel et doit être gardé à l'esprit lors de la planification si l'on veut intégrer des ligneux sur la surface. Différentes questions de planification peuvent donc se poser en amont :

- En cas d'intégration d'arbres fruitiers, p. ex. :
  - Vais-je choisir les cultures de sorte que les pics de travail liés à la culture des légumes ne chevauchent pas ceux de la culture des fruits ? Ou est-ce que je souhaite commercialiser en même temps les fruits et les légumes ?
  - Vais-je pouvoir exploiter les arbres et les légumes sans que les cultures se perturbent l'une l'autre ? Les distances, les délais et les processus sont-ils planifiés de manière à m'assurer à tout moment l'accès à chaque culture ?
  - Les besoins des différentes cultures, p. ex. les traitements phytosanitaires ou les apports d'engrais sont-ils compatibles entre eux, afin de ne pas traiter une culture alors qu'une autre est en fruits ? (Cela peut aussi entraîner des restrictions si certains traitements ne sont pas autorisés dans l'autre culture).
  - Ai-je choisi les bonnes espèces et variétés de légumes pour les différentes zones d'ombre et de microclimat créées par les ligneux ?

Le tableau 1 donne une vue d'ensemble des périodes de maturité de différents fruitiers (sauvages) qui peut faciliter le choix des cultures maraîchères. Lors de la planification, il faut en outre tenir compte des capacités de travail, des possibilités de récolte et de transformation et des exigences du marché.

Tableau 1 : Périodes de récolte approximatives de différents fruitiers et fruitiers sauvages. Ces dates peuvent différer de la période indiquée selon le site et la situation géographique.

Espèce d'arbres	Janv.	Févr.	Mars	Avr.	Mai	Juin	Juill.	Août	Sept.	Oct.	Nov.	Déc.
Baie de mai, chèvrefeuille comestible *(Lonicera cerulea)*				■	■							
Cerisier doux *(Prunus avium* subsp. *avium)*					■	■	■	■				
Cerisier à maquereau *(Ribes uva-crispa)*					■	■	■					
Griottier *(Prunus cerasus)*						■	■	■				
Abricotier *(Prunus armeniaca)*						■	■	■				
Merisier *(Prunus avium)*						■	■					
Groseillier à grappes *(Ribes rubrum)*						■	■					
Mûrier noir *(Morus nigra)*						■	■					
Quetschier *(Prunus domestica* subsp. *domestica)*							■	■	■			
Prunier domestique *(Prunus domestica)*							■	■	■	■		
Mirabellier *(Prunus domestica* subsp. *syriaca)*							■	■	■			
Pêcher *(Prunus persica)*							■	■	■			
Goumi du Japon *(Elaeagnus multiflora)*							■	■				
Pommier commun *(Malus domestica)*								■	■	■		
Poirier commun *(Pyrus communis)*								■	■	■		
Argousier *(Hippophae rhamnoides)*								■	■	■		
Cornouiller mâle *(Cornus mas)*								■	■			
Aronie à fruits noirs *(Aronia melanocarpa)*								■	■			
Châtaignier *(Castanea sativa)*									■	■		
Noisetier commun *(Corylus avellana)*									■	■		
Noyer communs *(Juglans regia)*									■	■		
Cognassier *(Cydonia oblonga)*										■	■	

Ombre

La possibilité d'ombrager les cultures est un facteur important dans la production de légumes, car l'ombre peut entraîner des pertes de rendement ou, selon les espèces de légumes, augmenter le rendement. Certaines espèces comme le chou-fleur, le brocoli, l'épinard et différentes salades tolèrent bien la mi-ombre. Les légumes-feuilles tolèrent généralement mieux l'ombre que les légumes-fruits. Le choix des variétés appropriées peut toutefois être un vrai casse-tête, car la tolérance à l'ombre n'était pas vraiment le but prioritaire de la sélection horticole. Avec des variétés fixes (non hybrides) et à pollinisation libre, et en réutilisant leurs propres semences, les maraîcher·ères et jardiniers·ères peuvent veiller à ce que la population s'adapte lentement aux conditions du site.

L'ombre portée peut aussi être maîtrisée lors du choix des ligneux. Près des platebandes, on peut ainsi privilégier des espèces à plus faible croissance (p. ex. griottier, cognassier, arbustes et haies à croissance limitée) ou des porte-greffes faibles pour les arbres fruitiers.

De plus, lors de l'aménagement, on peut garantir plus de lumière dans la parcelle en jouant sur la distance et en espaçant davantage les cultures de légumes et les cultures d'arbres. Le type de formation des arbres influencera aussi la future forme de la couronne et sa perméabilité à la lumière (Figure 7).

Paillage avec les déchets de taille

La taille des arbres et autres ligneux produit des matériaux qui peuvent être utilisés comme paillis sur les platebandes de légumes. Le paillage protège le sol, et par conséquent les légumes, de l'évaporation et contribue à long terme à la formation d'humus.

Figure 7 : Avec des porte-greffes faibles ou des espaces plus grands entre les rangées, il est possible de contrôler la lumière dans les cultures spéciales. Outre les légumes, d'autres cultures intensives sont possibles. (Source : Mareike Jäger)

Figure 8 : Il est aussi possible de cultiver des légumes dans les vergers haute-tige de plein vent traditionnels. (Source : Mareike Jäger)

Les cultures de ligneux peuvent également être utilisées pour promouvoir les auxiliaires des cultures (Figure 9) et contribuer ainsi à réduire le nombre de traitements phytosanitaires. D'un autre côté, les bandes de ligneux peuvent favoriser certains ravageurs comme les souris, les escargots et les limaces.

7.4.2 Baies

Lorsque les ligneux sont associés à la culture de baies, des structures peuvent être utilisées à la fois comme tuteurs pour les arbres et supports pour les framboisiers et ronciers, p. ex. La culture en rangées facilite en outre le travail dans les deux cultures. Certaines espèces comme les framboisiers et les ronciers sont, à l'origine, des plantes forestières qui supportent bien la mi-ombre.

Figure 9 : Une végétation ligneuse diversifiée peut favoriser les auxiliaires des cultures. (Source : Agridea)

Bibliographie

Ableidinger, Christophorus, Eva Erhart, Katharina Sandler, Bernhard Kromp et Wilfried Hartl. Merkblatt Mehrnutzungshecken. Bio Forschung Austria, 2020. https://www.bioforschung.at/wp-content/uploads/2020/03/Mehrnutzungshecke_20200321_komprimiert-.pdf.

Bastide, Inès, Maud Vinet, Benoît Vinet et Daniel Wyss. Agroforesterie en viticulture une étape vers la résilience, 2022. https://www.agroforesterie.fr/wp-content/uploads/2022/09/fr-agroforesterie-en-viticulture-print.pdf.

Bourgade, E., A. Alonso Ugaglia, V. Bustillo, T. Dufourcq, J. Grimaldi, J. Guenser, V. Montagne et L. Ranjard. VITIFOREST : Evaluation de l'impact de l'arbre agroforestier en contexte viticole. Innovations Agronomiques 79, 471-497, 2020. https://doi.org/10.15454/73RY-YQ72.

Egli, Simone, Francois Ayer, Stephan Lussi, Beatrice Senn-Irlet et Peter Baumann. Pilzschutz in der Schweiz. Ein Leitfaden für Behörden und interessierte Kreise. Eidgenössische Forschungsanstalt für Wald, Schnee und Landschaft., 1995. https://www.dora.lib4ri.ch/wsl/islandora/object/wsl%3A9161.

Gambetta, Joanna M., Bruno P. Holzapfel, Manfred Stoll et Matthias Friedel. Sunburn in Grapes: A Review. *Frontiers in Plant Science* 11 (8. Januar 2021): 604691. https://doi.org/10.3389/ fpls.2020.604691.

Guéniat, Nadine, Pascal Mayor, Alain Salzmann et Pierre-Yves Masson. Découvrir le monde mystérieux de la truffe. AGRIDEA, 2020. https://shop.agridea.ch/fr/produit/decouvrir-le-monde-mysterieux-de-la-truffe.

Lang, Carina P., Christian Zörb, Nikolaus Merkt, Christoph-Martin Geilfus, Simone Graeff-Hönninger, Judy Simon et Heinz Rennenberg. «Agroforstsysteme mit Reben Schaden/Nutzen Bäume in den Weingärten?» *Der Winzer,* Nr. 07/2021 (o. J.): 6–10.Nilles, Lisa et Christa Hirschvogel. «#17 Vitiforst-Agroforst im Weinbau mit Linnéa Hauenstein», o. J. https://www.agroforst.ch/podcast/.

Riekötter, Nicklas et Markus Hassler. «Agroforestry Systems in Wine Production-Mitigating Climate Change in the Mosel Region». *Forests* 13, Nr. 11 (24 octobre 2022): 1755. https://doi.org/10.3390/f13111755.

Scop Agroof et Arbrisseau. «Produire de la truffe en agroforesterie : pratiques traditionnelles et expérimentations dans le Sud-Est», 2018. https://arbrisseau.projet-agroforesterie.net/docs/truffes_arbrisseau_web.pdf.

Spahr, Stefan et Linda Spahr. «Ertrag und Ernte von Trüffeln», 20 mars 2024. https://www.trueffel-garten.ch/ertrag-und-ernte.html.

Spahr, Steffan. «Handout 6. Fachtagung Trüffelanbau Schweiz 2022», 2022. https://www.trufficulteurs.ch/media/files/Handout-Tagung-2022.pdf.

Tozer, Guillaume. Agrovitiforesterie La réintroduction de la biodiversité végétale dans les vignobles grâce à des pratiques viticoles ancestrales. *Revue des Œnologues,* N° 178 (janvier 2021): 18–19.

Weninger, T, S Scheper, L Lackóová, B Kitzler, K Gartner, N W King, W Cornelis, P Strauss et K Michel. Ecosystem services of tree windbreaks in rural landscapes—a systematic review. *Environmental Research Letters* 16, N° 10 (1er octobre 2021): 103002. https://doi.org/10.1088/1748-9326/ac1d0d.

Wyss, Daniel et Ines Bastide. Bäume für Vitiforst Reben und (Obst-)bäume, 2022. https://www.delinat.com/pdf/geeignete-baeume-agroforst.pdf.

8 Agroforesterie et élevage

EXEMPLE PRATIQUE PIRMIN ADLER, OBERRÜTI (AG)

Pirmin Adler (Source: Pirmin Adler)

Ligneux fourragers

1 CRÉATION

C'est en travaillant avec des cercles de travail sur l'agriculture régénérative que Pirmin Adler entend parler de l'utilisation de bois raméal fragmenté dans la litière, qui servira ensuite d'engrais de ferme. Il commence ses propres expériences en intégrant dans la litière de ses veaux des fragments de saule et de noisetier dont ils se nourrissent volontiers. Dans un deuxième temps, il intègre des fragments d'épicéa dans l'étable et constate les effets positifs des huiles essentielles sur le bien-être des animaux. Il s'intéresse alors de près aux ingrédients secondaires et teneurs en minéraux des ligneux fourragers qu'il souhaite intégrer dans ses pâturages. Plusieurs avantages importants en ressortent :

- bonne teneur du feuillage fourrager en nutriments, y compris en protéines ;
- teneur en minéraux et substances végétales secondaires ;
- impacts positifs des systèmes agroforestiers sur le microclimat ;
- promotion du bien-être animal en créant plus d'ombre et en atténuant les fortes variations de température ;
- effets positifs sur l'environnement, p.ex. impact sur le paysage, revitalisation de la parcelle (dans le sol et en surface), filtration des polluants, qualité des eaux souterraines, cycle de l'eau ;
- amélioration du cadre de travail et diversification de la production.

À l'avenir, les haies fourragères seront amenées à remplir plusieurs fonctions et à fournir différents produits. Outre le feuillage et les branchages fourragers, les principales perspectives de profit concernent la production de bois raméal fragmenté, qui vient s'intégrer dans les cycles opérationnels de l'exploitation. L'exploitation produit aussi des fruits, du bois de construction et du bois-énergie pour favoriser la diversité économique aussi bien que la biodiversité.

2 AMÉNAGEMENT

Une planification mûrement réfléchie

Pirmin a beaucoup réfléchi à ce qui comptait vraiment pour lui, que ce soit par rapport à l'exploitation des surfaces, au schéma de plantation, à la charge de travail ou au choix des espèces. Il a demandé conseil à différents interlocuteurs·trices, a adapté ses plans et a lancé la plantation un an plus tard que prévu – un temps qu'il a mis à profit pour la planification.

Disposition des bandes de culture

Lors de l'élaboration du schéma de plantation, il a tenu compte des bâtiments existants et de la mise au pâturage pratiquée jusque-là. Pirmin a testé au préalable l'espace minimal possible entre les bandes de ligneux pour que les animaux ne se sentent pas à l'étroit. Les bandes de ligneux font actuellement 2 m de large, avec 24 m de distance entre les rangées.

Avant la plantation proprement dite, des bandes semées d'engrais verts pour l'ensilage de plante entière ont permis de simuler l'aménagement du site pour tester la gestion du pâturage et améliorer la structure du sol, ce qui a ensuite grandement facilité la plantation des ligneux.

Figure 2 : Pour l'aménagement de nouvelles surfaces, Pirmin Adler prépare toujours les futures bandes de ligneux avec un engrais vert, ce qui lui permet entre autres de tester les distances.
(Source : Agridea, Lisa Nilles ; Thomas Alföldi FIBL)

Choix des espèces pour leur fonction et le bien-être animal

Avant la plantation, Pirmin Adler a également testé l'acceptation du fourrage ligneux par ses bêtes et s'est basé sur les espèces végétales naturellement présentes aux alentours. Le choix des espèces poursuit différents objectifs : symbiose avec les champignons du sol (p. ex. charme), fixation de l'azote (aulne), feuillus à système racinaire mixte qui s'étend largement dans le sol, espèces riches en précieuses substances végétales secondaires (p. ex. saule, sorbier), périodes de floraison différentes. La floraison des différents ligneux s'étend sur 5 mois en tout.

Types d'exploitation et système de blocs

Pour une exploitation la plus rationnelle possible, Pirmin a misé sur des systèmes permettant une bonne mécanisation, notamment des haies taillées et recépées, complétées par des arbres haute-tige et en têtard, pour obtenir un maximum d'étages sur le plan vertical. Il a en revanche renoncé aux haies et arbres d'émonde, qui demandent plus de travail.

Les espèces choisies doivent fournir un maximum de feuillage fourrager et de bois fragmenté tout en supportant bien la taille.

Les haies recépées sur deux rangées sont régulièrement rabattues près du sol (à env. 20 à 50 cm de hauteur), en alternance (toujours d'un seul côté). L'objectif premier de l'opération est la récolte de bois raméal fragmenté et de feuillages et branchages fourragers. Sur les haies taillées, la récolte se fait avec un taille-haie manuel ou monté sur tracteur. Les brindilles sont séchées sur champ avec l'herbe fauchée, puis transportées jusqu'à la grange ventilée. La récolte du feuillage et des brindilles est alors la priorité. L'exploitation s'étend sur toute la période de végétation, avec une taille précoce qui favorise une deuxième feuillaison, ou une taille plus tardive qui stimule la formation de nouvelles branches. Haies et arbres en têtard sont rabattus sur le vieux bois à plusieurs années d'intervalle, principalement pour récolter du bois raméal fragmenté.

Figure 3 : Pour une exploitation efficace, la haie recépée a été aménagée sur deux rangées. (Source : Pirmin Adler)

Figure 4 : Les haies taillées ont été associées à des arbres haute-tige sur une seule rangée. (Source : Pirmin Adler)

Figure 5 : Les espèces de ligneux sont regroupées en blocs. (Source : Agridea, Lisa Nilles)

Le pâturage direct par les animaux est aussi envisagé, car il stimule la croissance des bourgeons.

Les espèces ont été plantées en blocs, ce qui réduit la concurrence (pour les nutriments) au sein des espèces. L'exploitation s'en trouve aussi facilitée, par exemple quand tous les végétaux peuvent être recépés en même temps ou quand le pâturage peut se faire selon les espèces et leur période de maturité.

Pour prévenir les infestations de petits rongeurs, le pâturage a été intensifié avant la plantation, des structures de types tas de pierres, tas de branches et perchoirs ont été installées dès le départ et l'herbe a été maintenue la plus basse possible, y compris entre les ligneux.

Commercialisation

L'exploitation commercialise sa viande en vente directe et la communication autour de son système agroforestier est un argument important pour fidéliser la clientèle. Les client·es s'intéressent activement au système et participent même à la plantation. À l'avenir, la communication va être renforcée pour mettre en avant ce système unique, notamment avec des panneaux d'information.

« Je veux créer une oasis de bien-être pour les animaux et les humains, et encourager la résilience. »

Figures 6 : Lors de la plantation, Pirmin a pu compter sur ses clients et clientes et de nombreuses autres personnes pour l'aider. (Source : Pirmin Adler)

3 DIFFICULTÉS RENCONTRÉES

Un long travail de planification

L'étape de la planification a demandé beaucoup de travail, car les premières idées étaient déjà très fouillées. Ces plans initiaux ont ensuite été adaptés après différentes consultations. Mais ces efforts ont été payants.

Un domaine de connaissances encore inexploré

Comment choisir les ligneux ? Quels sont les systèmes d'exploitation possibles pour les arbustes fourragers ? Comment planter, entretenir et récolter les ligneux et quelle est leur valeur nutritive ? Voilà autant de questions à peine effleurées dans le système de connaissances agricoles. Il a fallu recueillir nous-mêmes toutes ces informations.

Charge de travail supplémentaire et moindre efficacité d'utilisation de la surface

La formation, la taille, la nouvelle gestion du pâturage, la pose de clôtures autour des bandes de ligneux et la prévention contre les rongeurs demandent beaucoup plus de temps que dans une pâture classique.

Au départ, l'efficacité d'utilisation de la surface diminue, car il faut désormais contourner les structures avec les machines. Il faut notamment en tenir compte si on veut installer un système de tuyaux d'épandage sur l'exploitation. Il faut quelques années avant d'obtenir des effets visibles et de récolter les produits des rangées de ligneux.

Financement

Le financement a demandé des efforts actifs avec l'utilisation de différentes sources (prix d'encouragement, initiatives locales). Le fait de s'y prendre suffisamment tôt a été essentiel.

4 PARTICULARITÉS DU SYSTÈME AGROFORESTIER

- Grande diversité des espèces de ligneux, des types d'exploitation et des fonctions
- Plantation en blocs pour minimiser la concurrence pour les nutriments et faciliter la récolte et l'entretien
- Richesse en substances végétales secondaires bénéfique pour la santé des animaux
- Périodes de floraison étalées dans le temps

5 CONSEILS

- Testez tout ce que vous pouvez tester à l'avance ! Par exemple :
  - utilisation de BRF dans la litière profonde
  - présentation de différents feuillages fourragers aux animaux pour tester l'acceptation
  - pâturage de haies naturelles
  - aménagement des « bandes de ligneux » d'abord avec des engrais verts « test »
- Vérifiez quelles espèces de ligneux poussent naturellement autour de votre site.
- Essayez de vous faire une idée claire de la charge de travail impliquée :
  - Qu'est-ce qui est réalisable pour moi/l'exploitation ?

  Est-il plus judicieux de renoncer à un système qui exige beaucoup d'entretien au profit d'une option plus extensive ?
  - Définissez les produits principaux et accessoires puis organisez-vous en conséquence :

    Produits principaux : feuillages et branchages fourragers, BRF pour valoriser l'engrais de ferme. Produits accessoires : fruits (sauvages) pour l'écologie et l'alimentation humaine.
- Faites-vous bien conseiller.

Figure 7 : Dans un système agroforestier, humains comme animaux doivent se sentir bien. (Source : Thomas Alföldi, FiBL)

PORTRAIT DE L'EXPLOITATION

SUPERFICIE : 22 ha

VENTE DIRECTE

vaches allaitantes limousines : 40 UGB
poulets de Bresse élevés en plein air
maïs 2 ha
avoine 0,5 ha
haies SPB QII
prairie naturelle 3,5 ha
pâturages fauchés 6,5 ha
prairie artificielle 4 ha
grandes cultures 2,5 ha
pâturage/prairie écologique 3,5 ha

Nombreuses petites structures telles que tas de branches, de bois, de pierres, de sable et groupes de buissons épineux.
À l'avenir, l'exploitation intégrera plus de grandes cultures (comme les légumineuses à grains) et réduira encore son cheptel.

NOMBRE ET ESPÈCES/VARIÉTÉS DE LIGNEUX

ARBRES (~ 150)

FRUITIERS SAUVAGES : sorbier domestique, merisier, pommier sauvage, poirier sauvage, sorbier des oiseleurs, alisier torminal, mûrier

FRUITIERS : culture extensive : variétés de pommes, poires, quetsches et un peu de figues

FEUILLUS : tilleul à grandes feuilles, orme champêtre, aulne blanc, érable champêtre, érable plane, chêne pédonculé, bouleau blanc, hêtre commun

ARBUSTES (~ 1700)

HAIES RECÉPÉES : sorbier des oiseleurs, tremble, érable champêtre, noisetier, saules (des vanniers, blanc, pruineux, marsault)

HAIES TAILLÉES : charme, hêtre commun, érable champêtre, frêne, noisetier

EXPLOITATION DE LA FAMILLE MEYSTRE, OGENS (VG)

Logo de l'exploitation (Source : Agridea)

1 CRÉATION

Afin de respecter les normes de Bio Suisse dans nos enclos pour 2 x 2000 poules pondeuses, nous devions planter des arbres sur 50 % de la surface de pâturage. Après avoir décidé de peupler toute la surface (1 ha par enclos), nous avons procédé à la plantation en 2021, dans le cadre du projet intercantonal « Agrofesterie ». L'objectif était d'offrir aux poules suffisamment d'ombre, des structures guides, ainsi que des zones de couvert pour les motiver à utiliser toute la surface à leur disposition.

Figure 2 (en haut à droite) : Les poules pondeuses dans leur enclos aménagé pour le mauvais temps (Source : Johanna Schoop, Agridea)
Figure 3 (ci-contre) : Le bain de sable des poules pondeuses de la ferme Meystre (Source : Jean-Marc Meystre)
Figure 4 (ci-dessus) : Le parcours herbeux planté d'arbres de la famille Meystre (Source : Jean-Marc Meystre)

Figure 6 : Saules servant de structures guides (Source : Johanna Schoop, Agridea)
Figure 5 : Des tôles partiellement enterrées et une clôture électrifiée protègent les poules des intrus.
(Source : Johanna Schoop, Agridea)

2 AMÉNAGEMENT

Les deux pâtures des volailles ont été peuplées de structures guides (5 éléments espacés de 10 m par enclos) composées d'arbustes indigènes, de 60 arbres haute-tige et de groupes de buissons. En attendant que les structures ligneuses offrent suffisamment d'ombre et de couvert, des abris mobiles sont aussi proposés.

Les pâtures ont été clôturées de l'extérieur avec un grillage et des tôles en acier partiellement enterrées, plus un fil électrifié, pour éviter que des animaux sauvages n'y pénètrent.

Devant les hangars abritant les poulaillers, à côté de l'enclos pour le mauvais temps, les structures guides sont composées d'espèces comme le cornouiller mâle, le saule, le noisetier et l'aronie, et les groupes de buissons intègrent des amélanchiers, des sureaux noirs, des sophoras du Japon et des caseilliers.

Figure 7 : Grillage de protection de la couche herbeuse et des racines (Source : Giotto Roberti, Agroscope)

Figure 8 : Arbustes avec leur manchon de protection après la plantation (Source : Giotto Roberti, Agroscope)

Figure 9 : Protection contre les dégâts des bovins (Source : Johanna Schoop, Agridea)

Figure 10 : Protection supplémentaire du tronc (Source : Johanna Schoop, Agridea)

Des arbres haute-tige – tilleuls à grandes feuilles, châtaigniers, noyers, mûriers blancs, sophoras du Japon et divers fruitiers (pommiers, pruniers, quetschiers, cerisiers, cognassiers) – ont été plantés au fond des pâtures.

Au printemps, les surfaces sont fauchées deux jours avant de lâcher les poules à l'extérieur. Pour éviter que le grattage des poules n'endommage la couche herbeuse ou les racines des arbustes, le sol autour des structures guides a été couvert de grillage et les troncs dotés de manchons de protection.

La surface étant aussi partiellement utilisée pour faire pâturer des vaches ou des moutons, les arbres doivent être protégés en conséquence. Ils ont donc été entourés de planches et dotés d'un manchon supplémentaire.

3 DIFFICULTÉS RENCONTRÉES

L'organisation structurelle d'une pâture pour volaille doit être soigneusement pensée et planifiée. La charge de travail ne doit pas être sous-estimée. Nous avons consacré de nombreuses heures à la plantation, et surtout à la protection des arbres et de la couche herbeuse. Les deux derniers étés particulièrement chauds ont aussi demandé beaucoup de temps pour l'arrosage.

Le choix des espèces de ligneux a également été délicat. Nous voulions le plus possible privilégier des arbres nous permettant de récolter des fruits pour notre consommation personnelle, à condition de ne pas être toxiques pour les animaux.

4 PARTICULARITÉS DU SYSTÈME AGROFORESTIER

L'agroforesterie dans l'élevage avicole n'est pas encore très répandue en Suisse. De ce seul fait, notre système est déjà particulier. Ce qui l'est aussi, c'est que les collaborateurs qui travaillent sur l'exploitation sont polyvalents et que chacun sait un peu tout faire. Si l'un d'eux n'est pas là, un autre peut facilement le remplacer. Cela n'est peut-être pas spécifique à notre système agroforestier, mais c'est un gros avantage.

CONSEILS

Je suis plutôt satisfait de la mise en œuvre de notre système et je referais la plupart des choses de la même façon si je devais repartir de zéro. Je repenserais juste le choix des arbustes pour les structures guides et je ne garderais que des espèces à croissance rapide pour créer plus vite assez d'ombre.

J'ai dû remplacer certains des arbres haute-tige et j'ai racheté des sujets un peu plus âgés, ce qui était vraiment une bonne idée. Si je devais tout replanter, je choisirais exclusivement des arbres un peu plus âgés.

PORTRAIT DE L'EXPLOITATION

EXPLOITATION MIXTE

GRANDES CULTURES :	blé panifiable et fourrager
	maïs-grain
	tournesol
	soja
	lupin
	divers oléagineux
	prairie artificielle 23 %
ÉLEVAGE :	30 Angus (vaches allaitantes et taureau)
	5 moutons
	2 chevaux
VENTE DIRECTE :	3 personnes à temps plein et 1 à mi-temps
	travailleurs saisonniers en saison

8.2 Mise en œuvre de l'agroforesterie d'élevage

Autrefois, les pâturages boisés étaient chose courante : on amenait le bétail dans les bois pour qu'il y trouve lui-même sa nourriture. Les feuilles et les jeunes rameaux étaient aussi récoltés de manière ciblée et donnés, frais ou après séchage, en fourrage aux caprins, ovins ou bovins. Cela permettait aux animaux de passer l'hiver. Si le pâturage boisé traditionnel est aujourd'hui interdit en Suisse, les haies fourragères et/ou le feuillage fourrager connaissent une sorte de renaissance. L'aménagement de parcours herbeux pour volaille avec des structures ligneuses rencontre aussi un intérêt croissant.

8.2.1 Ruminants

À l'état sauvage, les herbivores se nourrissent d'un mélange de graminées, d'herbacées et de ligneux. L'intérêt des caprins pour la végétation ligneuse est largement connu mais les bovins aussi consomment volontiers des feuilles et de jeunes rameaux quand ils en ont l'occasion. Selon la littérature, les feuilles et les rameaux frais peuvent couvrir jusqu'à 60 % de la base de l'alimentation des caprins, jusqu'à 20 % de celle des ovins et jusqu'à 10 % environ de celle des bovins. Des relevés scientifiques réalisés en France indiquent des taux parfois encore plus élevés. En pratique, la proportion de ligneux dans les rations des animaux pâturant sur des terrains buissonneux était de l'ordre de 70 à 100 % chez les chèvres laitières, 20 à 60 % chez les brebis et 10 à 30 % chez les bovins de race laitière. Les animaux consomment les feuilles, les jeunes rameaux, les fleurs et les fruits, mais pas le bois. Le grand gibier d'élevage se nourrit aussi volontiers de branches et de rameaux pour compléter son alimentation et pour s'occuper.

Les feuillages et branchages fourragers constituaient l'alimentation d'origine des animaux d'élevage en hiver et ont contribué, entre autres facteurs, à la sédentarisation des humains. Autrefois, le feuillage vert, récolté sélectivement en été, du merisier *(Prunus avium),* du sorbier des oiseleurs *(Sorbus aucuparia),* du cerisier de Sainte-Lucie *(Prunus mahaleb),* ainsi que les rameaux feuillus taillés du cerisier cultivé et de l'abricotier, étaient mis à sécher. Leurs feuilles mortes récoltées à l'automne étaient utilisées comme vermifuge. Les conifères comme le sapin blanc *(Abies alba),* l'épicéa *(Picea abies),* le mélèze commun *(Larix decidua),* les pins (*Pinus* sp.), le pin cembro *(Pinus cembra)* et certains genévriers (à savoir *Juniperus communis* et *J. nana*), étaient aussi réputés pour leurs propriétés vermifuges. D'une manière générale, on considère que, sur le plan qualitatif, 125 kg de feuillage fourrager correspondent à environ 100 kg de foin de prairie standard, en sachant que les feuillages et branchages printaniers sont très riches en protéines brutes comme en protéines facilement digestibles, extractifs non azotés et sels minéraux – bien plus que le feuillage estival ou automnal. Les teneurs en nutriments sont maximales dans les feuilles et décroissent dans les branchages depuis les pétioles. Comme l'herbe fauchée, les ligneux taillés voient leur composition structurelle se modifier.

Les branchages d'automne sont encore plus riches en nutriments et, dans des conditions optimales, leur valeur nutritive dépasse celle du meilleur foin de prairie. Le feuillage des marronniers d'Inde et des ormes a ainsi une valeur nutritive comparable à la luzerne en vert. De tous les ligneux, le sureau noir et le sureau à grappes *(Sambucus nigra, S. racemosa)* offrent la composition la plus intéressante tout au long de l'année. Leur feuillage est considéré comme « guérisseur ». Les feuilles du pommier sont aussi jugées très nourrissantes. Grâce à leurs bonnes valeurs nutritives, le frêne, l'orme et l'érable champêtre sont considérés comme les arbres « à masse fourragère élevée », offrant le feuillage le plus digeste tout en étant facilement exploitables.

Des arbustes comme le noisetier *(Corylus avellana)*, le nerprun *(Rhamnus cathartica)*, l'aulne vert *(Alnus viridis)*, les rosiers sauvages (*Rosa* sp.), les saules (*Salix* sp.), les cornouillers (*Cornus* sp.) ou l'amélanchier *(Amelanchier ovalis)* ont aussi été exploités comme fourrage. Le noisetier, le peuplier et l'aulne étaient exclusivement taillés au printemps pour des questions de santé animale.

Les tableaux 1 et 2 donnent des exemples d'espèces présentes en Suisse ayant des valeurs nutritives intéressantes pour les ruminants. Ces valeurs ont été mesurées en France, en août, entre 2014 et 2017 (valeurs médianes par espèce).

Espèce	n	MS	MM	MAT	NDF	ADF	ADL	TANc	DIGz
		g/kg MB	g/kg MS	g/kg MS	g/kg MS	g/kg MS	g/kg MS	g/kg MS	%
Mûrier blanc	17	365	144	153	274	132	37	2	83,6
Érable sycomore/ érable champêtre	12, 4	398, 494	75, 68	129, 133	387, 412	213, 200	93, 80	21, 19	63,8; 60,0
Châtaignier	9	413	48	136	405	240	78	3	64,3
Frêne	31	396	90	141	361	231	98	2	72,2
Saule marsault	5	407	79	160	319	165	77	39	74,4
Tilleul à grandes feuilles	11	335	119	161	406	190	76	26	59,8
Noisetier	9	443	69	142	458	239	120	72	51,7
Orme champêtre	12	386	125	124	393	139	45	39	59,2
Aulne commun/ aulne de Corse	7, 14	349, 387	56, 63	189, 171	446, 423	286, 292	158, 195	13, 13	64,9; 62,8
Prunelier	3	456	85	160	298	147	79	24	84,0
Sureau	2	257	129	192	253	157	58	5	82,6
Framboisier	2	301	101	211	476	243	46	4	69,7
Vigne	25	296	63	112	343	269	185	69	64,5

Tableau 1 : Composition chimique (g/kg MS) et digestibilité enzymatique *in vitro* du feuillage (Source : Agridea, adapté de Novack et al. 2020)

Tableau 2 : Composition en minéraux du feuillage (Source : Agridea, adapté de Novack et al. 2020)

Espèce		Macro-éléments	Macro-éléments	Macro-éléments	Macro-éléments	Macro-éléments	Oligo-éléments	Oligo-éléments	Oligo-éléments	Oligo-éléments
	n	P	Ca	Mg	Na	K	Cu	Fe	Mn	Zn
		g/kg MS	g/kg MS	g/kg MS	g/kg MS	g/kg MS	mg/kg MS	mg/kg MS	mg/kg MS	mg/kg MS
Mûrier blanc	14	2,42	31,35	2,99	0,10	23,7	4,5	65.8	27,5	22,7
Érable sycomore/ érable champêtre	12, 2	1,84; 1,86	14,85; 10,70	1,99; 2,86	0,11; 0,05	12,3; 12,4	7,1; 7,6	77,8; 133,0	108,7; 507,0	27,6; 70,3
Châtaignier	6	1,85	6,11	2,28	0,16	12,0	7,9	61,1	275,5	29,4
Frêne	26	1,76	20,10	3,24	0,09	15,6	7,7	84,7	32,9	15,5
Saule marsault	5	3,54	15,40	1,50	0,12	17,6	6,6	77,0	77,2	200
Tilleul à grandes feuilles	9	3,11	31,60	4,25	0,19	14,0	7,8	92,5	36,5	18,0
Noisetier	6	2,07	13,65	2,97	0,17	14,4	5,8	79,1	206,6	17,8
Orme champêtre	12	3,06	20,90	2,66	0,29	14,8	4,7	136,5	46,7	16,1
Aulne commun/ aulne de Corse	5, 12	1,91; 1,37	14,90; 15,60	3,12; 1,76	0,15; 0,26	6,2; 11,9	8.4; 6,9	102,0; 78,2	135,0; 205,5	43,9; 30,4
Prunelier	2	1,38	10,97	2,16	0,19	32,2	4,8	200,0	144,5	19,7
Sureau	2	2,67	18,65	8,15	0,10	35,1	4,6	91,3	94,5	41,9
Framboisier	2	2,19	12,80	4,83	0,13	31,9	5,6	170,0	43,4	17,1
Vigne	15	2,09	13,40	2,51	0,15	16,1	5,3	101,1	152,0	30,8

8.2.2 Exploitation fourragère des arbres et arbustes dans l'agriculture moderne

Les élevages de ruminants sont fortement impactés par le changement climatique. La croissance de l'herbe varie fortement au cours de la saison de pâturage et peut cesser en cas de sécheresse. De plus, en été, les animaux doivent parfois supporter des températures très chaudes. Dans ces conditions, les exploitant·es doivent trouver des solutions pour continuer à garantir le bien-être des animaux, la production de fourrage vert et le pâturage. Les arbres et arbustes fourragers sont une piste envisageable. Source complémentaire de minéraux et de fourrage vert, ils offrent aussi une protection contre l'érosion, augmentent les substances organiques et régulent le cycle de l'eau dans le sol. Grâce à leurs racines profondes, les arbres et les arbustes peuvent mieux résister à la sécheresse. Ils offrent aussi une protection aux animaux, en particulier en cas de forte chaleur ou de vent. L'exploitation des arbres et arbustes comme fourrage n'est pas nouvelle et était très répandue autrefois.

Elle doit néanmoins être adaptée aux systèmes d'élevage modernes et au cadre réglementaire. Contrairement aux haies de biodiversité, pour l'Office fédéral de l'agriculture (OFAG), les haies fourragères constituent des structures productives dans les prairies et pâturages permanents (plus d'informations sur le cadre légal au point 8.2.3 « Aménagement et exploitation »)

Effets positifs sur la qualité du lait

Le lait de chèvres recevant une ration de fourrage principalement à base de ligneux est plus riche en acides gras insaturés et en oméga 3 que celui de chèvres nourries exclusivement d'herbe pâturée.

Effets positifs sur les valeurs nutritives de l'herbe

La présence d'arbres et arbustes fourragers dans une prairie influence aussi la croissance de l'herbe et ses valeurs nutritives : dans les systèmes agroforestiers, l'herbe présente une teneur plus élevée en matières azotées totales (protéines brutes) au fil de l'été et, surtout aux stades plus tardifs, une meilleure digestibilité.

Promotion du bien-être et des performances des animaux

Les animaux qui préfèrent rester à l'étable lors de fortes chaleurs persistantes signalent clairement qu'ils souffrent de ces périodes. Le microclimat plus agréable des systèmes agroforestiers augmente de manière prouvée le bien-être animal. Pendant les heures les plus chaudes de la journée, il peut y faire jusqu'à 6 °C de moins que dans un système de référence sans arbres. La nuit également, la parcelle en agroforesterie se refroidit moins.

Les haies jouent aussi un rôle de coupe-vent. Une « haie brise-vent » ralentit la vitesse du vent sur une distance équivalant à 15 à 20 fois sa hauteur. En conséquence, les animaux ont besoin de moins d'énergie pour réguler leur température, ce qui se répercute positivement sur la production de lait et la croissance des animaux.

Effet sur les émissions de gaz à effet de serre liées à l'élevage

Les expériences de fermentation *in vitro* montrent que certaines espèces d'arbres fourragers comme l'aulne vert ont la capacité d'inhiber la formation de méthane dans le tractus digestif des animaux d'élevage, et de la réduire par rapport au ray-grass anglais utilisé comme référence. Les feuilles riches en tanins du noisetier, présentées en remplacement de la luzerne, réduisent également les émissions de méthane des vaches laitières. Cette réduction des émissions a été observée chez des vaches en milieu et en fin de lactation ayant reçu en supplément du fourrage grossier et des aliments concentrés. Plus la proportion de feuilles de noisetiers dans la ration journalière était élevée (400 g/kg MS), plus cet effet était prononcé. Cette ration n'entraînait pas de baisse de la production laitière et les feuilles étaient bien acceptées par les vaches.

Une étude récente a évalué la composition des feuilles d'aulne vert (*Alnus viridis*), la digestibilité de la matière organique (dMO) et les émissions de gaz qui en dépendent, pendant deux étés, sur quatre sites subalpins. La haute teneur en protéines brutes (PB) ainsi qu'en macro- et microéléments des feuilles de *A. viridis* met en évidence leur intérêt comme aliment complémentaire pour les races bovines robustes. D'importantes variations saisonnières de la composition chimique des feuilles ont été constatées. Le début de l'été en particulier (juin et juillet) semble la meilleure période pour pâturer les feuilles de *A. viridis*, car c'est à ce moment que leurs valeurs nutritives, de même que leur pouvoir de réduction des émissions de gaz à effet de serre, sont le plus élevées.

8.2.3 Aménagement et exploitation

Les structures ligneuses peuvent être exploitées de différentes manières, selon l'utilisation recherchée. Avant de planter des ligneux fourragers, on vérifiera toutefois auprès du service cantonal de l'agriculture comment leur aménagement est régi dans le canton concerné. Il n'existe pas encore de réglementation pour l'ensemble de la Suisse. La plantation d'arbres et de haies doit être suffisamment anticipée pour disposer d'une source supplémentaire de nourriture dans les années à venir et parer à d'éventuelles pénuries de nourriture en été.

Figure 1 : Bovins en train de pâturer une haie fourragère (Source : Jean-Yves Billaud)

Types d'utilisation

Voici un aperçu des principaux types d'utilisations :

Le pâturage sur pied

Les animaux pâturent directement les arbres et les arbustes, comme illustré Figure 1. Dans ce cas, il est important de réguler la pression de pâturage afin de ne pas surexploiter les arbres. La consommation directe des haies par les bovins en pâturage tournant semble bien fonctionner, selon les premières observations provenant du système OasYs. OasYs est un système bovin laitier agroécologique, conçu dans le cadre d'une approche collaborative et mis en place comme un système expérimental à l'échelle d'une exploitation par l'INRAE en France. Le pâturage permanent par des génisses ou des vaches taries semble plus problématique, car il favorise les dommages aux arbres et une érosion du sol autour des troncs.

L'affouragement en vert

Les branchages des arbres et arbustes sont « récoltés » et proposés aux animaux sur place ou à la mangeoire. Les branchages débarrassés de leurs feuilles peuvent ensuite être utilisés pour la production de bois raméal fragmenté (BRF) ou comme bois de chauffage.

- Pâturage direct des branches au sol : des pertes de fourrage sont possibles si certaines branches sont piétinées.
- Distribution à la mangeoire : cette méthode représenterait la meilleure méthode de valorisation des arbres selon les premières expériences faites en France, avec la consommation de près de 100 % des feuilles.

Le séchage

Les branches et rameaux peuvent aussi être séchés et entreposés comme fourrage d'hiver. Ils seront alors :

- soit coupés, mis en fagots et mis à sécher à la verticale,
- soit coupés, stockés et mis à sécher dans la grange avec le foin, en couche supérieure,
- soit répartis sur l'herbe déjà fauchée, puis, dans un deuxième temps, rentrés à la grange en même temps que l'herbe et aérés jusqu'à séchage complet.

Dans les deux derniers cas, le feuillage fourrager est ensuite proposé aux animaux avec le foin.

Formation

Pour le pâturage sur pied, les structures ligneuses doivent être à la portée des animaux. Elles peuvent être conduites en têtard bas (env. 1 m de haut) ou recépées (taille très près du sol). Pour l'affouragement en vert, les arbres sont formés en têtard haut (2 m ou plus), pour que le feuillage soit hors d'atteinte des animaux.

Figure 2 : La récolte du fourrage sur les haies peut aussi être mécanisée. (Source : Pirmin Adler)

Recépage

Les jeunes plants sont recépés une première fois (première taille) lorsqu'ils ont 2 ou 3 ans, ou l'année suivant la plantation (taillis à très courte rotation, TTCR). La taille se fait en automne ou en hiver à environ 10 cm du sol. Les rejets vont repartir de la souche, comme le montre la Figure 3. Les arbustes pourront ensuite être pâturés au plus tôt après un an. Le pâturage se fait idéalement en fin d'été. Une nouvelle taille est recommandée après le pâturage. La fréquence de pâturage doit permettre aux arbustes de se régénérer entretemps. En général, cette fréquence est de l'ordre de tous les 2 à 3 ans (selon les espèces de ligneux).

Têtards

Le têtard est formé à partir d'un jeune arbre dont le tronc est le plus droit possible, dès que celui-ci atteint un diamètre de 5 à 15 cm (selon les espèces). La couronne est coupée à la hauteur souhaitée (étêtage) et les rejets latéraux sont supprimés. Le jeune arbre ressemble alors à un poteau. Au printemps, les rejets latéraux sont supprimés pour ne garder que la couronne (voir Figure 4). Selon que l'on souhaite former l'arbre en têtard bas ou haut, la première taille se fait à 1–1,5 m de hauteur ou à 2 m ou plus. Il faut ensuite déterminer la fréquence de taille.

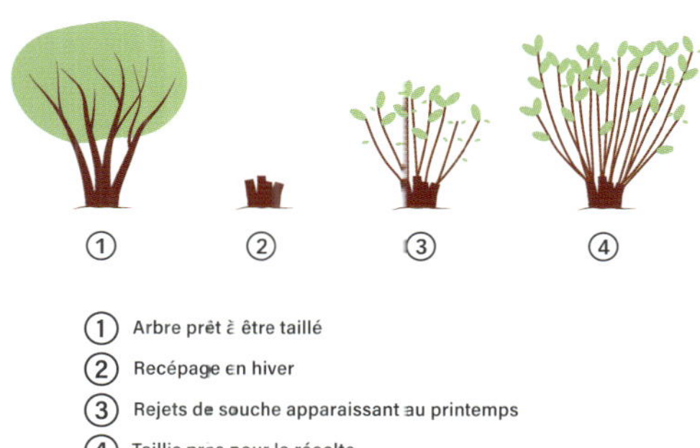

Figure 3 : Principe du recépage (Source : Agridea, adapté de www.wikiwand.com/fr/Taillis)

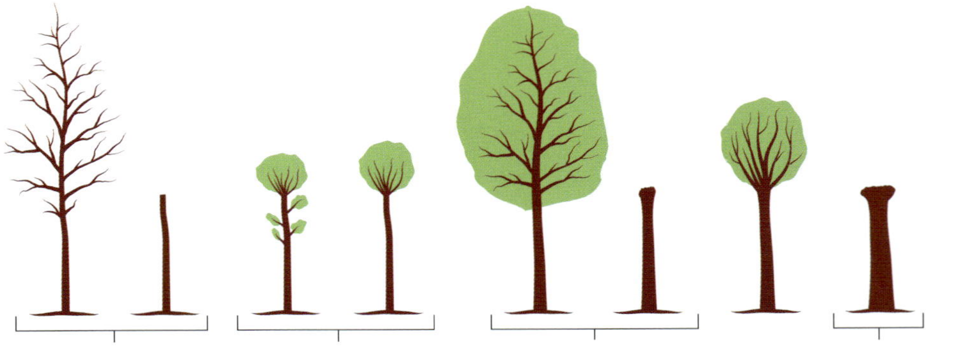

Figure 4 : Formation et entretien d'un arbre en têtard (Source : Agridea, adapté de « Les trognes, l'arbre paysan aux milles usages » – Dominique Mansion)

Agencement

En règle générale, les arbres et arbustes sont plantés dans la pâture en rangées simples ou doubles, avec des accès réguliers (voir Figures 5 et 6). Une disposition en blocs est aussi possible. Les espaces entre les rangées doivent être choisis pour permettre la bonne circulation des animaux. Des passages trop étroits ou des distances trop rapprochées entre les rangées peuvent entraîner une surutilisation et, parfois, plus de combats de rang hiérarchique au sein du troupeau.

L'agencement des arbres et arbustes fourragers doit permettre :

- aux animaux d'accéder librement à toutes les structures prévues pour le pâturage ;
- aux animaux de circuler facilement dans la pâture sans provoquer d'érosion à cause d'une surutilisation ou de passages trop étroits ;
- aux machines nécessaires pour la taille et l'entretien de passer au besoin ;
- de poser des clôtures si nécessaire, p. ex. pour diviser la pâture ou empêcher provisoirement les animaux d'accéder à une zone donnée ;
- à la végétation de bien se développer pour que le sol soit toujours couvert.

Il est important de veiller à trouver la juste proportion de structures ligneuses pour la parcelle. L'agencement et l'orientation des structures doivent être adaptés au site, en tenant compte de la pente, des risques d'érosion, du vent dominant, de la sécheresse et de l'ombre portée.

Les rangées doubles offrent l'avantage de permettre de clôturer une rangée à la fois et de limiter l'accès des animaux à un seul côté, ce qui peut faciliter la gestion du pâturage. Il est aussi possible d'organiser les ligneux en blocs d'environ 10 m de long et de les regrouper par espèce. Cet agencement a l'avantage de permettre de recéper ou de former de toute autre manière l'ensemble du bloc lors de la récolte du fourrage, sans devoir jongler entre différentes méthodes de formation. Les préférences des animaux font que, lors du pâturage des structures, certaines espèces peuvent être consommées jusqu'à la dernière feuille tandis que d'autres restent intactes. Quand une seule espèce de ligneux est disponible à un moment donné, l'agencement en bloc permet de mieux contrôler le prélèvement par les animaux grâce à la pose de clôtures.

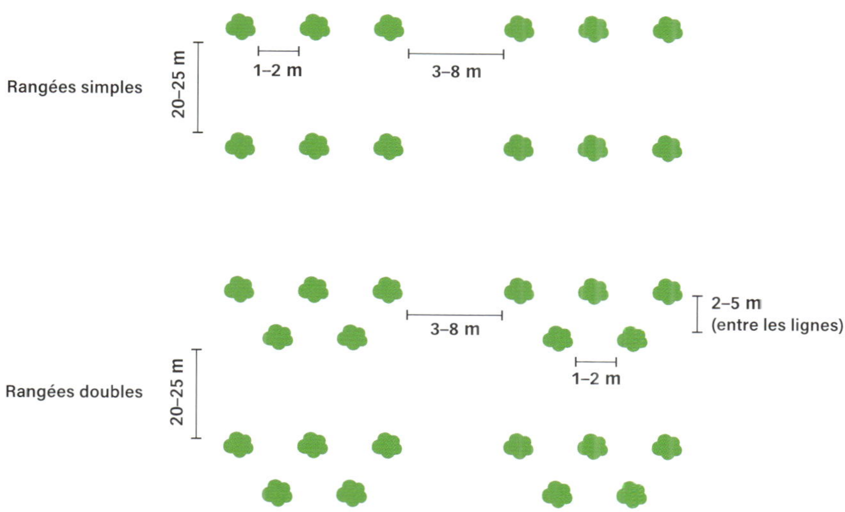

Figure 5 : Exemples d'agencement des ligneux fourragers (Source : Agridea)

Figure 6 : Exemple d'agencement des ligneux fourragers (Source : Thomas Alföldi, FiBL)

8.2.4 Choix des espèces de ligneux

De nombreuses espèces d'arbres et d'arbustes peuvent être utilisées comme source de fourrage. Le choix des espèces dépend :

- des conditions locales (climat, type de sol). On privilégiera les espèces indigènes adaptées à la région.
- de leurs valeurs nutritives. Le choix des arbres et arbustes doit être adapté aux besoins des animaux.
- de la palatabilité du fourrage. On observera le comportement des animaux pour sélectionner les espèces les plus attrayantes.
- de la tolérance. Certaines espèces de ligneux sont inadaptées, voire toxiques, pour certaines espèces animales, mais inoffensives pour d'autres.

Les plants des espèces indigènes peuvent généralement être achetés auprès des pépinières forestières cantonales ou de pépinières privées. Les jeunes plants de saules, en particulier, peuvent être obtenus par bouturage. Parmi les espèces de feuillus intéressantes pour une exploitation fourragère, citons par exemple le mûrier blanc *(Morus alba)*, les saules *(Salix sp.)* ou encore le sureau *(Sambucus nigra)*. D'autres espèces adaptées sont énumérées sur www.haupt.ch/agroforst. Les espèces indigènes figurant dans cette liste ont des propriétés fourragères intéressantes et ont généralement une faible toxicité. Il est toutefois recommandé de vérifier ce point avant la plantation des arbres ou arbustes fourragers en fonction des animaux présents sur l'exploitation (les chevaux sont par exemple plus sensibles que les bovins ou les petits ruminants). Le problème d'une toxicité plus importante se pose surtout dans le contexte des pâturages boisés, car il est alors impossible de contrôler les espèces végétales consommées par les animaux.

8.2.5 Aviculture

Les bois et leur lisière sont l'habitat naturel des poules. C'est pourquoi elles se sentent en sécurité dans un parcours peuplé d'arbres et de buissons, qui répond bien à leurs besoins. Les oies, les canards et les dindes aussi se sentent bien sous les arbres et les arbustes.

Structurer un parcours herbeux pour volailles avec des ligneux

Un parcours bien structuré protège les volailles des prédateurs, ce qui réduit le stress et les pertes d'animaux. Les animaux se sentent plus en sécurité grâce aux structures ligneuses et utilisent de ce fait une plus grande partie de l'espace à leur disposition. Par conséquent, la couche herbeuse est moins sollicitée et la pression des microorganismes et des parasites dans les zones du parcours proches des poulaillers est moindre. Une utilisation homogène de l'espace garantit aussi une meilleure répartition des excréments sur toute la surface. De plus, les ligneux offrent d'autres possibilités d'exploitation comme la production de broyat (bois raméal fragmenté), de bois d'œuvre ou de fruits destinés à la transformation. Ils protègent aussi le sol de l'érosion, réduisent le lessivage des nutriments et stockent le carbone (voir 1.2 « Avantages des systèmes agroforestiers » et 9.5 « Valorisation des performances environnementales »).

Planification et aménagement

La mise en place de la végétation dans un parcours pour volailles doit être soigneusement pensée. Tout projet de plantation doit tenir compte de la situation topographique et climatique, ainsi que des facteurs limitants liés au site, aux objectifs d'exploitation, au financement et à la main d'œuvre disponible. La plantation, la protection des végétaux et, au début, leur arrosage éventuel, exigent un temps considérable. Le parcours idéal protège le poulailler et les volailles du vent, offre 30 à 40 % de surface ombragée répartie sur l'ensemble du parcours, favorise la biodiversité, couvre le sol, offre des abris aux animaux et s'intègre harmonieusement dans le paysage.

Figure 7 : Représentation schématique d'un parcours herbeux végétalisé pour volaille (Source : Agridea, adapté du CASDAR)

Avant de planifier la plantation d'un parcours herbeux pour volaille, il est important de bien discerner les différents espaces mis à la disposition des animaux (voir Figure 7) : le poulailler, la zone proche des points d'accès au parcours, la zone intermédiaire et le fond de la parcelle (voir Figure 8). Il n'y a pas de modèle de plantation standard, car chaque parcours a ses caractéristiques propres (type de sol, quantités de précipitations, direction du vent, etc.). Des haies en bordure de parcours peuvent offrir ombre et protection contre le vent et créer un microclimat qui permet de réduire les variations de températures pendant les périodes de froid et de chaleur. Il est en outre possible de compléter les structures ligneuses par des herbacées comme le plantain lancéolé ou l'origan, qui contribuent à la bonne santé intestinale.

Des haies basses organisées en rangées à proximité des points d'accès au parcours sont un bon moyen de protéger et d'orienter les animaux, facilitant l'exploitation de la surface. Elles seront implantées à env. 5–6 m des accès au parcours, sur plus ou moins 10 m de long pour une hauteur de 1,5 à 2 m. On peut aussi privilégier les haies hautes (p. ex. d'arbres en têtard) composées d'espèces à croissance rapide comme les saules ou les peupliers. Elles sont plus faciles à planter et fournissent très rapidement de l'ombre. De plus, les déchets de taille résultant des travaux d'entretien peuvent être transformés en broyat et utilisés comme litière près des points d'accès au parcours. Le milieu et le fond de la parcelle sont parfaits pour planter des arbres fruitiers ou des feuillus indigènes exploitables pour la production de bois d'œuvre ou de bois raméal fragmenté. Pour que les animaux explorent

Figure 8 : Parcours pour volaille planté de ligneux et ses différentes zones : poulailler (1), points d'accès au parcours (2), zone intermédiaire (3) et fond de la parcelle (4), avec différentes structures guides (Source : Jean-Marc Meystre)

l'ensemble du parcours, il est important que les différentes structures ligneuses soient reliées entre elles.

Un agencement en bandes, avec différentes espèces pionnières à croissance rapide comme les saules ou le peuplier, a également fait ses preuves. Celles-ci peuvent être plantées en doubles rangées relativement rapprochées (2 à 4 m de distance) afin de former une sorte de tunnel pour canaliser les animaux dès la deuxième période de végétation (voir Figure 9). Entre ces doubles rangées, il est conseillé de respecter 7 à 8 m de distance afin que la végétation herbacée reçoive suffisamment de lumière pour pousser. Un système agroforestier à simples rangées est une autre option possible.

Dans tous les cas, il s'agit d'inciter les volailles à utiliser une plus grande partie de la surface à leur disposition. À l'automne, les feuilles mortes leur procurent en outre une occupation. L'important est de définir des distances entre les plants permettant de faucher la surface au besoin (Figure 7). L'idéal est que les ligneux couvrent 30 à 50 % de la surface. La végétation doit garantir une bonne circulation de l'air.

Une autre possibilité d'associer élevage de volaille et agroforesterie est celle des poulaillers mobiles (voir Figure 10). Comme l'agroforesterie, l'idée des poulaillers mobiles n'est pas nouvelle : il y a 80 ans environ, on laissait déjà les poules accéder aux champs moissonnés pour qu'elles se nourrissent des grains tombés au sol. Dans la pratique, l'utilisation de poulaillers mobiles dans différents projets a déjà permis d'accumuler une certaine expérience. L'un de leurs avantages significatifs est de permettre une gestion optimale du parcours. Le surpiétinement des zones proches du poulailler peut être nettement réduit en déplaçant régulièrement et opportunément les poulaillers mobiles. Autre avantage : ce type de poulailler convient aussi pour les cheptels plus petits. Cette forme d'élevage est en outre particulièrement adaptée pour les exploitants pratiquant la vente directe. Les œufs des élevages mobiles peuvent être vendus dans la gamme de prix supérieure si la clientèle est bien informée et sensibilisée en mettant en avant le bon entretien du parcours, la propreté du poulailler et le bien-être des animaux.

Figure 9 : Parcours herbeux pour volaille planté de rangées de ligneux à croissance rapide servant de structures guides et de protection contre les rapaces (Source : Lignovis GmbH)

Figure 10 : Poulailler mobile au milieu des rangées de ligneux (Source : Pirmin Adler)

Avant de décider d'investir dans un poulailler mobile, plusieurs aspects sont à considérer : outre la main d'œuvre disponible, il est important de déterminer si l'exploitation dispose des machines appropriées pour déplacer le poulailler. Le type de sol et les conditions de sol doivent aussi être pris en compte. Les sols « lourds », argileux par exemple, sont difficilement praticables quand il pleut beaucoup. Par ailleurs, les parcelles en pente compliquent le transport du poulailler et réduisent sa stabilité. Il importe aussi de déterminer à quelle fréquence et sur quelle distance le poulailler devra être déplacé. Pour les sites plus éloignés, le poulailler mobile doit être adapté à la circulation routière.

Choix des ligneux

Le choix des ligneux doit aussi être soigneusement réfléchi. Ceux-ci doivent être adaptés au sol et aux conditions climatiques du site. Les espèces indigènes doivent être privilégiées et sélectionnées selon les objectifs d'exploitation (bois d'œuvre, broyat ou culture fruitière). Le saule, le chêne, le peuplier ou le noyer conviennent bien dans ce contexte (vous trouverez d'autres espèces appropriées sur www.haupt.ch/agroforst). Les espèces figurant sur la liste des espèces invasives sont à bannir impérativement (plus d'informations sur www.infoflora.ch > Téléchargements > Néophytes envahissantes), de même que les plantes toxiques pour les poules comme le laurier-cerise. Lors du peuplement de parcours destinés à des poules pondeuses, on renoncera aussi aux arbres et arbustes donnant des fruits rouges, car leur consommation peut modifier la couleur du jaune d'œuf.

Les poules aimant gratter et picorer, la zone des racines des arbres et arbustes, ainsi que les jeunes plants, doivent être protégés. Par exemple par un paillis (broyat/BRF ou toile de paillage) et/ou à l'aide de manchons de protection ou de treillis métalliques pour les jeunes plants.

Mettre des moutons dans la même parcelle que la volaille réduit considérablement le travail d'entretien de la surface. Les moutons régulent la pression des adventices et la volaille s'occupe des insectes.

Figure 11 : La zone au pied des arbres est protégée par un grillage et les troncs par des manchons de protection. (Source : Giotto Roberti, Agroscope)

Plantation et exploitation

Une préparation soigneuse du sol contribue considérablement au succès de la plantation. Pour une croissance optimale des arbres et arbustes, le trou de plantation (profond d'env. 60 cm) doit être bien ameubli et la plantation se fera si possible en hiver (voir aussi le chapitre 3).

Les bandes de feuillus à croissance rapide peuvent être plantées en rangées simples ou doubles. La proportion de surface herbeuse sous les arbres peut être influencée en éliminant les rameaux latéraux inférieurs pendant les premières années. Néanmoins, après l'élagage du bas du tronc, les arbres laissent certes passer plus de lumière pour l'herbe mais offrent moins de couvert pour les volailles. Il peut donc être intéressant de former des espèces comme le saule ou le peuplier en têtard (plus d'informations sur la taille en têtard au sous-chapitre « Exploitation fourragère des arbres et arbustes dans l'agriculture moderne »). La taille régulière des arbres et arbustes est capitale pour permettre le passage des machines afin d'entretenir la pâture (voir aussi le chapitre 3).

Pendant la première année de croissance, il est important de garder au moins 50 à 80 cm libres de toute végétation concurrente de chaque côté des rangées de ligneux. La plupart du temps, les poules assurent déjà une bonne partie du travail en grattant et en picorant. Il faut néanmoins disposer en plus des solutions techniques nécessaires pour entretenir correctement cette zone quelques semaines déjà après la plantation. L'entretien mécanique doit être assuré plusieurs fois la première année, et répété les années suivantes dans les zones à faible croissance.

Défis

Les structures hautes et les fruitiers (sauvages) attirent bien sûr aussi les oiseaux sauvages. Ce fait doit aussi être pris en compte lors de la planification. Pour prévenir la transmission de maladies entre oiseaux sauvages et de basse-cour, une bonne hygiène est indispensable dans toute l'exploitation.

Les grands arbres offrent de l'ombre aux volailles mais servent aussi de perchoirs aux rapaces. Il est donc important de combiner les arbres avec suffisamment d'arbustes ou d'autres possibilités de se cacher. Les arbres doivent être plantés suffisamment loin des clôtures pour éviter que des prédateurs n'y grimpent. Les clôtures fixes autour des pâtures pour volaille peuvent nécessiter une autorisation. En ce qui concerne les poulaillers mobiles placés loin de l'exploitation ou dans un jeune système agroforestier, il faut anticiper la présence de prédateurs comme les renards, les martres ou les rapaces. Outre la pose de filets de volière, l'élevage de quelques lamas ou chèvres avec les poules constitue la meilleure des protections. Les mouvements vifs de ces animaux effraient efficacement les prédateurs.

8.2.6 Élevage porcin

« Pata Negra », du nom des porcs ibériques nourris aux glands, sonne déjà comme un gage de qualité. Ces animaux vivent à l'état semi-sauvage en Espagne, dans des forêts peu denses de chênes verts et de chênes-lièges. Dans les chênaies, ils se nourrissent d'aliments naturels tels que les glands, les graminées et les herbacées. Même si le pacage dans les bois était une pratique répandue autrefois, il n'est plus autorisé aujourd'hui en Suisse. Mais d'autres formes d'exploitation permettent d'élever des porcs sous les arbres.

Les éleveurs de porcs en plein air s'intéressent de plus en plus à l'idée de peupler leurs pâtures avec des espèces de ligneux à croissance rapide comme le peuplier ou le saule. Les porcs de plein-air peuvent ainsi profiter d'un environnement naturel et stimulant. Les truies et les porcelets y trouvent de l'ombre par les journées les plus chaudes, ainsi qu'une protection en cas de fortes précipitations ou de vent. De plus, les porcs aiment se frotter contre les arbres pour prendre soin de leur peau.

La plantation d'arbres dans la pâture peut aussi réduire le lessivage des nutriments du sol. Les racines des arbres adultes sont plus résistantes au fouissement des porcs que l'herbe. De plus, les arbres ont un système racinaire profond et peuvent absorber l'eau et les nutriments sur une longue période de végétation. Ils peuvent être exploités pour leur biomasse pour produire du bois-énergie ou de la litière pour les bâtiments d'élevage.

Aménagement et exploitation

L'intégration d'arbres à croissance rapide dans les parcours en plein-air des porcs a plusieurs avantages. Néanmoins, associer élevage porcin et culture d'arbres exige des connaissances approfondies en comportement animalier et gestion animalière. Les porcs sont très curieux et actifs, ils explorent volontiers leur environnement et sont des animaux sociaux. Le fouissement est l'une de leurs activités principales. Dans les zones humides, les bains de boue peuvent endommager les racines des arbres et dégrader la structure du sol. Les conditions de sol peuvent se détériorer par temps pluvieux et exiger un travail annuel du sol. La pose d'un anneau nasal pour empêcher le fouissement est interdite en Suisse.

Pour prévenir les dommages, les arbres doivent être protégés pendant les quatre premières années (p. ex. par une clôture ou une protection des troncs). Les porcelets peuvent

Figure 12 : Porcs à l'ombre d'une plantation de fruitiers (Source : Johanna Schoop, Agridea)

Figure 13 : Porcs dans un système sylvoarable après la récolte des cultures de légumes (Source : Johanna Schoop, Agridea)

accéder à la parcelle après deux ans déjà, car ils apportent une précieuse contribution à la lutte contre les adventices. Une fois les arbres bien établis, ils seront moins sensibles au fouissement des porcs.

Une prudence particulière s'impose avec les truies allaitantes : elles peuvent couper les branches de petit calibre avec leurs dents pour en faire un nid, ce qui peut augmenter le risque de mortalité des porcelets, car le bois entrave la mobilité dans les abris des porcs pendant les premières heures après la mise bas. De plus, le frottement contre les arbres isolés peut endommager l'écorce (en écrasant les branches, les animaux abîment l'écorce). Ces risques peuvent être réduits en éliminant les branches situées à moins de 1 à 1,2 m du sol pour éviter que les porcs n'y accèdent.

Bibliographie

AGROOF. Aménagements arborés des parcours de volailles, 2014. https://parcoursvolailles.fr/data/guide-TechniqueCASDARVOLAILLES_leger_RVB.pdf.

Anne Grete KONGSTED, Heidi, M.L. ANDERSEN, Malene JAKOBSEN, John E. HERMANSEN, anneg.kongsted@agro.au.dk, Dept. Agroecology, Aarhus University, et www.agforward.eu. Laktierende Schweine und Energiepflanzen, 2017.

Béral C., Andueza D., Ginane C., Bernard M., Liagre F., Girardin N., Emile J-C., Novak S., et Grandgirard D., Deiss V., Bizeray D., Moreau J-C., Pottier E., Thiery M., Rocher A., ADEME, 2018. Agroforesterie en système d'élevage ovin : étude de son potentiel dans le cadre de l'adaptation au changement climatique. Synthèse. 19p., s. d.

Casteel, Eva-Maria. Oregano – Wirkung und Nutzen in der Geflügelhaltung. *www.beflügelt.vet,* s. d.

DeFAF. Agroforstwirtschaft die Kunst, Bäume und Landwirtschaft zu verbinden, 2020. https://agro-forst-info.de/wp-content/uploads/2020/12/2020_DeFAF_Brosch%C3 %BCre_final_Web.pdf.

Farmermobil. So schützt du deine Legehennen gegen Habicht, Fuchs & Co, 20 mars 2024. https://farmer-mobil.com/de/5-tipps-gegen-habicht-fuchs-und-co/.

Gresset, Fabienne, et Johanna Schoop. Arbres et buissons fourragers dans l'alimentation des ruminants. AGRIDEA, mai 2022.

Iussig G. et al. (2015). Browsing ration, species intake, and milk fatty acid composition of goats foraging on alpine open grassland and grazable forestland. Small Ruminant Research, 132 : 12-24, s. d.

Lignovis GmbH. VORTEILE – GEHÖLZE & FREILANDHALTUNG, 20 mars 2024. https://www.hüh-ner-wald.de/etablierung-bewirtschaftung/vorteile/.

Lubac, Sophie, Antoine Roinsard, Sylvie Dartois, Marion Pourteau, Camille Beral, Karine Germain, Emilie Bourgade, et Philippe Guillet. Aménagements des parcours de poulets Label Rouge et Biologiques. *TeMA* no 31 (2014): 4-11.

Machatschek, Michael. Die Laubfutterwirtschaft – Erfahrungen aus der landwirtschaftlichen Praxis, s. d.

Macheboeuf, Didier, Laetitia Gaillard, Julien Cartailler, Guillaume Charrier, Bruno Moulia, Jérôme Ngao, et José M. Torres-Ruiz. Vers l'identification d'arbres pouvant servir de ressource fourragère complémentaire pour les ruminants dans les conditions climatiques de l'Auvergne en 2050. *Fourrages* 242 (1er janvier 2020): 61-69.

Meuret, M, et C Agreil. Des broussailles au menu. *INRA Avignon-Ecodéveloppement,* 2006, 4.

Novak, Sandra, Philippe Barre, Remy Delagarde, Stéphanie Mahieu, Vincent Niderkorn, et Jean Claude Emile. Composition chimique et digestibilité in vitro des feuilles d'arbre, d'arbuste et de liane des milieux tempérés en été. *Fourrages,* no 242 (2020): 35-47.

ökolandbau.de. Mobile Hühnerhaltung – optimal für Einsteiger und Direktvermarkter, 20 mars 2024. https://www.oekolandbau.de/landwirtschaft/oekologische-tierhaltung/oekologische-gefluegelhaltung/legehennen/haltung/stall-und-haltungssysteme/mobile-huehnerhaltung/.

Rahmann, Gerold. Gehölzfutter – eine neue Quelle für die ökologische Tierernährung. *Landbauforsch Völkenrode* SH, no 272 (2004): 29-42.

Raskin, B., et Osborn S. *The agroforestry handbook. Soil Association Limited. Bristol (UK).*, 2019.

Svensk, Mia, Pierre Mariotte, Melissa Terranova, Marco Pittarello, Ginevra Nota, David Frund, Sébastien Dubois, et al. Alnus Viridis: An Encroaching Species with Valuable Nutritional Value Reducing Livestock Greenhouse Gas Emissions. *Agriculture, Ecosystems & Environment* 364 (avril 2024): 108884. https://doi.org/10.1016/j.agee.2024.108884.

Valerio BONDESAN, valerio.bondesan@venetoagricoltura.org, Veneto Agricoltura – Agenzia veneta, per l'innovazione nel settore primario, Viale dell'Università, 14 – 35020, Legnaro (Padova, Italy), et www.agforward.eu. Schweine und Pappeln, s. d.

9 Services rendus par les systèmes agroforestiers

9.1 Considérations économiques

La rentabilité des systèmes agroforestiers dépend fortement des conditions environnementales spécifiques, des végétaux cultivés et de bonnes pratiques de gestion. Les avantages à long terme peuvent être aussi bien écologiques qu'économiques. Compte tenu de la grande diversité des systèmes agroforestiers, et du fait que leur mise en œuvre exige un investissement sur la durée, il est difficile d'exprimer des généralités sur leur rentabilité. De plus, les aides possibles, ainsi que les prix des produits et les coûts des travaux et moyens de production nécessaires, changent sans cesse. C'est pourquoi nous ne présenterons pas ici de calcul du prix de revient direct. Un certain nombre de considérations économiques autour des systèmes agroforestiers en Suisse méritent toutefois qu'on s'y attarde.

9.1.1 Présupposés

Les systèmes agroforestiers traditionnels ne sont guère rentables aujourd'hui – pas sans les paiements directs avec lesquels leurs divers services environnementaux sont indemnisés à juste titre. Les systèmes agroforestiers modernes sont – dans l'idéal – plus rentables, car ils sont conçus afin d'exiger moins de travail, avec une exploitation mécanisée au maximum.

En principe, les systèmes agroforestiers peuvent bénéficier de subventions pour les fruitiers haute-tige de plein vent et les fruitiers sauvages dans le cadre de la « promotion de la biodiversité » et de la « mise en réseau ». Les espèces de feuillus telles que le chêne, le tilleul, l'érable, etc. ne sont pas éligibles pour recevoir ces subventions. Certains cantons accordent une contribution à l'investissement pour les feuillus dans le cadre des « contributions à la qualité du paysage ». Adressez-vous à Agridea ou aux services cantonaux de conseil pour des renseignements précis sur les conditions d'octroi des paiements directs pour les vergers haute-tige de plein vent et diverses autres mesures de promotion de la biodiversité.

Pour l'aménagement d'un système agroforestier sylvoarable sur des terres arables, on prévoit souvent 50 arbres à l'hectare (Figure 1), ce qui induit une « perte » de surface d'environ 10 %. Ces 10 % ne peuvent plus servir pour les grandes cultures puisque les arbres y sont implantés. Mais ils sont souvent utilisés pour semer de l'herbe, aménager une surface de promotion de la biodiversité ou faire pousser d'autres cultures. L'étude de rentabilité doit donc aussi intégrer le paiement direct pour les bandes de végétation sous les arbres, et éventuellement la contribution pour la « production de lait et de viande basée sur les herbages » (si des ruminants sont présents sur l'exploitation). La part de surface des linéaires

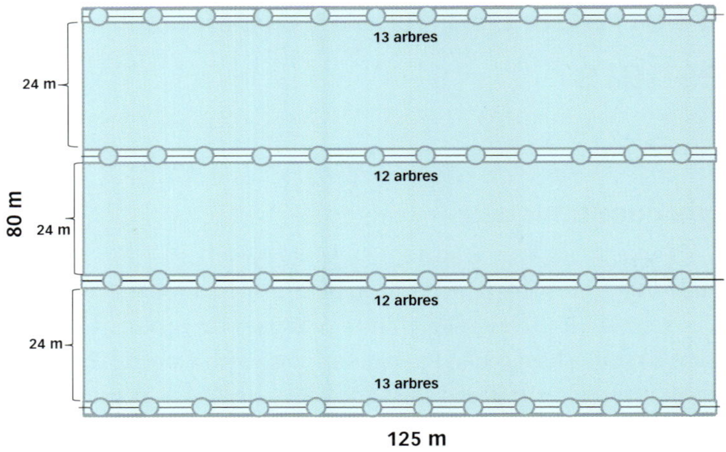

Figure 1 : Schéma simplifié d'un système agroforestier avec les distances entre les rangées et les arbres (Source : Agridea, brochure « Systèmes agroforestiers » [Jäger 2017])

herbacés doit être exclue du rendement de la grande culture et doit être déduite (en tenant compte aussi de la rotation des cultures).

D'autres importants présupposés sont la durée d'exploitation ou le cycle de vie du système agroforestier, la valeur du retour sur investissement et un taux réaliste de pertes pour les arbres. Enfin, on ne perdra pas de vue que les produits sont les fruits ou le bois précieux et que, bien sûr, des coûts liés au plants et autres coûts de matériel et de main-d'œuvre s'appliquent.

9.1.2 Coûts d'investissement

On fait une différence entre les coûts d'investissement et les coûts d'exploitation. Les coûts d'investissement comprennent tous les coûts induits par la création du système agroforestier comme le coût des plants, du matériel de protection, des tuteurs, des semences et de l'aménagement des alignements d'arbres, ainsi que le coût de la main d'œuvre pour la plantation. Les sommes impliquées peuvent être très variables selon l'âge et les espèces d'arbres plantées. Les feuillus achetés sous forme de plants déjà transplantés au préalable p. ex. sont relativement bon marché ; les noyers greffés plus chers en comparaison. Les coûts d'investissement doivent être amortis pendant toute la durée d'exploitation.

9.1.3 Coûts d'exploitation

Les coûts d'exploitation reprennent tous les coûts annuels récurrents liés au système agroforestier comme les coûts induits par les travaux d'entretien et de taille, les plantations de remplacement, l'entretien des linéaires herbacés, l'arrosage, la fertilisation et la protection des végétaux, le contrôle des petits rongeurs, etc. Pour les fruitiers et les noyers, il faut aussi compter les charges liées à la récolte des fruits ainsi qu'à leur transformation et à leur commercialisation.

9.1.4 Rendement économique

Si on fait le bilan des coûts d'exploitation, déduction faite des paiements revenant tous les ans (paiements directs), et des revenus de la vente des fruits et du bois et qu'on répartit les bénéfices restants sur toute la durée d'exploitation du système agroforestier, les systèmes actuels sont peu rentables d'un point de vue purement économique. À cela s'ajoute le dilemme suivant : d'un côté, les feuillus, qui exigent moins de travail, ne donnent pas droit à des paiements directs, et de l'autre, les arbres fruitiers des systèmes agroforestiers sont souvent exploités de manière extensive avec une double utilisation et ne produisent donc que très peu de fruits de table. Il existe différentes options pour développer la vente directe ou de nouvelles formes, éventuellement solidaires, de coopération entre client·es et producteurs·trices.

Dans le cadre d'une réflexion économique sur les systèmes agroforestiers, un autre problème fondamental se pose : une grande partie des services écologiques particulièrement précieux dans le contexte du changement climatique, et étroitement liés aux services écosystémiques des systèmes agroforestiers, ne sont pas encore valorisés aujourd'hui. Les systèmes agroforestiers seront plus attractifs si, à l'avenir, nous parvenons à valoriser des services écosystémiques positifs tels que la séquestration du carbone, la promotion de la biodiversité et la meilleure utilisation des ressources en eau. Les paiements directs sont actuellement, à côté de la commercialisation des produits de l'agroforesterie, le principal levier pour rendre les systèmes agroforestiers économiquement rentables à long terme.

9.2 Valorisation des cultures fruitières

9.2.1 Réflexions préalables

L'aménagement de systèmes agroforestiers avec des arbres fruitiers ouvre la porte à différentes possibilités d'exploitation : fruits de table, fruits à cidre, produits de distillerie, ou encore transformation en confitures, chutneys, jus spéciaux, fruits séchés, variétés de vinaigre, etc. Pour la commercialisation, tout dépend de l'objectif recherché : vise-t-on une commercialisation directe maximale d'une large gamme de produits spéciaux ou une exploitation la plus rationnelle possible de la parcelle ?

Dans le premier cas, un système très diversifié se justifie, car il permet de répondre à différents groupes de clientèle avec des souhaits variés. Comme pour les haies fourragères, un agencement « en blocs » peut être judicieux dans ce cas. « En bloc » signifie qu'on regroupe les mêmes espèces et variétés de fruitiers lors de la plantation, ce qui facilite la récolte des fruits au même degré de maturité sans devoir chercher les végétaux dans le système. Néanmoins, les rendements des espèces (et parfois même des variétés) de fruitiers varient fortement, de même que les prix qu'on peut en obtenir sur le marché. En ce qui concerne les fruitiers sauvages, il est encore plus difficile d'évaluer les objectifs de rendement et les prix possibles sur le marché. Autre problème avec les fruitiers haute-tige de

Tableau 1 : Rendements de différents fruitiers et fruitiers sauvages pour un arbre/arbuste moyen pleinement productif

Type de ligneux	Rendement
Pommier	220 kg (100–350 kg)
Poirier	220 kg (100–350 kg)
Quetschier	30–70 kg
Cerisier doux	150 kg (60–250 kg)
Abricotier	50–100 kg
Noyer commun	30 kg (20–100 kg)
Châtaignier	30 kg (20–40 kg)
Merisier	40kg
Amandier	30 kg
Pacanier	175 kg
Plaqueminier	20 kg
Cornouiller mâle	30–70 kg
Argousier	en alternance 2,5–5 kg
Sureau	20–25 kg
Aronie	3–6 kg

plein vent : ils commencent à produire relativement tardivement, seulement après 12 ou 15 ans, et n'atteignent leur plein rendement qu'après 20 à 30 ans. Il faut donc surmonter une longue phase juvénile non productive.

Si on recherche une exploitation rationnelle, une grande variété d'espèces et de variétés est plutôt un obstacle. Les machines, par exemple, peuvent être mieux utilisées à plein rendement lorsqu'on récolte une seule espèce de fruitiers.

9.2.2 Transformation et commercialisation

En cas de commercialisation sur l'exploitation elle-même, on peut envisager des solutions très diverses. Outre le magasin de ferme classique ou les distributeurs automatiques, de nombreuses exploitations proposent des formules innovantes. Certaines intègrent ainsi les divers fruits et produits de leur système agroforestier dans un modèle préexistant d'abonnement à un panier de légumes. Il existe aussi des systèmes de cueillette en libre-service, qui

Figure 2 : La mécanisation est souvent plus facile à mettre en œuvre pour la récolte des fruits à cidre que pour celle des fruits de table. (Source : Richard Hollenstein, LZSG)

réduisent les coûts de la récolte et de la distribution des produits. Dans ce cas, l'exploitation cultive et entretient les ligneux et laisse la récolte aux soins de sa clientèle. Le parrainage d'un arbre constitue encore une autre option, qui permet au parrain de profiter des fruits de l'arbre parrainé.

Si on plante plusieurs centaines d'arbres d'une même espèce, mieux vaut savoir précocement comment on pourra transformer ou commercialiser les fruits produits. Il n'est pas rare que les rendements obtenus (plusieurs tonnes sont possibles, voir Tableau 1) dépassent les capacités de commercialisation existantes de l'exploitation. Surtout si la production de fruits représente une toute nouvelle branche d'activité. Par conséquent, il faut soit investir dans les capacités de transformation (espaces de stockage, pressoir à fruits, atelier de transformation des noix), soit confier la transformation et la commercialisation à des acteurs extérieurs. Là encore, les quantités à traiter peuvent entraîner leur lot de problèmes logistiques et organisationnels. Dans l'alternative, en dehors des pressoirs et entreprises de transformation conventionnels, certaines boulangeries-pâtisseries et confiseries peuvent aussi être intéressées par l'achat de certains produits comme les noix. Néanmoins, il faut aussi savoir que, dans ce cas, les fruits doivent aussi être préparés de manière appropriée (pour les noix communes : lavées, triées, séchées et éventuellement décortiquées). Les restaurants sont d'autres acheteurs potentiels pour certains produits spéciaux et différents groupes d'intérêts et coopératives peuvent organiser une commercialisation collective.

Pour beaucoup de fruits courants, l'externalisation est relativement simple à organiser mais elle est plus compliquée pour les fruits plus spéciaux (notamment sauvages). C'est pourquoi il convient de se renseigner et de conclure des accords suffisamment à l'avance, p. ex. avec des pressoirs ou des entreprises de transformation.

9.3 Valorisation du bois

Outre les fruits évoqués ci-dessus, les systèmes agroforestiers produisent aussi immanquablement du bois. Selon l'essence, le diamètre, la hauteur et la qualité des ligneux, ce bois peut être utilisé dans diverses chaînes de valorisation. L'industrie du bois établit essentiellement une distinction entre les produits suivants : les *grumes,* le *bois d'industrie,* le *bois-énergie* ou les *autres produits* (p. ex. bois raméal fragmenté).

9.3.1 Grumes

Le bois du tronc est appelé *grume* ou bois rond. Quand il atteint une dimension suffisante, il peut être destiné à l'industrie du sciage. Il est généralement classé selon sa longueur, son calibre (diamètre), sa qualité ou l'utilisation prévue (p.ex. bois de placage, bois en perches, bois de lutherie). Pour le bois de résineux, la longueur doit être dimensionnée en bois court (3–6 m, L1), bois mi-long (6,5–14,5 m, L2) ou bois long (15–22 m, L3). Le bois de feuillu, en revanche, peut être dimensionné librement.

Le calibre désigne la classe de diamètre. Comme son nom l'indique le « diamètre au milieu » est mesuré au milieu de la grume. Autrement dit, si un fût est dimensionné à une longueur de vente de 6 m, le diamètre au milieu doit être mesuré à 3 m. La mesure se fait à l'aide de compas forestiers, ou encore de mètres rubans. Le diamètre au milieu doit être établi à partir de deux mesures prises à la perpendiculaire l'une de l'autre, car les fûts ne sont souvent pas parfaitement ronds mais plutôt ovales. Deux mesures prises à la perpendiculaire l'une de l'autre permettent de mesurer à la fois le côté étroit et le côté large, si bien que la moyenne donne une valeur totale plus objective. Un fût avec un diamètre au milieu de 11 cm entre dans la classe de diamètre 1a tandis qu'un fût avec un diamètre au milieu de 35 cm entre dans la classe 3b.

La qualité des bois ronds est répartie en quatre classes : A, B, C et D. La classe A désigne la plus haute catégorie et est attribuée à des grumes sans imperfections ni défauts. La classe B désigne une qualité courante ; quelques défauts isolés peuvent être présents selon les essences. Si les critères de la classe B ne sont pas remplis et que la grume est jugée normale avec (de plus gros) défauts, elle entre dans la classe C. Une qualité encore inférieure avec de nombreuses imperfections est rangée dans la classe D.

L'évaluation de la qualité repose sur des paramètres qui tiennent compte de la forme du fût (courbure, fibre torse, défilement, etc.), de la structure du bois (nœuds dans le bois, etc.) et d'autres caractéristiques (attaques d'organismes nuisibles ou de champignons, corps étranger, etc.). Nous nous attarderons ci-dessous sur un certain nombre de paramètres pertinents en agroforesterie.

- ***Nœuds dans le bois :*** un nombre important de petits et plus grands nœuds impacte négativement la qualité du bois. En effet, les branches poussent perpendiculairement au tronc et rompent ainsi l'orientation des fibres et la structure normale du bois du tronc. Au fil de la croissance en hauteur de l'arbre, les plus petites branches, les rameaux et, surtout, les feuilles situés dans la partie basse du tronc ne reçoivent plus assez de lumière et meurent. Ces branches mortes peuvent casser mais elles peuvent aussi, en partie, rester en place et être recouvertes à mesure que l'arbre croît en diamètre. Cette partie de branche morte est pour ainsi dire « englobée » dans le bois. Ce nœud mort entraîne avec le temps la formation d'une cavité dans le bois. Si, en fin de vie, l'arbre est abattu, débité et transformé en planches, ces nœuds morts, ou « non adhérents », peuvent se détacher des planches, formant des trous qui réduisent significativement leur qualité et leur stabilité. Si, en revanche, les petites branches basses sont activement coupées, l'arbre peut recouvrir sainement le chicot encore vivant. C'est pourquoi, dans le cadre de la production de bois précieux, on recherche un tronc le plus long et le plus dépourvu de branches possible. Cette « zone sans branches » augmente la qualité et la valeur du bois (élagage de valorisation).
- ***Courbure du tronc :*** les grumes de haute qualité sont idéalement rectilignes, sans aucune courbure. Les arbres se caractérisent intrinsèquement par le fait que la pousse terminale (pousse apicale) monte droit vers le ciel tandis que les racines se développent

à l'opposé, vers le centre de la Terre. C'est ce qu'on appelle le géotropisme : les racines s'orientent dans le même sens que la gravité terrestre et poussent dans cette direction (géotropisme positif), tandis que la pousse terminale s'élève dans le sens opposé (géotropisme négatif). Dans un environnement idéal, un arbre serait dès lors parfaitement droit.

Dans la pratique, cependant, d'autres influences environnementales comme les vents (d'ouest) unidirectionnels, les lourdes couches de neige mouillée, les glissements de terrain ou l'ombre unilatérale peuvent fortement influencer la croissance de l'arbre. Celui-ci réagit activement à ces influences environnementales en s'adaptant à ces nouvelles conditions ou en « se courbant ». Il cherche par exemple à se soustraire au vent ou à capter plus de lumière. L'arbre pousse alors de travers. Tout comme les nœuds dans le bois, la courbure d'un arbre se traduit par une modification de la structure et de la fibre du bois. Un arbre rectiligne possède une structure homogène, avec des cernes réguliers et une composition uniforme en cellulose (40–50 %, substance des parois cellulaires), en hémicellulose (20–25 %) et en lignine (20–30 %).

Les arbres tortueux, par contre, doivent compenser la modification de leurs conditions de stabilité. Ils forment du bois de réaction et/ou des fentes. Le bois de réaction se caractérise par une modification de la proportion de cellulose ou de lignine. Par exemple, chez les résineux, le « bois de compression » (la partie du bois qui doit résister à la pression) voit sa teneur en lignine augmenter à 35–40 % tandis que, chez les feuillus, le « bois de tension » (la partie du bois qui est étirée) contient souvent plus de cellulose. Les deux mécanismes engendrent une croissance excentrique.

L'industrie du bois doit donc faire face à différentes contraintes lorsque le tronc est courbe : i.) un tronc courbe ne donne pas de planches droites, ou seulement sur de courts segments, ii.) le bois a des teneurs en lignine et en cellulose variables et donc une dureté et une résistance variables et iii.) la présence possible de fentes peut encore réduire la valeur du bois.

► ***Cannelures :*** une fibre torse chez les arbres fruitiers s'accompagne malheureusement souvent de ce qu'on appelle des cannelures. En effet, l'écorce forme alors souvent des inclusions dans le bois. Ces inclusions d'écorce sont problématiques pour la production de bois de placage, car elles réduisent le rendement ou augmentent les parties inutilisables du bois. Néanmoins, si le fût reste plus ou moins rond et sain, l'industrie du placage peut quand même exploiter un arbre avec une fibre torse.

► ***Défilement (conicité) :*** les fûts des arbres doivent avoir une conicité la plus faible possible et, idéalement, la forme d'un cylindre. Autrement dit, le diamètre du pied de l'arbre doit différer le moins possible du diamètre au petit bout (l'extrémité supérieure de la grume vendue). Les feuillus présentent généralement une plus grande conicité que les résineux. Un écart de plus de 1 cm de diamètre par mètre de longueur du fût est considéré comme un défilement important, un écart de moins de 1 cm comme un faible défilement. Une forte conicité réduit la qualité et la stabilité et diminue surtout le rendement en bois exploitable.

▸ ***Autres défauts du bois :*** les nuisibles, les champignons ou les corps étrangers peuvent altérer durablement l'arbre et le bois. À première vue, cela semble négligeable en agroforesterie. La pratique montre cependant que les défauts dus à un manque d'attention ou à des dommages par des machines, une taille des branches laissant des lésions mal cicatrisées, ou des corps étrangers inclus dans le bois comme un grillage de protection enlevé trop tardivement, sont monnaie courante. Ces plaies ouvertes sont une porte d'entrée facile pour les champignons et peuvent menacer la vitalité de l'arbre comme la qualité du bois.

Beaucoup de soin et d'attention dans l'exploitation des arbres agroforestiers et des contrôles réguliers sont indispensables pour obtenir un bois de haute qualité et, par conséquent, un revenu élevé pour le bois.

Certains arbres de haute qualité, plus particulièrement de vieux arbres fruitiers, peuvent être produits au sein des systèmes agroforestiers et vendus en petites quantités ou à la pièce à des menuiseries (régionales). Dans ce cas, il y a souvent un accord individuel entre l'acheteur ou l'acheteuse et le vendeur ou la vendeuse ; chaque fût peut aussi être expertisé et évalué au cas par cas.

On a pu observer que les arbres qui poussent en forêt se développent différemment des arbres de la même espèce poussant à distance les uns des autres dans un système agroforestier. Quand ces derniers croissent plus vite parce qu'ils profitent de la fertilisation des sous-cultures, cela se répercute sur la largeur des cernes et, par conséquent, sur la structure du bois. Les cerisiers peuvent alors présenter des changements de couleur du bois, ce qui est plus rare chez les arbres qui poussent en forêt. Ces différences peuvent réduire la valeur des fûts provenant d'un système agroforestier – ou parfois l'augmenter. L'estimation de la qualité dépend au moins en partie de l'air du temps et du goût individuel de l'acheteur·euse.

9.3.2 Bois-énergie

Le bois-énergie désigne les matériaux ligneux que l'on brûle pour produire de la chaleur et/ou de l'électricité. Pratiquement tous les types de bois peuvent être brûlés. Néanmoins, le fût de l'arbre est souvent vendu comme grume, tandis que le bois de la couronne ou les parties du tronc de moins bonne qualité sont utilisés comme bois-énergie.

La catégorie « bois-énergie » regroupe des produits comme les plaquettes forestières ou issues de l'entretien du paysage, les rondins et quartiers et le « bois-énergie long ».

- Les *plaquettes* sont des rameaux et des branches d'au moins 7 cm de diamètre, qui sont réduits en petits morceaux par broyage.
- Les *rondins* sont généralement de petits tronçons de bois rond.
- Les *quartiers* sont des morceaux de bois coupés à 0,5 à 1 m de longueur, fendus et généralement séchés, directement brûlés dans une cheminée.
- Le « *bois-énergie long* » désigne les billes vendues comme bois-énergie sous forme longue non transformée.

Dans nos pays voisins, et plus particulièrement en Allemagne, on trouve des systèmes agroforestiers destinés à la production de bois-énergie, avec des rangées de ligneux à croissance rapide comme les saules et les peupliers. Les ligneux sont récoltés tous les 3 à 8 ans par recépage. Après la récolte, les arbres repartent depuis la souche et peuvent de nouveau être récoltés après quelques années. En Suisse, par contre, l'utilisation de surfaces agricoles pour la production d'énergie – et donc l'aménagement de systèmes agroforestiers spécifiquement à cette fin – n'est pas prévue. Dans notre pays, la surface agricole utile déjà limitée doit principalement être destinée à la production alimentaire et fourragère.

9.3.3 Bois raméal fragmenté

Le *bois raméal fragmenté* est aussi connu sous son abréviation BRF. Il provient du broyage de branches d'un diamètre inférieur à 8 cm et est utilisé aussi bien comme litière dans les parcours extérieurs des animaux d'élevage que pour améliorer le sol.

Figure 3 : Le bois raméal fragmenté ou le broyat vert peuvent être d'autres produits des systèmes agroforestiers. (Source : Lucas Arminjon)

9.4 Services environnementaux

9.4.1 Eau

Les répercussions négatives du changement climatique sur l'agriculture sont aujourd'hui très nettement perceptibles. La sécheresse croissante pendant la période de végétation ou la distribution irrégulière des précipitations, en particulier, constituent une grande menace pour les exploitations agricoles des régions touchées. Diverses raisons expliquent la survenue des sécheresses. Celles-ci dépendent à la fois des conditions atmosphériques et de processus hydrologiques liés à la libération d'humidité dans l'atmosphère. Des conditions hydrologiques sèches ont des répercussions particulièrement catastrophiques en raison d'un certain nombre de réactions en chaîne : les sols de surface sont moins humides, ce que réduit l'évapotranspiration. En conséquence, l'humidité relative de l'air diminue. Plus cette humidité relative est basse, plus le potentiel de précipitation est faible, car il est d'autant plus difficile d'atteindre les conditions de saturation d'une zone de basse pression locale. Seules des perturbations météorologiques externes peuvent alors apporter suffisamment d'humidité dans les zones touchées et produire des précipitations. Les activités humaines, comme la surexploitation des surfaces agricoles utiles, l'arrosage intensif, la déforestation et l'érosion ont une forte influence sur la survenue des sécheresses et la réduction de la capacité des sols à absorber l'eau. La sécheresse a, à son tour, une multitude

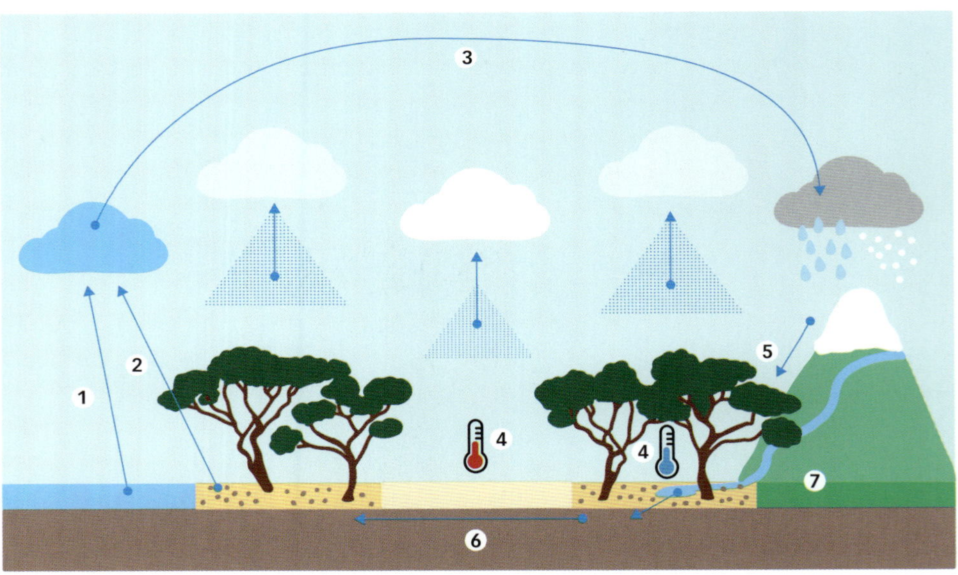

Figure 4 : Représentation schématique du petit (4–7) et du grand (1–3) cycle de l'eau (Source : Agridea, adapté de Agroforstery Network [VI SKOGEN])

d'effets négatifs sur la croissance des plantes, notamment une moins bonne germination et un moins bon développement des jeunes plants, des troubles de la croissance, une photosynthèse moins efficace et une baisse de rendement. De plus, le transport des nutriments et leur absorption sont aussi perturbés.

Le rôle des arbres et des forêts dans le cycle de l'eau

Intégrer des arbres et des arbustes dans le paysage peut aider à restaurer l'équilibre d'un cycle de l'eau perturbé. Une grande quantité d'eau s'évapore par le feuillage des ligneux, ce qui fait baisser la température autour de ces structures ligneuses. Comme l'air qui se refroidit peut absorber moins d'eau, celle-ci se condense : de la formation de gouttelettes à la pluie en passant par le brouillard. Cette interaction complexe est aussi appelée « petit cycle de l'eau », par opposition au « grand cycle de l'eau ». Ce dernier retrace le parcours de l'eau qui s'évapore des océans et des sols dans l'atmosphère pour finir, tôt ou tard, par retomber en précipitations sur les montagnes, et par s'infiltrer dans les sols et les masses d'eau avec le ruissellement de surface.

Les différences de hauteur font la différence

Un champ de blé en monoculture libère aussi de l'eau par évaporation. Néanmoins, l'effet rafraîchissant et humidifiant est alors vite réduit à néant car, en l'absence d'obstacles, le vent éloigne rapidement l'air plus humide et plus frais de la parcelle et alimente ainsi le grand cycle de l'eau.

De plus, l'évaporation de l'eau cesse quand la culture annuelle arrive à maturité.

Grâce aux différentes hauteurs créées par les arbres et les arbustes, les systèmes agroforestiers évitent que le vent ne traverse la surface sans aucun frein. Des tourbillons se forment et le vent ainsi ralenti permet que la fraîcheur liée à l'évaporation, ainsi que l'humidité, restent plus longtemps sur place. De plus, la composante arborée du système reste verte tout l'été, transpire et, grâce à la surface de photosynthèse, alimente constamment les microorganismes du sol en glucides et en exsudats racinaires.

Figure 5 : Sans structure plus haute, la fraîcheur liée à l'évaporation est rapidement évacuée de la parcelle. (Source : Agridea, d'après Mareike Jäger)

Figure 6 : Les différences de niveaux des systèmes agroforestiers permettent à la fraîcheur liée à l'évaporation, principalement émise par les arbres, de rester plus longtemps sur place.
(Source : Agridea, d'après Mareike Jäger)

Les aérosols apportent la pluie

Le refroidissement dû à l'évaporation n'est pas le seul facteur à avoir un impact positif sur le développement local des précipitations. Les arbres et les forêts contribuent aussi à renforcer les précipitations sous l'influence des particules biologiques qu'ils libèrent dans l'atmosphère (spores de champignons, pollens, cellules bactériennes, déchets biologiques). Quand l'air est suffisamment saturé en eau, l'humidité atmosphérique se condense beaucoup plus facilement en présence de surfaces appropriées telles que celles fournies par les particules aérosols (noyaux de condensation).

Des obstacles naturels au ruissellement de versant

Un autre effet positif des systèmes agroforestiers est leur rôle de barrière naturelle contre le ruissellement de surface et l'érosion par l'eau. Sur les parcelles arables, les arbres plantés perpendiculairement au sens de la pente permettent une meilleure infiltration de l'eau et une réduction des forces érosives, freinant le ruissellement de surface.

Des cultures mieux alimentées en eau grâce à la redistribution hydraulique (ascenseur hydraulique)

La redistribution hydraulique ou *ascenseur hydraulique* est une autre interaction complémentaire observable dans les systèmes agroforestiers. Il s'agit d'un phénomène de distribution biologique de l'eau le long des racines des plantes en fonction du potentiel hydrique – l'eau se déplace toujours des zones avec un potentiel hydrique élevé vers celles avec un potentiel hydrique bas pour établir un équilibre. Dès lors, l'eau remonte des couches plus profondes et plus humides du sol le long des racines vers les couches superficielles plus

Figure 7 : Les arbres plantés perpendiculairement à la pente freinent l'érosion par l'eau et leurs racines favorisent une meilleure infiltration. (Source : Agridea, adapté de Liagre et Dupraz)

sèches. En toute logique, cet effet est renforcé quand les racines s'enfoncent profondément dans le sol et atteignent des profondeurs bien plus importantes que celles que peuvent coloniser les racines de nos plantes cultivées – comme c'est justement le cas dans les systèmes agroforestiers. La redistribution hydraulique se fait pendant la nuit, quand les stomates sont fermés. C'est uniquement dans ces conditions que l'eau peut remonter des couches de sol plus humides et plus profondes vers les couches superficielles plus sèches en suivant le potentiel hydrique. Dans la journée, l'aspiration par transpiration l'en empêche.

9.4.2 Sol

En agriculture, le sol est l'une des ressources les plus précieuses et remplit de nombreuses fonctions. Il s'est formé pendant des siècles à partir des roches de la croûte terrestre et se compose pour l'essentiel de substances minérales, d'humus, d'eau, d'air et d'organismes du sol. On estime qu'il faut bien cent ans pour obtenir un nouveau centimètre de sol. Il se forme à partir de particules de gravier, de sable, de limon ou d'argile qui s'accumulent en couches superposées, avec des espaces vides entre ces particules (les pores du sol). Cette structure lui permet d'absorber et de stocker l'eau et l'air.

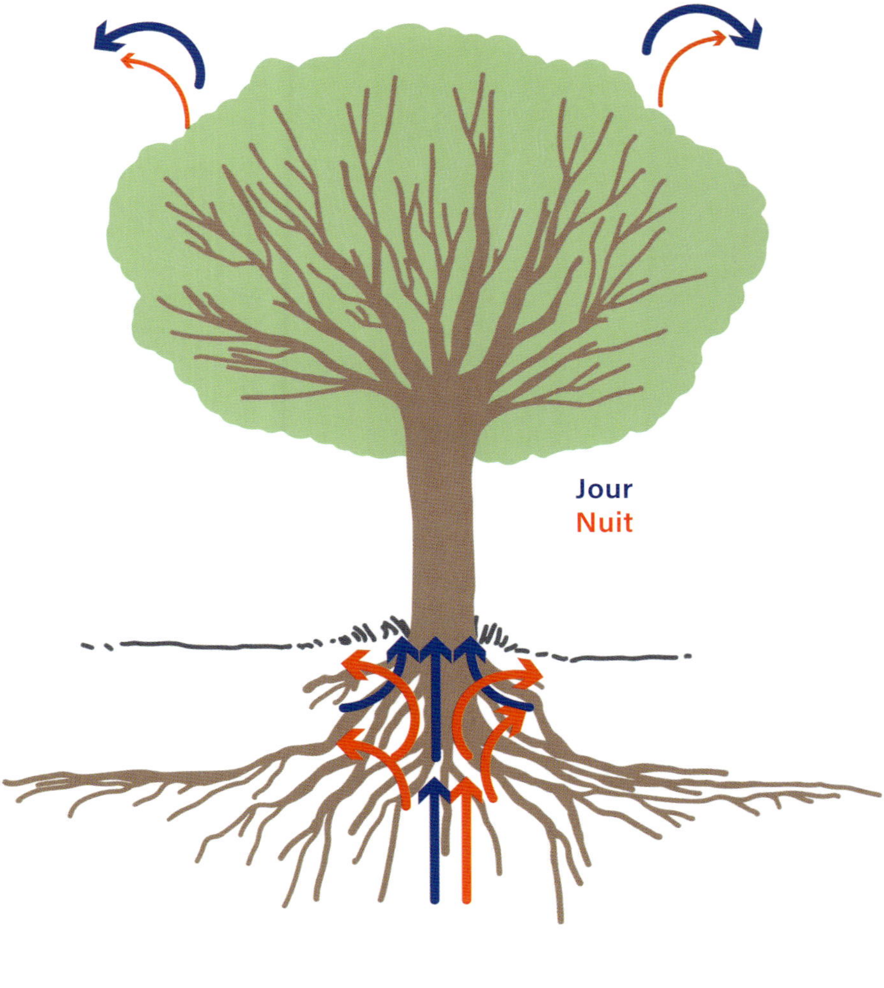

Figure 8 : Le schéma montre le trajet de l'eau au niveau du système racinaire pendant le jour et la nuit, selon le phénomène de redistribution hydraulique. Dans la journée, l'eau est captée depuis toutes les profondeurs du sol et rejoint le flux de la transpiration. Pendant la nuit, quand la transpiration est interrompue, l'eau se déplace passivement selon le gradient de potentiel hydrique en suivant les racines de la plante, des couches plus humides et plus profondes vers les zones plus superficielles et plus sèches.
(Source : Agridea, adapté de Caldwell et Richards, 1998)

Le sol assure de nombreuses fonctions biologiques, chimiques et physiques, notamment avec son pouvoir filtrant, son pouvoir tampon et son rôle d'habitat. Il régule l'eau et l'air, qu'il filtre et stocke dans ses pores, ce qui augmente la disponibilité de l'eau et stabilise sa quantité. Le sol améliore en outre la qualité de l'eau par son pouvoir filtrant. C'est aussi l'un des maillons de nombreux cycles des substances, car il sert p. ex. de tampon ou de réserve pour les substances organiques et minérales ou boucle le cycle des substances. D'un site à l'autre, les sols se différencient par leur nature, leur teneur en humus, leur densité apparente, la distribution de la taille des pores et leur continuité, la conductivité hydraulique et la stabilité des agrégats. La préservation à long terme des fonctions du sol, de sa structure et de sa santé dépend donc aussi directement de son utilisation, et plus particulièrement de la production agricole.

Dans la pratique, toutefois, le sol est exposé à de nombreuses menaces. À commencer par la disparition de surfaces agricoles sous l'effet de l'urbanisation et de l'imperméabilisation définitive des sols. Il est donc d'autant plus important de prendre soin du sol utilisé pour l'agriculture. Par ailleurs, aujourd'hui comme autrefois, l'érosion par le vent ou par l'eau, les glissements de terrain et les inondations continuent d'entraîner des problèmes de pertes de sol. Sans parler de dangers qui ne sont pas directement visibles comme la compaction, la pollution, la perte de substances organiques ou la perte de biodiversité du sol. Le sol réagit souvent par une perte de sa structure normale et donc de ses performances. Il s'affaiblit et n'est plus capable de remplir pleinement ses fonctions régulatrices.

Les systèmes agroforestiers, et plus particulièrement les arbres et arbustes présents dans ces systèmes, peuvent grandement contribuer à préserver la santé du sol et le protéger de certains dangers (mais pas de tous malheureusement). Ceci s'explique principalement par la structure et la longévité des systèmes agroforestiers. Comme toutes les plantes, les arbres et les arbustes développent un système racinaire pour trouver dans le sol ce dont ils ont besoin. Les espèces pérennes peuvent développer un système racinaire très impressionnant. Celui-ci permet d'une part aux arbres de « tenir » ou de fixer le sol et, d'autre part, d'atteindre les couches du sol peu ou pas accessibles aux plantes annuelles.

Ci-après, nous aborderons plus en détail les différents dangers qui menacent les sols et expliquerons la capacité des systèmes agroforestiers à les prévenir ou à améliorer les propriétés du sol.

Érosion

L'érosion des sols, autrement dit la perte de sol sous l'effet du vent ou de l'eau, est un problème récurrent en Suisse. Un vent fort peut ainsi emporter des particules légères et de petite taille, surtout en l'absence de végétation, quand le sol est « découvert » ou « nu ». Si l'érosion par le vent est un problème majeur dans certaines régions du monde, ce phénomène est plutôt rare en Suisse. Néanmoins, avec le changement climatique, la multiplication des phénomènes météorologiques extrêmes et la modification des régimes de précipitations, les agriculteurs et agricultrices suisses constatent une plus grande érosion éolienne sur notre territoire. Ce phénomène est favorisé par les printemps secs, avec peu de pluie ou de neige, lorsque les sols arables sont découverts, notamment en cas de semis tardifs de cultures comme les pommes de terre, le maïs, les betteraves sucrières, etc. Dans ce cas, les couches supérieures du sol peuvent devenir tellement sèches et légères qu'un vent fort possède assez d'énergie pour les emporter. Or, ces couches font justement partie des plus précieuses pour la production agricole.

Les systèmes agroforestiers peuvent contribuer à atténuer l'érosion éolienne. D'une part, parce que les vents forts vont tourbillonner dans les structures verticales des haies et des arbres, ce qui va réduire la vitesse du vent et donc l'énergie qui lui permet d'emporter les particules de sol. Et d'autre part, parce qu'une parcelle agroforestière comporte à la fois des zones nues et des zones couvertes durablement d'une végétation qui fixe le sol. Ce mélange de structures différentes diminue la proportion et l'étendue du sol nu, et donc sa sensibilité à l'érosion éolienne.

Dans l'érosion hydrique en revanche, les particules de sol sont lessivées et emportées par les (fortes) pluies, les crues, les inondations ou la neige. Ce phénomène s'observe déjà aujourd'hui sur de nombreux paysages et pourrait encore s'accentuer avec la multiplication des épisodes de fortes pluies. Dans ce cas également, les systèmes agroforestiers peuvent avoir un impact positif. En effet, les bandes couvertes de végétation fixent le sol tout en réduisant l'énergie de l'eau lors des précipitations, et donc son pouvoir érosif. Les plantes pérennes, surtout quand elles atteignent une taille importante comme les arbres et les arbustes, sont ici particulièrement intéressantes, car elles protègent de la pluie une large surface au-dessus du sol et fixent celui-ci avec leur vaste système racinaire. De plus, les bandes de végétation permanentes font physiquement obstacle à l'eau et à son ruissellement. C'est pourquoi il est important que les parcelles soient aménagées perpendiculairement au sens de la pente. L'eau de pluie s'écoule alors le long des bandes de végétation avec moins de force et en moindres quantités. Si, au contraire, les surfaces sont travaillées dans le sens de la pente, cela peut même renforcer l'érosion. Cela montre que le type d'utilisation (cultures arables, prairie) et le sens de travail (perpendiculairement à la pente ou dans le sens de la pente) des parcelles ont une grande influence sur l'état du sol. Et ce n'est pas seulement vrai pour l'érosion, cela joue aussi fortement sur la capacité d'infiltration de l'eau. L'infiltration de l'eau dans le sol dépend fortement des conditions propres au site et varie selon le type de sol, sa structure, la conductivité hydraulique, etc. Néanmoins, certaines constantes se dessinent. Les sols forestiers, par exemple, affichent un taux d'infiltration plus élevé que les prairies, et les prairies un taux plus élevé que les terres arables. Outre l'utilisation générale, la façon dont on travaille le sol joue un rôle décisif. Ici encore, la végétation joue un rôle majeur et positif. Une étude a ainsi montré qu'une couverture végétale de plus de 30 % réduit significativement le ruissellement et augmente significativement le taux d'infiltration de l'eau. Dans les systèmes agroforestiers sylvopastoraux, où les parcelles sont durablement couvertes d'herbe, l'impact est moins flagrant. L'effet des alignements d'arbres ou d'arbustes des systèmes sylvoarables, en revanche, est notable, en particulier quand le reste de la parcelle n'a pas de couverture végétale – après la récolte ou avant un nouveau semis par exemple.

Compaction

Autre danger souvent observé en agriculture et en sylviculture : le tassement du sol par de lourdes charges ou les forces de cisaillement des machines. La « compaction » désigne la modification (plus ou moins) permanente de la structure du sol. La pression élevée exercée par les lourdes machines ou les forces de cisaillement importantes détruisent les pores et agglomèrent les différentes couches du sol, modifiant sa densité apparente et sa structure poreuse, et par conséquent ses autres propriétés. Un sol compacté ne peut plus remplir que partiellement, voire plus du tout, les fonctions d'un sol sain. Il stockera notamment moins d'eau, aura moins de nutriments disponibles pour les plantes et augmentera le ruissellement en cas de pluie. En somme, les sols compactés offrent une mauvaise base pour la production agricole.

Restaurer l'état initial d'un sol compacté est très compliqué, car la dynamique du sol – et dans ce cas sa restauration – exige surtout du temps. C'est pourquoi il est très important de prévenir autant que possible la compaction. Par ailleurs, des études montrent qu'une couche de végétation, surtout avec des plantes ayant un enracinement intense et profond, peut réduire le degré de compaction. Dans les systèmes agroforestiers, en particulier ceux qui comprennent des espèces d'arbres à croissance rapide et des taillis à courte rotation (cf. point 2.2.1), le constat est le suivant : les ligneux ne peuvent pas empêcher la compaction « d'origine humaine » mais ils peuvent contribuer à améliorer un sol compacté.

Préservation de la matière organique

Outre la lutte contre la perte de sol et la compaction, la préservation de la matière organique est essentielle pour les activités agricoles. La teneur en matière organique (ou en carbone organique/humus) est un indice de la bonne santé du sol. Une teneur en humus élevée augmente la capacité du sol à retenir l'eau et sa résistance à la compaction ; elle améliore en outre ses propriétés culturales. Tout ceci augmente la productivité agricole de la surface.

Plusieurs études et méta-analyses se sont intéressées à l'influence d'une utilisation agroforestière du sol sur sa teneur en matière organique et son évolution dans le temps. La tendance est globalement positive pour tous les essais, mais les résultats se situent dans une vaste fourchette selon le système étudié et le site.

Contamination

Par « contamination du sol » ou « pollution du sol », on entend la présence de substances nocives, organiques ou inorganiques, dans le sol. Il s'agit généralement seulement d'évènements ponctuels, mais qui ont un impact négatif significatif sur la santé du sol du site concerné. Dans la pratique agricole, à l'exception de la hausse des teneurs en cuivre dans les régions viticoles et de culture fruitière, et de la hausse des teneurs en zinc dans les régions d'élevage porcin, la contamination des sols est négligeable. Des taux de nitrates ou de phosphore trop élevés et les résidus de pesticides peuvent toutefois poser un problème. L'assainissement de surfaces contaminées à l'aide de systèmes agroforestiers est une piste envisageable. Différents essais de phytoremédiation à l'aide de taillis à courte rotation à croissance rapide ont été menés avec succès. Ce type d'utilisation est toutefois inexistant dans la pratique agroforestière suisse.

Rhizosphère

Les cultures agricoles peuvent aussi profiter directement du système racinaire des arbres et de leur rhizosphère. La rhizosphère décrit la partie du sol qui entoure immédiatement les racines, là où elles puisent l'eau et les nutriments. Des recherches récentes sur la rhizosphère, et plus particulièrement sur l'influence des champignons symbiotiques du sol (p. ex. champignons mycorhiziens arbusculaires) sur la production végétale, montrent que les plantes associées aux mycorhizes sont plus résistantes à la sécheresse, plus productives, plus diversifiées et absorbent mieux l'azote.

En agriculture, on cultive majoritairement des cultures annuelles, qui sont entièrement récoltées une fois par an, puis parfois partiellement enfouies dans le sol. Les champignons du sol, en revanche, dépendent tout au long de l'année des échanges de nutriments mutuels avec les racines vivantes. La récolte annuelle (sans sous-semis ou pratique similaire) et la réduction de l'échange de nutriments qui s'ensuit entraîne un affaiblissement des communautés de mycorhizes. Les arbres, le linéaire herbacé sous les arbres et leurs rhizosphères, en revanche, ont une capacité de symbiose avec les champignons mycorhiziens. Autrement dit, ils peuvent offrir une sorte d'habitat d'hivernage, ou un réservoir actif à long terme, pour les champignons symbiotiques du sol. La recolonisation des nouvelles grandes cultures par les champignons du sol a été testée avec succès lors d'un essai en France. Toutefois, elle a été principalement attribuée aux graminées et herbacées du linéaire sous les arbres. Les champignons mycorhiziens peuvent néanmoins se développer activement jusqu'à 0,3 m de profondeur. Il serait donc possible que les champignons mycorhiziens entrés en symbiose avec les racines des arbres qui poussent sous la grande culture soient capables de franchir l'horizon de sol travaillé du champ et de recoloniser les nouvelles cultures par en-dessous. Les champignons du sol pourraient ainsi coloniser la nouvelle grande culture relativement facilement et rapidement, même au milieu du champ, et permettre une meilleure productivité sur l'ensemble de la surface. Cela reste néanmoins à confirmer par de nouvelles études. On sait cependant que, dans les écosystèmes forestiers, de vastes réseaux naissent de l'association avec les champignons mycorhiziens et que des échanges intensifs de composés carbonés se passent au sein de ces communautés biologiques arbres-champignons.

9.4.3 Nutriments

La question des nutriments et de leur gestion est étroitement liée à celle du sol. Les végétaux ont besoin de lumière, d'eau et d'air pour croître, mais aussi de minéraux et de nutriments. Ils les trouvent sous forme dissoute dans l'eau du sol. La croissance des végétaux est optimale quand tous les nutriments sont présents en suffisance. Si ce n'est pas le cas, et même si un seul nutriment n'est pas disponible en quantité suffisante, la plante limite sa croissance et donc son rendement.

Au cours de sa croissance, la plante puise les nutriments dans le sol et les intègre dans ses tissus, ses fruits et ses racines. Dans un cycle naturel, ces nutriments redeviendraient disponibles dans le sol après la mort et la décomposition de la plante. La récolte de la plante et l'évacuation des nutriments qu'elle contient loin du champ interrompt le cycle des nutriments. Les agriculteurs·trices compensent ce déficit en nutriments en amendant le sol. Les engrais minéraux sont pour l'essentiel de l'azote, du phosphate, du potassium et du calcium produits industriellement à partir de sels nutritifs. Sous forme d'engrais liquide ou de granulés solides, ils peuvent être dosés précisément et apportés à la plante plus ou moins indépendamment de la saison. Ils ne peuvent toutefois pas compenser la perte d'humus du sol. Les engrais organiques comme le compost, le lisier et le fumier, par contre, peuvent contribuer à la formation d'humus grâce à leurs substances organiques. Par nature, leur composition et leur teneur en nutriments varient toutefois beaucoup, si bien que les processus de transformation dans le sol ne peuvent être déterminés précisément. L'effet fertilisant des engrais organiques est donc difficilement quantifiable et difficilement prévisible dans le temps, ce qui complique une planification de l'amendement en fonction des besoins pour compenser la perte de nutriments.

Pour optimiser la production et préserver en même temps les fonctions du sol, on amende souvent un peu plus que les végétaux n'en ont réellement besoin. Par conséquent, on observe des pertes de nutriments dans l'air et dans l'eau. Le lessivage de l'azote dans les eaux souterraines, l'eutrophisation des milieux aquatiques par les phosphates et les émissions d'ammoniaque et de protoxyde d'azote polluent l'environnement.

Les systèmes agroforestiers peuvent contribuer de manière non négligeable à réduire la pollution en nutriments. Un système agroforestier exploite de nombreuses strates différentes, aussi bien au-dessus que sous de la surface du sol. Si, sur les terres arables et les surfaces herbagères, les cultures se développent généralement très près du sol, les arbres et arbustes poussent nettement plus haut et peuvent occuper la surface au-dessus des grandes cultures ou des prairies et pâturages. La même chose se passe dans le sol. Là aussi, les plantes annuelles se contentent généralement d'exploiter les couches supérieures du sol tandis que la végétation ligneuse pérenne est capable d'atteindre les couches plus profondes. Cela a pu être montré clairement dans une étude de cas suisse, dans laquelle le système racinaire de deux vieux poiriers situés dans un champ a été exploré à l'aide d'un géoradar. On a constaté que les poiriers ont adapté leur système racinaire au labour régulier et l'ont développé sous l'horizon racinaire de la grande culture. Leurs racines se sont étendues jusqu'à 6 m à l'horizontale, sous l'horizon de labour.

L'exploitation de différents horizons pédologiques permet aux systèmes agroforestiers d'optimiser le cycle des nutriments. D'une part, ils peuvent atteindre plus de nutriments dans les couches inférieures du sol et servir ainsi de « pompe à nutriments » et, d'autre part, ils peuvent profiter des nutriments en excès et réduire le risque de lessivage. Les excès de substances nutritives des engrais agricoles ne sont plus perdus par ruissellement ou lessivage mais captés et exploités par les racines des arbres. Les ligneux et leurs racines forment ainsi une sorte de « filet de sécurité » pour les nutriments sous la surface cultivée. La réduction des pertes de nutriments grâce aux systèmes agroforestiers a été mise en évidence dans plusieurs études de terrain pour l'azote et le phosphore et est déjà activement utilisée dans la pratique par certaines associations de gestion des eaux pour préserver la propreté des eaux souterraines et de l'eau potable. Pour les gaz émis dans l'air tels que l'ammoniac et le protoxyde d'azote, les systèmes agroforestiers permettent d'obtenir des réductions tout aussi intéressantes. Plus d'informations à ce sujet au point 9.4.5 « Air ».

9.4.4 Biodiversité

Les services écosystémiques et la biodiversité sont étroitement liés, car lesdits services sont essentiellement fournis par des êtres vivants : micro- et macroorganismes, formes sauvages et domestiquées, végétaux et animaux. Mais la biodiversité mérite d'être préservée en soi (« valeur d'existence »). Là encore, les systèmes agroforestiers ont un rôle à jouer. Les systèmes agroforestiers aménagés dans des espaces agricoles ouverts augmentent la diversité des habitats et attirent des espèces d'animaux et de végétaux qui ont besoin des structures ligneuses pour vivre. Pâturages boisés, fruitiers haute-tige de plein vent, châtaigneraies et haies sont encouragés par des paiements directs en raison de leur valeur ajoutée pour la biodiversité et le paysage. Mais les systèmes agroforestiers modernes peuvent eux aussi contribuer au maillage écologique des ligneux, que ce soit entre eux ou avec la lisière des bois et forêts. Les ligneux représentent jusqu'à 80 % des espèces de végétaux qui produisent, assez tôt dans l'année, du pollen qui sera récolté, p. ex., par les bourdons, abeilles sauvages, syrphes et coccinelles. Parmi les plus importants, les saules, les chênes, les érables, les cerisiers et les bouleaux contribuent à développer les populations de ces auxiliaires des cultures. La nécessité d'avoir suffisamment de pollinisateurs pour que les cultures dépendant de la pollinisation par les insectes atteignent leur plein rendement a été largement démontrée. Par exemple, les fleurs de cerisiers en relation avec d'autres structures ligneuses et la lisière d'un bois ou d'une forêt sont plus souvent fécondées par les abeilles sauvages. Une augmentation de la production de fruits a même pu être observée.

Une plus grande biodiversité va aussi souvent de pair avec une plus grande stabilité, car elle permet aux systèmes de mieux réagir aux perturbations (résilience). Si, p. ex., une plantation fruitière en fleurs ne peut pas être suffisamment fécondée par les abeilles domestiques parce que le temps est trop froid ou trop venteux pour elles, les espèces de bourdons et d'abeilles sauvages mieux adaptées à ces conditions météorologiques peuvent entrer en scène – pour autant qu'elles soient présentes.

Une méta-analyse montre que les systèmes agroforestiers européens ont généralement un impact positif sur la biodiversité par rapport à d'autres types d'utilisation des terres (surfaces herbagères, terres arables, forêts). Les arbres et arbustes pérennes créent de nouveaux habitats pour les végétaux et les animaux, et peuvent servir de refuges et de sites d'hivernage. De plus, les ligneux constituent une ressource alimentaire supplémentaire. Par ailleurs, davantage de structures et d'hétérogénéité dans le paysage favorisent aussi la biodiversité fonctionnelle. Les comparaisons entre la diversité et la composition des populations d'oiseaux et de chauve-souris des systèmes agroforestiers et celles de parcelles témoins (grandes cultures pures, surfaces herbagères, forêts) montrent que la composition des espèces dans les systèmes agroforestiers diffère de celle des autres espaces. L'agroforesterie constitue, dès lors, un habitat caractéristique susceptible d'augmenter la diversité des espèces dans les paysages agricoles. Inversement, il existe aussi des espèces qui ont besoin de paysages ouverts, sans structures verticales, notamment certains nicheurs au sol comme l'alouette des champs. C'est pourquoi l'aménagement des systèmes agroforestiers doit aussi être planifié au niveau régional et certains espaces agricoles ouverts comportant d'autres éléments écologiques, tels que les bandes fleuries, jachères florales et prairies extensives, doivent être revalorisés. D'où la nécessité de discuter de la priorisation de l'aménagement des systèmes agroforestiers sur le territoire.

Les résultats initiaux livrés par des parcelles agroforestières en Suisse montrent que les effets positifs de l'agroforesterie sur le paysage environnant se font déjà sentir quelques années seulement après la mise en œuvre. Dans les 30 parcelles agroforestières étudiées, de nombreuses espèces de groupes taxonomiques différents ont été mises en évidence, dont des espèces de la liste rouge et des objectifs environnementaux pour l'agriculture (OEA). Les espèces profitent bel et bien du fait que les arbres ou les haies fourragères, ainsi que les bandes de végétations entretenues, créent des habitats et des structures supplémentaires dans le paysage.

9.4.5 Air

Notre air se compose principalement d'azote et d'oxygène mais il contient aussi toujours plus de particules et de polluants aériens tels que les pollens, les particules fines, l'ozone, les oxydes d'azote ou les composés organiques volatils. La végétation peut assurer une fonction de filtration et d'épuration de l'air et réduire ainsi la concentration de polluants. Les particules peuvent former des dépôts à la surface des feuilles, des aiguilles, des rameaux, des branches et du tronc. Les gaz ou les particules atmosphériques, par contre, sont « captés » par la végétation ou absorbés dans les tissus végétaux. Si certaines substances sont directement intégrées dans les tissus végétaux, la majeure partie des particules restent en surface et sont emportées par les prochaines précipitations, retombent au sol et retournent ainsi dans le système.

Les arbres et les arbustes ont une capacité de filtration de l'air particulièrement élevée. Ils offrent en effet une surface totale très importante, grâce à la surface individuelle cumulée de la multitude de feuilles ou d'aiguilles qui forment la couronne. La surface globale par unité de volume est donc beaucoup plus élevée que celle d'autres objets. De plus, les feuilles, les aiguilles et les branches ont une surface particulièrement rugueuse. Certains ligneux ont ainsi des poils sur les feuilles ou des aiguilles cireuses. L'étendue et la rugosité des surfaces augmentent la quantité de dépôts de substances polluantes et font des arbres de très efficaces « purificateurs d'air ».

Cet effet purifiant de la végétation est toutefois aussi remis en question. La végétation haute réduit localement la circulation des courants aériens (vents), voire la bloque complètement (selon l'intensité, la densité et la hauteur de la végétation). Ce qui est souvent considéré comme un avantage quand il y a moins de vent ou qu'il fait moins froid, peut devenir un inconvénient quand de l'air pollué se retrouve piégé sans pouvoir circuler et que les concentrations de polluants augmentent fortement dans un espace restreint. Le pouvoir de purification de l'air des systèmes agroforestiers est en outre fortement influencé par :

- la taille et la forme des particules de poussière et de polluants ;
- les paramètres météorologiques tels que les précipitations, la vitesse du vent, le rayonnement, l'humidité (de l'air) et la température ;
- le type de végétation (taille et forme), la configuration et les espèces individuelles (capacité des espèces présentes à absorber les polluants) : p. ex. feuillage persistant ou caduc, poils ou cire sur les feuilles et les aiguilles, indice de surface foliaire (leaf area index, LAI) en fonction du temps ;
- la proximité spatiale de la source d'émission ;
- les effets de bordure : dépôts accrus à la frontière entre deux types d'utilisations du sol (p. ex. lisière de forêt, mais aussi systèmes agroforestiers).

Les analyses des capacités de filtration des dépôts secs se concentrent souvent sur les arbres des villes mais le « pouvoir » des forêts et des systèmes agroforestiers sur ce plan n'a que rarement été évalué. Des chercheurs et chercheuses basques ont simulé la capacité de filtration de dépôts secs de dioxyde d'azote (NO2), d'ozone (O3), de dioxyde de soufre (SO2), de monoxyde de carbone (CO) et de particules fines (PM10) à l'échelle régionale et constaté que les arbres ont un important pouvoir purifiant, en particulier à proximité immédiate d'une source d'émissions.

On tiendra néanmoins aussi compte du fait que les arbres peuvent contribuer à la pollution de l'air. Ils émettent en effet des composés organiques volatils qui peuvent participer à la formation d'ozone et de monoxyde de carbone.

9.4.6 Climat

Réservoirs de carbone

Pour croître, les végétaux ont besoin de lumière et de chaleur, d'eau, d'air et de nutriments. Dans l'air, ils captent principalement le dioxyde de carbone (CO_2), qu'ils utilisent avec l'eau (H_2O) comme ingrédient de base de la photosynthèse pour produire des glucides (hydrates de carbone, $C_6H_{12}O_6$) et de l'oxygène (O_2). Environ 50 % de la biomasse ligneuse est constituée de carbone. C'est le cas pour la biomasse aérienne du tronc, des branches et des feuilles, mais aussi pour la biomasse souterraine des racines. Ce carbone a été directement « prélevé » dans l'air et peut donc être considéré comme un réservoir actif de carbone. Selon les systèmes agroforestiers et les sites d'implantation, le volume de stockage correspondant peut toutefois fortement varier. Cette variabilité est encore accentuée par les différentes espèces d'arbres, la densité de végétation et certains types d'exploitation spécifiques. En règle générale, en Suisse, on considère qu'un hectare de système agroforestier de 50 arbres haute-tige avec une durée de vie de 50 ans peut stocker environ 1 t de carbone ou 3,67 t d'équivalent carbone (CO_{2eq}) par an dans la seule biomasse. Il s'agit de valeurs moyennes sur toute la durée de vie des arbres alors que, dans la réalité, les jeunes arbres ont une capacité de stockage moins élevée que les arbres plus âgés. De plus, ces valeurs étaient différentes pour un système agroforestier composé de haies plantées en bordure de champ ou avec une densité de peuplement plus élevée. Une étude menée à l'échelon européen indique une fourchette comprise entre 0,09 t C ha^{-1} a^{-1} pour les systèmes de haies en bordure de champ et 7,29 t C ha^{-1} a^{-1} pour les arbres à croissances rapide. À cela s'ajoute une augmentation de la matière organique ou du carbone organique contenus dans le sol, comme nous l'avons décrit au point 9.4.2 « Sol ».

Outre leur effet sur le stockage du carbone, les systèmes agroforestiers agissent aussi directement sur le microclimat de leur site d'implantation. S'ils ont un effet rafraîchissant sur leur environnement au plus chaud de l'été, ils ont plutôt un effet équilibrant en plein cœur de l'hiver. Cet effet autorégulateur profite non seulement aux ligneux eux-mêmes, mais aussi à tout ce qui se trouve autour.

Effet rafraîchissant

C'est la photosynthèse qui permet l'effet rafraîchissant observé en été. Pendant ce processus, les ligneux et les autres plantes rejettent de l'eau par évaporation. L'eau qui s'échappe à la surface des feuilles et s'évapore dans l'air environnant le rafraîchit par la même occasion. Dans le même temps, l'ombre des arbres réduit aussi la température. Au total, sous de grands arbres, il peut faire 2 °C de moins que dans leur environnement immédiat. En forêt, la différence peut même atteindre 4 °C. Sur la base de données satellites, les études portant sur les forêts européennes ont montré que la température moyenne en hiver et en automne était d'environ 2 °C au-dessus de celle d'un paysage ouvert, tandis qu'elle se situait 2,1 °C en-dessous en été et au printemps. Cet effet autorégulateur de la végétation plus haute sur l'environnement s'observe aussi dans les systèmes agroforestiers avec des arbres haute-tige.

Cet effet régulateur sur le climat profite non seulement aux hommes, mais aussi aux animaux. Les systèmes agroforestiers sylvopastoraux permettent de garder les animaux presque toute l'année à l'extérieur et d'augmenter ainsi leur résistance et leur productivité. La prévention du stress dû à la chaleur chez les vaches, par exemple, se répercute positivement sur la quantité de lait et sa qualité. Dans les pâtures, les arbres procurent non seulement de l'ombre mais protègent aussi de la pluie, du froid et des prédateurs. Les poules et les porcs, qui utilisent souvent toute la surface des parcours plantés d'arbres, profitent également de cette fonction protectrice.

Comme les forêts, les systèmes agroforestiers peuvent toutefois aussi être perçus comme des obstacles, car ils peuvent modifier les conditions d'écoulement de l'air. L'enjeu central est ici l'adaptation au changement climatique et, plus particulièrement, le refroidissement durable des villes et des zones urbaines. Les corridors d'air frais, autrement dit de larges espaces sans constructions, doivent permettre à l'air plus froid de la périphérie de circuler dans les villes. Pour que cet afflux d'air froid et frais se fasse sans obstacles, il faut prévoir des zones de génération et d'écoulement de l'air, libres de bâtiments mais aussi de structures végétales élevées comme celles des systèmes agroforestiers.

Feux de forêt

En Europe, le risque de feux de forêts était jusqu'ici cantonné à l'espace méditerranéen. Plusieurs conditions doivent être réunies : la chaleur, de l'oxygène et une biomasse inflammable (p. ex. fines branches, feuilles sèches ou bois mort dans les forêts et les clairières). Quand ces trois éléments sont présents, les feux de forêts peuvent se propager. En Espagne et au Portugal, les *dehesas* et les *montados* sont des systèmes agroforestiers traditionnels constitués de chênes (sessiles, lièges et pubescents), le plus souvent sur des surfaces herbagères pâturées par des vaches, des moutons, des chèvres ou des porcs. Outre les plantes du sous-bois, les animaux consomment les feuilles, les glands et les petites branches. Ils font baisser la quantité de matières inflammables, « nettoient » les surfaces et réduisent ainsi le risque d'incendie. Une équipe de chercheurs·euses européen·nes a pu montrer que le risque d'incendie était réduit, voire nul, dans les régions disposant de systèmes agroforestiers actifs.

Avec le changement climatique caractérisé par une hausse des températures et une réduction des précipitations estivales pouvant aller jusqu'à la sécheresse, les incendies de forêt se multiplient également sous les latitudes tempérées, plutôt continentales, de la Suisse, de la France, de l'Allemagne et de l'Autriche. Mais tandis que la végétation méditerranéenne est (plus ou moins) adaptée aux incendies et que certaines plantes ont même besoin du feu et de la chaleur pour se reproduire, les forêts et ligneux d'Europe centrale n'ont pas développé de tels mécanismes d'adaptation et sont livrés « sans défense » au feu. Sans compter qu'en Europe centrale, la gestion des forêts et de la végétation ligneuse ne se concentre pas sur le même type d'évènements. Bien sûr, il existe de nombreux étangs anti-incendie et bassins de retenue d'eau mais la possibilité de faire pâturer les animaux en forêt, ce qu'on appelle les pâturages boisés, a été interdite (cf. chapitre 11). Des raisons historiques justifient cette réglementation. Au Moyen-Âge, les forêts ont été surexploitées et dégradées à cause d'un pâturage trop intensif, au point de menacer leur peuplement. Ce n'est plus le cas aujourd'hui. Les systèmes agroforestiers, et plus précisément l'association de ligneux et d'animaux offrant une protection active contre le risque d'incendie, pourraient constituer une solution innovante méritant d'être étudiée aussi sous nos latitudes.

9.4.7 Services culturels

Outre les services environnementaux, il convient de s'intéresser aussi aux services culturels comme la perception du paysage et son appropriation aux activités sportives. Les études menées sur les paysages agroforestiers en Europe montrent de façon frappante que ces paysages fournissent des services culturels plus importants. Ils sont notamment très appréciés pour les activités sportives, les interactions sociales et sont jugés comme des paysages « inspirants ». Des chercheurs suisses ont montré que les haies et les fruitiers haute-tige sont les éléments du paysage agricole les plus prisés par la population générale sur le plan esthétique (voir aussi Schüpbach et al. 2019) – encore plus, par exemple, que les prairies multi-espèces et les champs de colza en fleurs. Dans les deux régions de l'étude (Saignelégier et Schwarzbubenland), les paysages agroforestiers étaient plus appréciés que les paysages boisés et les paysages agricoles ouverts également présents.

9.4.8 Prestations en faveur du paysage

Comme évoqué ci-dessus, les services écosystémiques englobent les biens directement utilisables, comme les aliments et une eau propre, les services régulateurs, comme la séquestration du carbone et la protection du sol, et les services culturels comme la perception du paysage et l'espace disponible pour les activités sportives. Mesurer ces services à l'échelle d'un paysage n'est que difficilement possible ; on peut juste s'en faire une idée approximative. Mais les différences entre des paysages divers peuvent être estimées à l'aide de modèles, d'enquêtes et de valeurs empiriques.

Comparer la productivité de paysages entiers est également complexe et seulement possible de manière très générale. La recharge des nappes phréatiques ainsi que la production de biomasse, par exemple, peuvent être modélisées et servir d'indicateurs. On parle ici de l'ensemble de la biomasse qui pousse et peut être récoltée chaque année (principalement le fourrage et les produits des champs). Cette approche ne reflète que de manière très limitée les véritables fonctions des systèmes agroforestiers. Dans l'étude susmentionnée, l'élevage ou la production de lait et de viande des systèmes sylvopastoraux ne sont pas pris en compte. C'est dans les paysages agricoles ouverts que l'accroissement annuel de la biomasse et la recharge des nappes phréatiques sont le plus élevés. La réserve de biomasse, en revanche, est maximale dans les paysages boisés. Les systèmes agroforestiers se situent entre ces deux pôles.

Témoignage pratique

Voici le témoignage d'un pionnier de l'agroforesterie de l'Unterland zurichois. Il a planté des rangées de poiriers de différentes variétés entre lesquelles il cultive des légumes.

« Nos ancêtres ont façonné les paysages dont nous avons hérité. Ils ont décidé où ils voulaient exploiter des surfaces boisées et où ils voulaient privilégier des surfaces agricoles. Les agriculteurs d'autrefois ont aussi beaucoup travaillé avec les arbres et aménagé le paysage agricole en conséquence. Avec mon système agroforestier, je veux contribuer à l'aménagement du paysage qui nous entoure et laisser quelque chose à ceux qui viendront après moi. C'est l'une des principales raisons qui m'ont fait choisir les poiriers. Les poiriers peuvent devenir des arbres majestueux et emblématiques du paysage où ils se trouvent. »

En ce qui concerne les services régulateurs, les paysages des deux régions étudiées et leurs systèmes agroforestiers respectifs diffèrent également. Les pâturages boisés obtiennent de meilleurs résultats en termes de capacité à retenir les nutriments, de protection contre l'érosion et de stockage du carbone que les paysages avec des vergers haute-tige de plein vent – des résultats du même ordre que ceux des paysages boisés et un peu plus élevés que ceux des paysages agricoles ouverts. Les paysages avec des vergers haute-tige de plein vent montrent par ailleurs des valeurs plus faibles sur le plan du lessivage des nitrates et de l'érosion que les paysages agricoles ouverts, ainsi qu'une séquestration et un stockage du carbone plus importants. Par ailleurs, les services culturels des paysages agroforestiers ont été perçus comme plus élevés ou plus positivement. Les riverains interrogés y pratiquaient non seulement plus volontiers des activités sportives mais se réunissaient aussi davantage pour des interactions sociales ou trouvaient ces paysages inspirants.

On peut donc évaluer les différents services écosystémiques et comparer ensuite les différents systèmes mais, pour une évaluation globale, il est aussi nécessaire de prioriser ces services : dans une région donnée, faut-il accorder plus d'importance à la protection du sol ou à la biodiversité ? Ou encore à la productivité ? On manque de bases scientifiques pour une telle priorisation ; elle doit venir de la société. Une autre possibilité serait la monétisation des services écosystémiques. On disposerait ainsi d'une unité commune (valeur monétaire) pour tous ces services et on pourrait en faire le bilan. L'inconvénient de cette manière de procéder est bien sûr que seule une partie des services écosystémiques peuvent se voir attribuer une valeur monétaire. Les chercheurs·euses ont déduit de telles valeurs pour la recharge des nappes phréatiques, la séquestration du carbone, le lessivage des nitrates, la perte de sol par érosion et les potentiels déficits de pollinisation, puis les ont mises en regard des recettes de la production agricole et sylvicole. Ils ont conclu que les recettes annuelles de la production des paysages agricoles ouverts étaient plus élevées que celles des paysages agroforestiers, mais seulement si l'on fait abstraction de la valeur ajoutée des autres services écosystémiques. Si l'on inclut ces services dans le calcul, les paysages agroforestiers sont plus performants.

9.5 Valorisation des services environnementaux

Les systèmes agroforestiers protègent l'eau, le sol, le climat, le paysage et la biodiversité (cf. point 9.4 « Services environnementaux »). Ces services environnementaux ou écosystémiques sont appréciés à de nombreux égards par la société. Pourtant, la fourniture de ces services n'est souvent pas valorisée financièrement et les entreprises agricoles, les exploitant·es ou les propriétaires terriens qui les fournissent ne sont pas rémunérés pour cela. Il existe des pistes pour remédier à cette lacune en essayant de calculer un prix pour le stockage du carbone, une eau propre ou la protection de la biodiversité, et pour rétribuer financièrement les exploitations pour cette « valeur ajoutée ». Ces pistes sont déjà relativement bien avancées en matière de protection de l'environnement ou de ce qu'on appelle le « carbon farming ».

9.5.1 Compensations pour l'agriculture carbone (« carbon farming »)

Lors de la Conférence de Paris sur les changements climatiques de 2015/COP 21, de nombreux pays, dont la Suisse, se sont engagés à réduire leurs émissions de gaz à effet de serre. À l'horizon 2030, la Suisse veut atteindre une réduction de 50 % par rapport à 1990 et vise des émissions nettes nulles d'ici à 2050. Pour y parvenir, il faut à la fois réduire les émissions actuelles et favoriser les « émissions négatives », autrement dit décarboner l'atmosphère. Dans la pratique agricole, ce dernier processus est possible grâce à ce qu'on appelle le « carbon farming ».

Lorsqu'ils ou elles pratiquent le « carbon farming », les exploitant·es ou les propriétaires terrien·nes reçoivent une compensation financière pour l'élimination du dioxyde de carbone présent dans l'air et son stockage dans le sol et la biomasse. Cela peut être très intéressant dans le contexte de l'agroforesterie, car le carbone est stocké dans les arbres, et aussi en partie dans le sol. Toutefois, tous les systèmes agroforestiers ne sont pas nécessairement adaptés à un projet de « carbon farming ». Les principes suivants doivent être respectés :

- **L'additionnalité** : un projet doit permettre de stocker du carbone en plus, c.-à-d. du carbone qui ne serait pas capté si le projet n'existait pas. Cela signifie que les systèmes agroforestiers déjà existants, qui développeront naturellement de la biomasse et absorberont du carbone dans les prochaines années, ne sont pas éligibles. Ils existent déjà et ne respectent donc pas le critère d'additionnalité.

- **La durabilité :** les projets doivent viser un stockage durable du carbone. Si on peut le garantir avec les arbres pérennes et l'utilisation ultérieure du bois pour l'ameublement ou la construction bois, c'est loin d'être aussi simple pour le stockage à long terme du carbone du sol.
- **L'exclusion du double comptage :** la même réserve de carbone ne peut pas être prise en compte dans deux bilans différents (ou plus). Si, par exemple, les performances du système agroforestier sont incluses dans le bilan de l'exploitation agricole, elles ne peuvent pas en même temps être comptabilisées par la laiterie.
- **Le contrôle externe :** le « carbon farming » et les projets de protection du climat sont soumis à une obligation d'audits externes réguliers permettant de prouver objectivement leur potentiel de stockage.
- **La mesurabilité :** pour permettre le paiement à la tonne des compensations financières liées au stockage du carbone, la quantité stockée doit être à la fois quantifiable et régulièrement vérifiable. La quantité de carbone dans la biomasse et le sol doit donc être mesurée au début et à la fin d'un projet. Le bilan obtenu correspond à la quantité de carbone stockée en plus. Si elle peut être calculée relativement simplement à l'aide de la biomasse aérienne pour les arbres nouvellement plantés, les calculs sont plus délicats en ce qui concerne le sol. Les mesures de la quantité de carbone dans le sol peuvent être très variables selon les années et les saisons et induire de grosses différences entre le bilan initial et le bilan final.

Le carbone stocké dans les projets peut être utilisé sur le « marché volontaire du carbone » (= voluntary carbon market) ou le « marché réglementé du carbone » (= compliance market). Ce dernier est régi par des prescriptions légales et concerne uniquement les entreprises dans l'obligation de compenser leurs émissions. Le marché volontaire, en revanche, réunit des entreprises qui s'efforcent volontairement de compenser leurs émissions. Ce marché et ses conditions sont donc, dans une certaine mesure, plus flexibles. En Suisse, on recense un très petit nombre de projets qui soutiennent l'aménagement et l'entretien de systèmes agroforestiers par des financements pour la protection du climat sur le marché volontaire du carbone.

9.5.2 Compensations pour l'eau et la biodiversité

Si, dans le secteur climatique, la compensation du stockage de carbone est déjà une réalité (les premiers projets existent et les premiers paiements ont été effectués), d'autres services environnementaux ne bénéficient pas encore de compensations financières. Notamment parce que la protection de l'eau et la préservation de la biodiversité sont plus difficilement quantifiables et mesurables. En Suisse et en Europe, seuls de rares projets prévoient un soutien financier pour la plantation d'arbres et de haies, dans le cadre de projets de maillage écologique et d'entretien du paysage en faveur de la biodiversité, ou pour la protection de l'eau potable, p. ex. à l'initiative d'associations de gestion des eaux ou de brasseries.

Bibliographie

Agridea. « Promotion de la biodiversité dans l'exploitation agricole ». Agridea, 2024.

Battie-Laclau, Patricia, Elisa Taschen, Claude Plassard, Damien Dezette, Josiane Abadie, Didier Arnal, Philippe Benezech, et. al. Role of Trees and Herbaceous Vegetation beneath Trees in Maintaining Arbuscular Mycorrhizal Communities in Temperate Alley Cropping Systems. *Plant and Soil* 453, N° 1–2 (août 2020): 153–71. https://doi.org/10.1007/s11104-019-04181-z.

Bergeron, Mélanie, Simon Lacombe, Robert L. Bradley, Joann Whalen, A. Cogliastro, Marie-France Jutras et Paul Arp. Reduced Soil Nutrient Leaching Following the Establishment of Tree-Based Intercropping Systems in Eastern Canada. *Agroforestry Systems* 83, N° 3 (novembre 2011): 321–30. https://doi.org/10.1007/s10457-011-9402-7.

Bertrand, Colette, Philipp W. Eckerter, Lolita Ammann, Martin H. Entling, Erika Gobet, Felix Herzog, Laia Mestre, Willy Tinner et Matthias Albrecht. Seasonal Shifts and Complementary Use of Pollen Sources by Two Bees, a Lacewing and a Ladybeetle Species in European Agricultural Landscapes. Publié par Lucas Garibaldi. *Journal of Applied Ecology* 56, N° 11 (novembre 2019): 2431–42. https://doi.org/10.1111/1365-2664.13483.

Bischoff, Gerd et Kuratorium für Waldarbeit und Forsttechnik, éd. *Der Forstwirt: 104 Tabellen*. 6., Aktualisierte Aufl. Stuttgart: Ulmer, 2015.

Bravar, L. et M.L. Kavvas. On the Physics of Droughts. I. A Conceptual Framework. *Journal of Hydrology* 129, N° 1–4 (décembre 1991): 281–97. https://doi.org/10.1016/0022-1694(91)90055-M.

Caldwell, Martyn M., Todd E. Dawson et James H. Richards. Hydraulic lift: consequences of water efflux from the roots of plants. *Oecologia* 113, N° 2 (1998): 151–61. https://doi.org/10.1007/s004420050363.

Damianidis, Christos, Jose Javier Santiago-Freijanes, Michael Den Herder, Paul Burgess, Maria Rosa Mosquera-Losada, Anil Graves, Andreas Papadopoulos, et. al. Agroforestry as a Sustainable Land Use Option to Reduce Wildfires Risk in European Mediterranean Areas. *Agroforestry Systems* 95, N° 5 (juin 2021): 919–29. https://doi.org/10.1007/s10457-020-00482-w.

De Carvalho, André Mundstock Xavier, Rodrigo De Castro Tavares, Irene Maria Cardoso et Thomas W. Kuyper. Mycorrhizal Associations in Agroforestry Systems. In *Soil Biology and Agriculture in the Tropics*, publié par Patrice Dion, 21:185–208. Berlin, Heidelberg: Springer Berlin Heidelberg, 2010. https://doi.org/10.1007/978-3-642-05076-3_9.

Durán Zuazo, Víctor Hugo et Carmen Rocío Rodríguez Pleguezuelo. Soil-Erosion and Runoff Prevention by Plant Covers. A Review. *Agronomy for Sustainable Development* 28, N° 1 (mars 2008): 65–86. https://doi.org/10.1051/agro:2007062.

Edo, Manon, Martin H. Entling et Verena Rösch. Agroforestry Supports High Bird Diversity in European Farmland. *Agronomy for Sustainable Development* 44, N° 1 (février 2024): 1. https://doi.org/10.1007/s13593-023-00936-2.

Ellison, David, Cindy E. Morris, Bruno Locatelli, Douglas Sheil, Jane Cohen, Daniel Murdiyarso, Victoria Gutierrez, et. al. Trees, Forests and Water: Cool Insights for a Hot World. *Global Environmental Change* 43 (mars 2017): 51–61. https://doi.org/10.1016/j.gloenvcha.2017.01.002.

Fahad, Shah, Ali A. Bajwa, Usman Nazir, Shakeel A. Anjum, Ayesha Farooq, Ali Zohaib, Sehrish Sadia, et. al. Crop Production under Drought and Heat Stress: Plant Responses and Management Options. *Frontiers in Plant Science* 8 (29 juin 2017): 1147. https://doi.org/10.3389/fpls.2017.01147.

Farooq, M., A. Wahid, N. Kobayashi, D. Fujita et S. M. A. Basra. Plant Drought Stress: Effects, Mechanisms and Management. *Agronomy for Sustainable Development* 29, N° 1 (mars 2009): 185–212. https://doi.org/10.1051/agro:2008021.

Freer-Smith, P. H., A. A. El-Khatib et Gail Taylor. Capture of Particulate Pollution by Trees: A Comparison of Species Typical of Semi-Arid Areas (Ficus Nitida and Eucalyptus Globulus) with European and North American Species. *Water, Air, & Soil Pollution* 155, N° 1–4 (juin 2004): 173–87. https://doi.org/10.1023/B:WATE.0000026521.99552.fd.

García De Jalón, S, P.J Burgess, J Curiel Yuste, G Moreno, A Graves, J.H.N Palma, J Crous-Duran, S. Kay et A Chiabai. Dry Deposition of Air Pollutants on Trees at Regional Scale: A Case Study in the Basque

Country. *Agricultural and Forest Meteorology* 278 (novembre 2019): 107648. https://doi.org/10.1016/j.agrformet.2019.107648.

Gil Cordeiro, Diego Manuel. Keyline-Design als Wassermanagementstrategie in der Landwirtschaft, 2023. https://doi.org/10.21256/ZHAW-27907.

Graves, A.R., J. Morris, L.K. Deeks, R.J. Rickson, M.G. Kibblewhite, J.A. Harris, T.S. Farewell et I. Truckle. The Total Costs of Soil Degradation in England and Wales. *Ecological Economics* 119 (novembre 2015): 399–413. https://doi.org/10.1016/j.ecolecon.2015.07.026.

Guidolotti, Gabriele, Carlo Calfapietra, Emanuele Pallozzi, Giovanni De Simoni, Raffaela Esposito, Michele Mattioni, Giacomo Nicolini, Giorgio Matteucci et Enrico Brugnoli. Promoting the Potential of Flux-Measuring Stations in Urban Parks: An Innovative Case Study in Naples, Italy. *Agricultural and Forest Meteorology* 233 (février 2017): 153–62. https://doi.org/10.1016/j.agrformet.2016.11.004.

Haesen, Stef, Jonas J. Lembrechts, Pieter De Frenne, Jonathan Lenoir, Juha Aalto, Michael B. Ashcroft, Martin Kopecký, et. al. ForestTemp – Sub-canopy Microclimate Temperatures of European Forests. *Global Change Biology* 27, N° 23 (décembre 2021): 6307–19. https://doi.org/10.1111/gcb.15892.

Heijden, Marcel G. A. Van Der. Underground Networking. *Science* 352, N° 6283 (2016): 290–91. https://doi.org/10.1126/science.aaf4694.

Hugenschmidt, Johannes et Sonja Kay. Unmasking Adaption of Tree Root Structure in Agroforestry Systems in Switzerland Using GPR. *Geoderma Regional* 34 (septembre 2023): e00659. https://doi.org/10.1016/j.geodrs.2023.e00659.

Jäger, Mareike. Systèmes agroforestiers. Combiner arbres haute-tige, fruitiers sauvages et feuillus avec des plantes cultivées. AGRIDEA, janvier 2017. https://agridea.abacuscity.ch/de/A~3048/0~0~Shop/.

Janhäll, Sara. Review on Urban Vegetation and Particle Air Pollution – Deposition and Dispersion. *Atmospheric Environment* 105 (März 2015): 130–37. https://doi.org/10.1016/j.atmosenv.2015.01.052.

Jia, Yangyang, Marcel G. A. Van Der Heijden, Cameron Wagg, Gu Feng et Florian Walder. Symbiotic Soil Fungi Enhance Resistance and Resilience of an Experimental Grassland to Drought and Nitrogen Deposition. *Journal of Ecology* 109, N° 9 (septembre 2021): 3171–81. https://doi.org/10.1111/1365-2745.13521.

Junge, Xenia, Beatrice Schüpbach, Thomas Walter, Bernhard Schmid et Petra Lindemann-Matthies. Aesthetic Quality of Agricultural Landscape Elements in Different Seasonal Stages in Switzerland. *Landscape and Urban Planning* 133 (janvier 2015): 67–77. https://doi.org/10.1016/j.landurb-plan.2014.09.010.

Kay, Sonja, Josep Crous-Duran, Nuria Ferreiro-Domínguez, Silvestre García De Jalón, Anil Graves, Gerardo Moreno, María Rosa Mosquera-Losada, et. al. Spatial Similarities between European Agroforestry Systems and Ecosystem Services at the Landscape Scale. *Agroforestry Systems* 92, N° 4 (août 2018): 1075–89. https://doi.org/10.1007/s10457-017-0132-3.

Kay, Sonja, Josep Crous-Duran, Silvestre García De Jalón, Anil Graves, João H. N. Palma, José V. Roces-Díaz, Erich Szerencsits, Robert Weibel et Felix Herzog. Landscape-Scale Modelling of Agroforestry Ecosystems Services in Swiss Orchards: A Methodological Approach. *Landscape Ecology* 33, N° 9 (septembre 2018): 1633–44. https://doi.org/10.1007/s10980-018-0691-3.

Kay, Sonja, Anil Graves, João H.N. Palma, Gerardo Moreno, José V. Roces-Díaz, Stéphanie Aviron, Dimitrios Chouvardas, et. al. Agroforestry Is Paying off – Economic Evaluation of Ecosystem Services in European Landscapes with and without Agroforestry Systems. *Ecosystem Services* 36 (avril 2019): 100896. https://doi.org/10.1016/j.ecoser.2019.100896.

Kay, Sonja, Carlo Rega, Gerardo Moreno, Michael Den Herder, João H.N. Palma, Robert Borek, Josep Crous-Duran, et. al. «Agroforestry Creates Carbon Sinks Whilst Enhancing the Environment in Agricultural Landscapes in Europe». *Land Use Policy* 83 (avril 2019): 581–93. https://doi.org/10.1016/j.landusepol.2019.02.025.

Litschke, Tom et Wilhelm Kuttler. On the Reduction of Urban Particle Concentration by Vegetation a Review. *Meteorologische Zeitschrift* 17, N° 3 (23 juin 2008): 229–40. https://doi.org/10.1127/0941-2948/2008/0284.

Mariraj Mohan, S. An Overview of Particulate Dry Deposition: Measuring Methods, Deposition Velocity and Controlling Factors. *International Journal of Environmental Science and Technology* 13, N° 1 (janvier 2016): 387–402. https://doi.org/10.1007/s13762-015-0898-7.
Max-Planck-Gesellschaft. Wie Salz im Regenwald zu Wolken wird, 20 mars 2024. https://www.mpg.de/6329569/pflanzen_pilze_salz_aerosol.
Monteith, J.L., C.K. Ong et J.E. Corlett. Microclimatic Interactions in Agroforestry Systems. *Forest Ecology and Management* 45, N° 1–4 (novembre 1991): 31–44. https://doi.org/10.1016/0378-1127(91)90204-9.
Mortier, Emma, Olivier Lamotte, Fabrice Martin-Laurent et Ghislaine Recorbet. Forty Years of Study on Interactions between Walnut Tree and Arbuscular Mycorrhizal Fungi. A Review. *Agronomy for Sustainable Development* 40, N° 6 (décembre 2020): 43. https://doi.org/10.1007/s13593-020-00647-y.
Nowak, David J., Daniel E. Crane et Jack C. Stevens. Air Pollution Removal by Urban Trees and Shrubs in the United States. *Urban Forestry & Urban Greening* 4, N° 3–4 (avril 2006): 115–23. https://doi.org/10.1016/j.ufug.2006.01.007.
Nowak, David J., Satoshi Hirabayashi, Allison Bodine et Robert Hoehn. Modeled PM2.5 Removal by Trees in Ten U.S. Cities and Associated Health Effects. *Environmental Pollution* 178 (juillet 2013): 395–402. https://doi.org/10.1016/j.envpol.2013.03.050.
Nowak et Heisler. *Air Quality Effects of Urban Trees and Parks,* 2010.
Ong, C. K., Colin R. Black, Julia Wilson, C.A.B. International et International Centre for Research in Agroforestry, éd. *Tree-crop interactions: agroforestry in a changing climate.* Second Edition. Wallingford, Oxfordshire. UK; Boston, MA, USA: CAB International, 2015.
Pontiggia, A., A. Münger, S. Ammer, C. Philipona, R.M. Bruckmaier, N.M. Keil et F. Dohme-Meier. Short-Term Physiological Responses to Moderate Heat Stress in Grazing Dairy Cows in Temperate Climate. *Animal* 17, N° 3 (mars 2023): 100718. https://doi.org/10.1016/j.animal.2023.100718.
Rahman, M. Rahman M.: Comparing the cooling benefits of different urban tree species at contrasting growth conditions. In *Verhandlungen der Gesellschaft für* Ökolog*ie, Band 46. Jahrestagung der Gesellschaft für* Öko*logie,* 367–68, 2016.
Rockwood, D. L., C. V. Naidu, D. R. Carter, M. Rahmani, T. A. Spriggs, C. Lin, G. R. Alker, J. G. Isebrands et S. A. Segrest. Short-rotation woody crops and phytoremediation: Opportunities for agroforestry? In *New Vistas in Agroforestry,* publié par P. K. R. Nair, M. R. Rao et L. E.
Buck, 1:51–63. Dordrecht: Springer Netherlands, 2004. https://doi.org/10.1007/978-94-017-2424-1_4.
Rolo, Victor, Jose V. Roces-Diaz, Mario Torralba, Sonja Kay, Nora Fagerholm, Stephanie Aviron, Paul Burgess, et. al. Mixtures of Forest and Agroforestry Alleviate Trade-Offs between Ecosystem Services in European Rural Landscapes. *Ecosystem Services* 50 (août 2021): 101318. https://doi.org/10.1016/j.ecoser.2021.101318.
Sadava, David, David M. Hillis, H. Craig Heller et Sally D. Hacker. *Purves Biologie.* Publié par Jürgen Markl. Berlin, Heidelberg: Springer Berlin Heidelberg, 2019. https://doi.org/10.1007/978-3-662-58172-8.
Sanderson, Katharine. Trees Eat Pollution Products. *Nature,* 18. août 2008, news.2008.1046. https://doi.org/10.1038/news.2008.1046.
Schlesinger, William H. et Scott Jasechko. Transpiration in the Global Water Cycle. *Agricultural and Forest Meteorology* 189–190 (juin 2014): 115–17. https://doi.org/10.1016/j.agrformet.2014.01.011.
Schoumans, O.F., W.J. Chardon, M.E. Bechmann, C. Gascuel-Odoux, G. Hofman, B. Kronvang, G.H. Rubæk, B. Ulén et J.-M. Dorioz. Mitigation Options to Reduce Phosphorus Losses from the Agricultural Sector and Improve Surface Water Quality: A Review. *Science of The Total Environment* 468–469 (janvier 2014): 1255–66. https://doi.org/10.1016/j.scitotenv.2013.08.061.
Schüepp, Christof, Felix Herzog et Martin H. Entling. Disentangling Multiple Drivers of Pollination in a Landscape-Scale Experiment. *Proceedings of the Royal Society B: Biological Sciences* 281, N° 1774 (2014): 20132667. https://doi.org/10.1098/rspb.2013.2667.

Sosa-Hernández, Moisés A., Eva F. Leifheit, Rosolino Ingraffia et Matthias C. Rillig. Subsoil Arbuscular Mycorrhizal Fungi for Sustainability and Climate-Smart Agriculture: A Solution Right Under Our Feet? *Frontiers in Microbiology* 10 (12 avril 2019): 744. https://doi.org/10.3389/ fmicb.2019.00744.

Sutter, L., D. Ganser, F. Herzog et M. Albrecht. Bestäubung von Kulturpflanzen durch Wild- und Honigbienen in der Schweiz : Bedeutung, Potential für Ertragssteigerungen und Fördermassnahmen. Agroscope, 2021. https://doi.org/10.34776/AS127G.

Terasaki Hart, Drew E., Samantha Yeo, Maya Almaraz, Damien Beillouin, Rémi Cardinael, Edenise Garcia, Sonja Kay, et. al. Priority Science Can Accelerate Agroforestry as a Natural Climate Solution. *Nature Climate Change* 13, N° 11 (novembre 2023): 1179–90. https://doi.org/10.1038/s41558-023-01810-5.

Torralba, Mario, Nora Fagerholm, Paul J. Burgess, Gerardo Moreno et Tobias Plieninger. Do European Agroforestry Systems Enhance Biodiversity and Ecosystem Services? A Meta-Analysis. *Agriculture, Ecosystems & Environment* 230 (août 2016): 150–61. https://doi.org/10.1016/j.agee.2016.06.002.

Vailshery, Lionel Sujay, Madhumitha Jaganmohan et Harini Nagendra. Effect of Street Trees on Microclimate and Air Pollution in a Tropical City. *Urban Forestry & Urban Greening* 12, N° 3 (janvier 2013): 408–15. https://doi.org/10.1016/j.ufug.2013.03.002.

Wiesmeier, Martin, Marina Lungu, Valerian Cerbari, Boris Boincean, Rico Hübner et Ingrid Kögel-Knabner. Rebuilding Soil Carbon in Degraded Steppe Soils of Eastern Europe: The Importance of Windbreaks and Improved Cropland Management. *Land Degradation & Development* 29, N° 4 (avril 2018): 875–83. https://doi.org/10.1002/ldr.2902.

Wolz, Kevin J., Bruce E. Branham et Evan H. DeLucia. Reduced Nitrogen Losses after Conversion of Row Crop Agriculture to Alley Cropping with Mixed Fruit and Nut Trees. *Agriculture, Ecosystems & Environment* 258 (avril 2018): 172–81. https://doi.org/10.1016/j.agee.2018.02.024.

Zellweger-Fischer, Judith, Jael Hoffmann, Pius Korner-Nievergelt, Lukas Pfiffner, Sibylle Stoeckli et Simon Birrer. Identifying Factors That Influence Bird Richness and Abundance on Farms. *Bird Study* 65, N° 2 (3 avApril 2018): 161–73. https://doi.org/10.1080/00063657.2018.1446903.

10 Cadre politique et juridique, planification et promotion de l'agroforesterie

10.1 Cadre politique et juridique général

Si les systèmes agroforestiers sont bien présents dans de nombreux aspects de la politique suisse, ils ne sont souvent mentionnés qu'à titre de « systèmes d'exploitation traditionnels » ou de secteur « de niche ». Les vergers haute-tige font ainsi partie intégrante de la politique agraire suisse tandis que les pâturages boisés et les peuplements de noyers et de châtaigniers sont cités dans la Loi fédérale sur les forêts. Les systèmes agroforestiers modernes, en revanche, ne sont que très progressivement pris en compte dans le paysage politique actuel.

L'exploitation agroforestière ayant traditionnellement joué un rôle important dans et pour notre pays, et étant donné qu'elle occupe aujourd'hui encore 8 % environ des surfaces agricoles, cela se reflète dans la politique agraire suisse. Au départ, les systèmes agroforestiers traditionnels ont été soutenus en raison de leur intérêt écologique pour la flore et la faune, mais aussi en raison de leur valeur traditionnelle pour le paysage et la société. Depuis l'instauration, en 1993, du système de paiements directs, les exploitations agricoles ont ainsi pu demander une aide financière pour la conservation et l'entretien des arbres haute-tige. Ultérieurement, ce soutien financier a été étendu aux pâturages boisés et aux châtaigneraies. Les systèmes agroforestiers remplissent en effet l'un des objectifs principaux des paiements directs : rendre la production agricole plus écologique et soutenir les éléments moins attractifs sur le plan économique mais importants pour la nature et la société. L'avantage majeur pour les exploitations est qu'elles peuvent obtenir une contribution annuelle d'entretien par arbre pour les fruitiers haute-tige de plein vent, p. ex. Ces paiements ont donc été bien accueillis par les exploitants et exploitantes. Les paiements directs ont permis, au moins en partie, de compenser la perte de poids économique des systèmes agroforestiers en termes de produits commercialisables et d'indemniser leur intérêt pour l'environnement.

Les systèmes agroforestiers modernes qui ont vu le jour depuis les années 2000 sont d'abord venus s'intégrer dans le cadre juridique et les instruments de promotion existants pour les systèmes traditionnels. Voilà pourquoi les systèmes modernes aménagés en Suisse ont surtout fait la part belle aux arbres haute-tige, principalement les noyers et les fruitiers, car les mesures d'encouragement se limitent aux fruitiers (y compris sauvages), noyers et châtaigniers. Cependant, les systèmes agroforestiers modernes ne sont pas seulement créés dans un but de promotion de la biodiversité et du paysage : l'exploitation productive et la protection des sols et de l'eau sont aussi des motivations importantes pour les exploitant·es. Par conséquent, ça et là, d'autres espèces d'arbres ont été plantées, notamment des feuillus précieux (p. ex. érable, bouleau de Carélie) ou des fixateurs d'azote (p. ex. aulne commun). Les systèmes modernes intégrant ces espèces ne sont pas soutenus par des contributions à la biodiversité et sont donc le plus souvent mis en place par des exploitant·es qui veulent être libres d'aménager leur système comme bon leur semble. Au fil des années, les systèmes agroforestiers ont continué à se développer et sont de plus en plus confrontés aux limites du système de paiements directs.

À l'heure actuelle, on ne plante plus seulement des systèmes agroforestiers avec les fruitiers (sauvages) et noyers classiques ; d'autres espèces de feuillus trouvent de plus en plus leur place dans les champs. Les systèmes eux-mêmes deviennent plus diversifiés : de plus en plus de haies sont plantées comme sources de nourriture pour les brouteurs, ou comme protection contre les conditions météorologiques et les prédateurs des volailles. De plus en plus d'arbres trouvent aussi leur place dans les vignobles. Les systèmes agroforestiers en exploitation sont donc bien plus variés que la politique actuelle ne l'envisage.

Il est dès lors évident que mettre l'accent uniquement sur la biodiversité et le paysage ne répond plus que partiellement à la réalité des systèmes agroforestiers modernes. Ces systèmes sont des auxiliaires du climat et contribuent à protéger des ressources comme le sol, l'eau et l'air. Dans ce contexte, ils sont de plus en plus souvent évoqués dans le cadre de la politique climatique et trouvent peu à peu une place dans l'agriculture comme facteurs actifs de réduction du carbone et mesures productives d'adaptation au climat. Dans la stratégie suisse pour le climat de 2023 par exemple – qui entend atteindre l'objectif zéro émission à l'horizon 2050 grâce, entre autres, aux efforts communs des secteurs agricole et agroalimentaire –, les systèmes agroforestiers figurent parmi les mesures de protection du climat et des ressources visées à partir de 2030. Il ne s'agit pas seulement de soutenir financièrement ces systèmes, mais aussi de créer un cadre juridique solide et de clarifier leurs limites. Car l'intégration de plusieurs types d'utilisations du sol sur une même parcelle favorise certes les synergies mais se heurte aussi à des limites administratives.

Cela transparaît notamment dans la loi sur les forêts. Si, autrefois, les animaux étaient conduits en forêt pour y pâturer, cette pratique est aujourd'hui interdite. En 1887, le pâturage était encore cité parmi les utilisations secondaires de la forêt dans les documents officiels. L'engraissement des porcs, en particulier, était une activité importante dans les localités proches des bois. Et les pâturages boisés ou « Wytweiden » étaient souvent utilisés pour faire paître les vaches ou les chevaux. Mais à cause d'un pâturage trop intensif, les forêts se sont appauvries de plus en plus, empêchant leur rajeunissement naturel, car les animaux mangeaient les jeunes arbres avant qu'ils ne deviennent véritablement des arbres. En conséquence, le pâturage en forêt a été interdit dans la nouvelle loi sur les forêts de

1902. De nos jours, seuls les Wytweiden du Jura sont encore autorisés. Ils sont à la fois soutenus par des paiements directs et évoqués dans la loi sur les forêts. De telles synergies entre agriculture et sylviculture sont sûrement appelées à se développer à l'avenir. Plusieurs cantons sont sur le point de fixer des « limites forestières statiques » ou l'ont déjà fait. Ces limites fixes doivent empêcher que la forêt ne s'étende davantage au détriment de l'agriculture. Elles visent aussi à empêcher que des parcelles agroforestières ne soient, à long terme, légalement classées comme forêts et ne perdent le statut de surfaces agricoles, et par conséquent, les paiements directs réservés à l'agriculture.

Groupement d'intérêts Agroforst / plateforme agroforesterie romande

Créé en 2011, l'IG (groupement d'intérêts) Agroforst Suisse (www.agroforst.ch) encourage les échanges entre les acteurs de terrain, les services de conseil et la recherche. Son équivalent pour la Suisse occidentale est la plateforme romande d'agroforesterie (www.agroforesterie.ch) créée en 2017. Agridea, le centre de conseil pour l'agriculture des services cantonaux, chapeaute les deux réseaux. Il apporte un soutien technique en collaboration avec Agroscope et la Haute école des sciences appliquées de Zurich (ZHAW).

L'IG Agroforst et la plateforme romande d'agroforesterie communiquent régulièrement par le biais d'une newsletter, organisent des cours et des formations de perfectionnement pour les acteurs de terrain et l'administration et œuvrent à promouvoir l'agroforesterie à l'échelon fédéral. L'IG Agroforst s'investit notamment pour que :

- les systèmes agroforestiers traditionnels continuent à être encouragés grâce aux contributions à la biodiversité et à la qualité du paysage ;
- les systèmes agroforestiers modernes soient encouragés de telle sorte que les exploitant·es disposent de plus de liberté et de possibilités d'aménagement, mais aussi afin que les nombreux services rendus en termes de protection des ressources soient compensés financièrement.

Pour que l'agroforesterie moderne puisse assurer ces services de manière non négligeable, et permette p. ex. de stocker des quantités appréciables de carbone, elle doit « sortir de sa niche ». Aujourd'hui, l'aménagement de systèmes agroforestiers est surtout l'œuvre de pionniers et de pionnières. Ces systèmes agroforestiers doivent devenir « mainstream » afin de contribuer de manière quantifiable à la réalisation des objectifs environnementaux dans l'agriculture.

La situation est différente pour les haies, bosquets champêtres et berges boisées. Que ce soit en bordure de champ, le long d'un cours d'eau ou au milieu d'un village, les haies, bosquets champêtres et berges boisées ont une chose en commun : ils constituent des éléments structurels attractifs dans le paysage, offrent un habitat à de nombreux animaux et végétaux et ont souvent un statut protégé.

Il y a donc un risque de conflit d'intérêt entre la promotion de la biodiversité et l'utilisation comme haie fourragère, si bien que les décisions doivent être prises au cas par cas.

Comme le montrent ces explications, le cadre juridique qui régit les systèmes agroforestiers modernes n'est pas toujours clair et laisse parfois la place à certaines incertitudes. À l'avenir, toutes les parties concernées – administrations, décideurs politiques, chercheurs·euses et exploitant·es – devront s'efforcer de trouver des solutions acceptables pour tous. Les premiers pas ont été faits ; d'autres doivent suivre.

10.2 Cadre d'aménagement du territoire

La décision d'aménager un nouveau système agroforestier et de savoir quel système convient à l'exploitation et aux surfaces disponibles revient d'abord au chef ou à la cheffe d'exploitation. Celui-ci ou celle-ci doit toutefois tenir compte du contexte régional général. Plus particulièrement, il convient de ne pas perdre de vue les objectifs environnementaux pour l'agriculture suisse, qui visent à protéger l'eau, le sol et le climat et à préserver le paysage cultivé et la biodiversité. La question de savoir dans quelles régions du pays en priorité les systèmes agroforestiers peuvent contribuer à atteindre ces objectifs trouve sa réponse dans une carte interactive des déficits environnementaux établie pour la Suisse (L'agroforesterie au service du climat (admin.ch)). Cette carte peut donner une indication des zones où les besoins sont particulièrement élevés au niveau national. Ces recommandations doivent ensuite bien sûr être contrôlées directement sur place, où les données sont généralement plus précises.

Il faut également s'interroger sur les systèmes agroforestiers adaptés à chaque site. Il y a deux manières d'obtenir la réponse à cette question. Soit à l'aide d'une analyse à grande échelle du climat, du sol et de la topographie afin d'identifier les régions dans lesquelles les espèces agroforestières ne se contentent pas de « survivre » mais pourront avoir une croissance productive. Soit en se fiant à l'expérience des expert·es et dépositaires locaux des connaissances dans ce domaine. En superposant les « cartes des déficits » (« Où a-t-on besoin de systèmes agroforestiers ? ») et celles de l'aménagement potentiel de différents systèmes agroforestiers, on obtient un certain nombre de régions cibles (ou « target regions ») pour la promotion de l'agroforesterie par l'administration et les services de conseil. Pour la Suisse, on considère qu'il serait possible de compenser jusqu'à 13 % des émissions de gaz à effet de serre du secteur agricole si 13,3 % des surfaces agricoles présentant les plus grands déficits environnementaux étaient convertis en systèmes agroforestiers.

10.3 Promotion des systèmes agroforestiers

En dehors des paiements directs versés dans l'agriculture, l'aménagement et l'entretien des systèmes agroforestiers bénéficient parfois d'un soutien financier au niveau cantonal. Certains cantons ont en effet déjà inclus ces systèmes dans leurs stratégies environnementales et climatiques. Les exploitant·es reçoivent ainsi un soutien à l'aménagement de systèmes agroforestiers modernes dans le cadre d'initiatives comme « Klimaneutralen Landwirtschaft Graubünden » dans le canton des Grisons, « Entwicklungsschwerpunkt Klima » dans le canton d'Argovie, le « plan climatique cantonal » du canton de Fribourg et le projet ressource « Agro4esterie » dans les cantons de Vaud, du Jura, de Neuchâtel et de Genève. Parallèlement, l'association professionnelle IP Suisse a intégré les systèmes agroforestiers dans son système de points pour la protection du climat et Bio Suisse mise sur l'agroforesterie comme mesure de réduction des gaz à effet de serre dans son objectif zéro émissions nettes dans l'agriculture biologique à l'horizon 2040. Le Fonds Suisse pour le Paysage (FSP) a aussi lancé un système d'encouragement, car les surfaces agroforestières contribuent à la revalorisation esthétique du paysage cultivé. Le secteur privé n'est pas en reste : entre 2018 et 2021, Coop disposait d'un programme de subvention de l'agroforesterie, Hochstamm Suisse a un plan climat depuis 2020 et SilvoCultura et la fondation MyClimate proposent un programme régional de protection du climat qui finance l'agroforesterie depuis 2022. Toutes ces initiatives privées soutiennent les entreprises agricoles intéressées par une contribution à la plantation d'arbres.

Cette liste donne un aperçu des aides possibles et témoigne de leur diversité. Pour les directives et les programmes de promotion actuels, renseignez-vous auprès des interlocuteur·trices de l'IG Agroforst ou de la plateforme romande pour l'agroforesterie, ou auprès des services de conseils cantonaux.

Liens utiles

www.agroforst.ch
www.agroforesterie.ch

Produire tout en prenand soin de nos paysages grâce à l'agroforesterie : l'approche du Fonds Suisse pour le Paysage (FSP)

Le FSP, en tant qu'instrument de la Confédération dédié à la sauvegarde du paysage, a développé 3 critères spécifiques servant de boussole pour concevoir des projets en agroforesterie tout en contribuant à la sauvegarde des paysages ruraux.

Faire réapparaître des arbres fruitiers parfumés au sein de champs et cultures monotones pour retrouver les paysages bucoliques d'antan ? Cette représentation de l'espace rural, liée à sa fonction de loisir et à son rôle identitaire, peut sembler naïve et peu préoccupée par la production alimentaire ou l'agronomie. Le paysage a en effet une forte dimension socialement construite, subjective.

La perception du paysage est en effet filtrée par notre individualité émotionnelle, culturelle ou professionnelle. Les perceptions analogues peuvent être catégorisées en groupes construisant, voire défendant une position paysagère. Le paysage apparaît alors comme défini par les besoins et opportunités d'usage ou de pratiques, et structuré par des valeurs façonnant un discours ou une représentation picturale.

La salle du Conseil des États est ornée de la fresque d'Albert Welti représentant une *Landesgemeinde*, symbole de la démocratie. Or, elle semble dépeindre un pré rehaussé d'arbres, soit une forme d'agroforesterie. Un lien entre ruralité et politique transparaît ainsi déjà. Ce lieu d'exercice de la politique fédérale choisit comme symbole de stabilité une ruralité où l'arbre semble offrir accueil et protection.

C'est là que le Fonds Suisse pour le Paysage (FSP) vit le jour en 1991, année du 700e anniversaire de la Confédération. On institua ce fonds pour la sauvegarde du paysage rural traditionnel. La représentation paysagère émanant de cette mission légale semble offrir à l'arbre une place privilégiée, fondamentale de ce paysage à sauvegarder pour l'identité nationale. De fait, les bocages, pâturages boisés et arbres isolés, soit autant de formes agroforestières, construisent la trame du *berceau de la Confédération* de Charles Giron décorant la salle du Conseil National.

Le Parlement décida que cette image d'Épinal doit être sauvegardée. Mais comment redessiner, a fortiori sur le Plateau, les arbres campagnards de ces tableaux de la ruralité traditionnelle qui sont effacés par les développements des 100 dernières années ?

L'agroforesterie « moderne », conçue selon les contraintes actuelles, est une approche paysagère multifonctionnelle permettant de redécouvrir le rôle agronomique des arbres. Chemin faisant, une partie du sentiment positif lié à ces formations paysagères historique renaît peut-être. La force de l'agroforesterie réside dans sa capacité à résoudre les conflits d'intérêts entre les représentations paysagères : plus besoin de choisir entre production, esthétique ou agroécologie, car toutes peuvent vivre ensemble.

Ceci est l'hypothèse vérifiée avec succès par le programme de soutien « Focus FSP Agroforesterie», où trois facteurs de succès ont été définis pour atteindre ce but :

- **S'inspirer des paysages historiques locaux** : favorise un sentiment identitaire (bien-être) et valorise le capital de connaissances empiriques accumulées par les anciennes populations rurales qui optimisèrent leurs pratiques paysagères en termes de production alimentaire, de microclimat ou de matériaux de construction.
- **Favoriser la (bio)diversité** : la résilience peut être définie par la redondance des éléments fonctionnels au sein d'un agroécosystème. Or, la diversité des cultures, essences et structures, toujours à définir en fonction des objectifs et ressources du projet, est non seulement garante d'une plus haute biodiversité mais également d'une stabilité de production face aux fluctuations externes.
- **Viser la durabilité** : les projets agroforestiers sont à concevoir en fonction des ressources disponibles (fertilité endogène du sol, ressources hydriques, accès, personnel, matériel ou machines) afin qu'ils complètent raisonnablement l'exploitation agricole devant en assurer l'exploitation à long terme.

Bibliographie

Achermann, Gregor, Julian Helfenstein, Chinwe Ifejika Speranza et Felix Herzog. Drei Visionen im Realitäts-Check: Avenir Suisse, Bauernverband, Landwirtschaft mit Zukunft, 2023. https://doi.org/10.34776/AFS14-130.

Office fédéral de l'agriculture OFAG, Office fédéral de la sécurité alimentaire et des affaires vétérinaires OSAV et Office fédéral de l'environnement OFEV. Stratégie Climat pour l'agriculture et l'alimentation 2050 – Partie 1 : principes, objectifs et lignes stratégiques, 2023.

———. Stratégie Climat pour l'agriculture et l'alimentation 2050 – Partie 2 : Plan d'action, 2023.

Office fédéral de l'environnement OFEV et Office fédéral de l'agriculture OFAG. Objectifs environnementaux pour l'agriculture, 2008.

———. Objectifs environnementaux pour l'agriculture, Rapport d'état 2016, 2016. https://www.bafu.admin.ch/fr/publication?id=4NDAOruAj2bF.

Loi fédérale sur les forêts (Loi sur les forêts). Consultée le 7 février 2024. https://www.fedlex.admin.ch/eli/cc/1992/2521_2521_2521/fr.

Buttler et al. Conservation des pâturages boisés du Jura: défis climatiques et agro-politiques. *Recherche agronomique suisse,* 1er juillet 2012. https://www.agrarforschungschweiz.ch/fr/2012/07/conservation-des-paturages-boises-du-juradefis-climatiques-et-agro-politiques/.

Herzog, Felix, Erich Szerencsits, José Roces-Diaz et Sonja Kay. AGROFORESTRY IN SWITZERLAND A NON-CAP EUROPEAN COUNTRY. In *4th EURAF Conference,* 74–77, 2018. https://euraf.isa.utl.pt/conferences/IVEURAFConference_2018_nijmegen.

Kay, Sonja, Mareike Jäger et Felix Herzog. Protection des ressources grâce aux systèmes agroforestiers adaptés aux régions. *Recherche agronomique suisse,* 2019.

Kay, Sonja, Carlo Rega, Gerardo Moreno, Michael Den Herder, João H.N. Palma, Robert Borek, Josep Crous-Duran, et. al. Agroforestry Creates Carbon Sinks Whilst Enhancing the Environment in Agricultural Landscapes in Europe. *Land Use Policy* 83 (avril 2019): 581–93. https://doi.org/10.1016/j.landusepol.2019.02.025.

Reisner, Y., R. De Filippi, F. Herzog et J. Palma. Target Regions for Silvoarable Agroforestry in Europe. *Ecological Engineering* 29, N° 4 (avril 2007): 401–18. https://doi.org/10.1016/j.eco-leng.2006.09.020.

Stuber, Martin et Matthias Bürgi. Agrarische Waldnutzungen in Der Schweiz 1800–1950. Waldweide, Waldheu, Nadel- Und Laubfutter. *Schweizerische Zeitschrift Fur Forstwesen* 169, N° S1 (1er janvier 2018): 1–24. https://doi.org/10.3188/szf.2018.s0001.

11 L'agroforesterie en Suisse - quelles perspectives ?

11.1 Point sur l'évolution des systèmes agroforestiers dans la recherche et la pratique

Cet ouvrage décrit plusieurs exemples de systèmes agroforestiers modernes apparus en Suisse ces dernières années. Ils frappent par leur grande diversité, aucun système n'étant exactement identique à un autre. Les exploitant·es ont élaboré des solutions individuelles, propres à leur exploitation et reflets de leurs préférences personnelles. C'est à la fois une force et une faiblesse de l'agroforesterie. Une force, parce qu'il existe tellement de possibilités de combiner ligneux, sous-cultures et/ou élevage qu'il est toujours possible de trouver des solutions adaptées à sa propre entreprise agricole, à la parcelle concernée et au concept d'exploitation. Mais c'est aussi une faiblesse, parce qu'il est beaucoup plus difficile de donner des recommandations et des « recettes » générales que cela ne l'est pour les grandes cultures ou pour la culture fruitière intensive, par exemple. C'est pourquoi chaque entreprise agricole doit être conseillée au cas par cas et chaque projet d'agroforesterie doit être développé en étroite collaboration avec l'exploitant·e.

Figure 1 : La poursuite du développement des systèmes agroforestiers exige d'explorer différentes pistes. Ici, une population croisée composite (CCP) de blé d'hiver. (Source : Christina den Hond-Vaccaro)

11.2 Apports de la recherche

Depuis des années, des chercheurs et chercheuses suisses montrent un intérêt croissant pour l'agroforesterie. Cela dit, le développement des systèmes agroforestiers dans notre pays a surtout progressé grâce aux exploitants et exploitantes qui, de leur propre initiative et à leurs propres risques, ont cherché des moyens d'intégrer des arbres dans leurs surfaces cultivées. Les chercheurs et chercheuses accompagnent ces entreprises depuis la plantation et ont mis en place un suivi continu. Le projet Agro4esterie (www. agridea.ch/fr/page/projet-agroforesterie) actuellement mené en Suisse occidentale s'inscrit dans cette démarche. De même, dans nos pays voisins, ce sont essentiellement les producteurs·trices qui testent l'agroforesterie et permettent ainsi d'élargir les connaissances. Plusieurs projets de recherche européens ont toutefois contribué à synthétiser et développer l'expertise disponible. Ces projets se sont, eux aussi, appuyés sur les exploitations déjà engagées dans la démarche, mais ont également essayé de cerner différents aspects du développement futur des systèmes agroforestiers à l'aide de modèles : évolution des rendements agricoles,

Figure 2 : Pour assurer la pérennité des systèmes agroforestiers modernes, il faut, d'une part, une volonté politique et, d'autre part, développer la recherche. En Suisse, plusieurs projets de recherche sont actuellement en cours mais la nécessité de les mener sur le long terme est un défi en soi. (Source : Mareike Jäger, Felix Herzog, Christina den Hond-Vaccaro)

croissance des arbres, services écosystémiques (séquestration du carbone, protection du sol et de l'eau, etc.) et même rentabilité. Ils ont également évalué dans quelles régions l'agroforesterie devrait être particulièrement encouragée et les avantages et inconvénients qui en résulteraient en termes de production de denrées alimentaires, de production de biomasse et de services environnementaux. Le projet « vergers novateurs », p. ex., s'est intéressé à la rentabilité et à l'acceptation de l'agroforesterie en Suisse et a donné lieu à la rédaction de fiches.

Les arbres ont besoin de temps pour pousser et la recherche sur les systèmes agroforestiers doit donc aussi s'inscrire dans la durée. Pour l'instant, elle peine à suivre le rythme de l'intérêt toujours croissant pour des résultats fiables, sur lesquels fonder des recommandations. Très peu d'expériences agroforestières ont été mises en place selon des critères scientifiques, autrement dit avec un protocole prévoyant des répétitions (plusieurs parcelles utilisant le même procédé) et des parcelles témoins (collecte de données dans des surfaces comparables sans système agroforestier). Cela s'explique en partie par la durée impliquée par ces essais, qui doivent être accompagnés sur des dizaines d'années si l'on veut couvrir tout le cycle de vie du système : de la plantation des arbres à leur récolte. Mais cela s'explique aussi par le fait qu'il faut inévitablement se limiter à certains types de systèmes (espèces d'arbres, schéma de plantation, sous-strate) et qu'il est impossible de faire justice à toute la palette de systèmes possibles. Dans l'alternative, on essaie donc de simuler le développement des systèmes agroforestiers à l'aide de modèles mathématiques. Ils ont l'avantage de permettre de tester et de comparer beaucoup plus de variantes, que ce soit au niveau du schéma de plantation ou de l'exploitation des systèmes. Toutefois, ces modèles doivent être paramétrés et, pour cela, il faut d'abord disposer d'ensembles de données empiriques recueillies sur le long terme.

Le temps exigé par les expériences d'agroforesterie rend la coopération européenne d'autant plus indispensable. Une telle coopération permet de partager les connaissances, d'échanger les expériences et d'en faire profiter les agriculteurs·trices suisses. Parallèlement, le savoir empirique accumulé par les pionniers et pionnières de l'agroforesterie sur leurs parcelles mérite d'être exploité et largement partagé. Si les divers projets de recherche apportent donc une contribution essentielle, l'IG Agroforst, de son côté, s'efforce d'encourager les échanges d'expériences entre les premiers à s'être lancés dans l'aventure, ainsi qu'avec toutes les parties intéressées (www.agroforst.ch).

11.3 Agroforesterie et changement environnemental global

Ces dernières décennies, on observe plusieurs tendances dans les systèmes agricoles : spécialisation accrue, simplification, plus grandes unités (exploitations, parcelles, nombre d'animaux, etc.). Les systèmes agroforestiers ne s'inscrivent pas dans cette tendance, bien au contraire : ils ramènent plus de complexité dans les exploitations et dans les champs.

Il y a de nombreuses bonnes raisons à cela, comme nous l'avons déjà largement expliqué. Mais les systèmes agroforestiers parviendront-ils à s'imposer ?

C'est là que le génie agricole peut jouer un rôle central. Il visait jusqu'ici principalement à alléger la pénibilité du travail, au champ ou à l'étable, et à utiliser plus efficacement la main d'œuvre humaine. Personne ne sait vraiment ce que nous réserve l'avenir : utilisera-t-on des machines encore plus grosses et plus efficaces ou de petits robots autonomes nous ouvriront-ils de toutes nouvelles possibilités ? Des systèmes pilotés par l'IA et bourrés de capteurs pourront-ils exploiter des agroécosystèmes complexes ? Les progrès de l'agriculture de précision semblent aller dans ce sens et le nombre de brevets annoncés dans ce domaine a augmenté spectaculairement. Mais nous devons adapter les machines et les technologies aux agroécosystèmes, et non l'inverse. Les systèmes agroforestiers modernes tels que les cultures en couloirs – avec leurs rangées d'arbres sur des terres arables – peuvent d'ailleurs être travaillés avec les machines utilisées aujourd'hui dans la plupart des exploitations agricoles.

Au bout du compte, le facteur déterminant, la force motrice, c'est le changement climatique, qui pose divers défis à l'agriculture de notre pays. Il peut avoir des répercussions positives : l'élévation du taux de CO_2 dans l'atmosphère augmente les rendements, la période de végétation s'allonge et le réchauffement permet de nouvelles cultures autrefois impossibles dans un climat plus froid. D'un autre côté, nous devons nous attendre à une augmentation des vagues de chaleur, de la sécheresse estivale et des fortes précipitations. Jusqu'ici, l'ombre des arbres des systèmes agroforestiers était plutôt vue comme un inconvénient, car elle affectait la croissance des cultures intercalaires. À l'avenir, l'ombre pourrait se muer en avantage, en atténuant les températures extrêmes et en réduisant l'évapotranspiration des cultures intercalaires. Pour renforcer ce bénéfice potentiel, la production et la sélection des végétaux doivent explorer de nouvelles voies. Jusqu'ici, la tolérance à l'ombre n'était pas un objectif de sélection des grandes cultures et des plantes fourragères. De nouvelles variétés donnant un rendement identique avec moins de lumière pourraient améliorer le bilan global des systèmes agroforestiers. De même, la culture de mélanges de variétés, ou même d'espèces capables de s'adapter plus facilement aux conditions climatiques, doit être testée (dans les systèmes agroforestiers, mais pas seulement). Dans ce type de mélanges en effet, une partie des végétaux supporteront mieux les conditions climatiques d'une année donnée. D'où des rendements plus stables même si pas forcément optimaux. Là encore, l'existence de solutions techniques pour la récolte et la séparation des produits récoltés joue un rôle capital.

Il faut en outre augmenter la production d'énergie et de biomasse dans les paysages ouverts et les systèmes agroforestiers peuvent y contribuer. La biomasse du système agroforestier peut être utilisée comme combustible ou pour produire du « biochar », qui sera utilisé comme amendement. L'espace entre deux arbres peut être comblé par des ligneux à croissance rapide, comme le noisetier ou le saule, et la matière issue de la taille des arbres peut également servir à la production de biomasse.

L'avenir exige de donner une plus grande place aux systèmes de culture qui privilégient une approche intégrative, et de dépasser la division très sectorielle entre surfaces productives et surfaces écologiques qui a primé jusqu'ici. La Suisse dispose de trop peu de superficie pour rester dans cette optique alors que la pression ne cesse de croître, notamment sous l'effet de l'extension des zones habitées.

11.4 Évolution future du cadre politique et juridique

L'agroforesterie connaît un certain boom depuis quelques années. Le secteur agricole comme la population ont davantage conscience que, pour avoir un système alimentaire durable, il faut trouver de nouvelles solutions. Pour répondre aux attentes, l'agriculture doit réduire son impact sur le climat, et préserver les ressources tout en préservant voire en augmentant sa productivité. Les opportunités d'aller dans cette direction ne sont pas si nombreuses. L'agroforesterie est l'un des rares systèmes de culture capables de répondre à ces multiples exigences. Les responsables politiques et l'administration ont reconnu le potentiel des systèmes agroforestiers en tant que systèmes productifs à même de rendre plus de services écosystémiques. Pourtant, l'administration agricole n'a toujours pas réussi à « assimiler » le modèle de l'agroforesterie moderne. Il y a beaucoup de bons arguments pour compenser (aussi) financièrement les contributions des systèmes agroforestiers à la protection des ressources (protection du sol et de l'eau, séquestration du carbone, diversification des habitats et des espèces). Les chercheurs et chercheuses suisses de l'IG Agroforst ont démontré que les systèmes agroforestiers sont plus rentables que l'agriculture conventionnelle une fois qu'on monétise et qu'on fait le bilan des coûts et des services environnementaux. Pourtant, en Suisse comme dans les pays voisins, l'administration a du mal à intégrer les systèmes agroforestiers dans ses programmes de soutien, de manière à créer une incitation financière. L'important, dans cette optique, est que :

- les bandes de ligneux continuent d'être considérées comme surface agricole utile et que les paiements à la surface soient préservés ;
- la loi garantisse que les arbres pourront être récoltés, ou supprimés et non remplacés ;
- l'on trouve des possibilités de soutenir les investissements de départ ;
- l'on garantisse que la planification d'un projet d'agroforesterie soit accompagnée par des conseiller·ères qualifié·es.

Un grand nombre de projets d'agroforesterie en Suisse sont actuellement subventionnés en tant que surfaces de promotion de la biodiversité (SPB). Ceci est possible parce que la promotion des fruitiers haute-tige de plein vent se fait uniquement sur la base des espèces d'arbres et d'un certain nombre de critères (p. ex. hauteur minimale) mais ne donne aucune indication sur la sous-strate. Les alignements d'arbres aménagés sur des surfaces arables peuvent donc être déclarés comme SPB (et répondre aux différents niveaux de qualité). Néanmoins, ce cadre de soutien crée aussi une certaine rigidité, car de nombreuses espèces intéressantes en agroforesterie ne permettent par de recevoir des aides. Les contributions à la biodiversité destinées aux systèmes agroforestiers traditionnels sont justifiées par les services liés à la biodiversité et aux paysages et doivent impérativement être maintenues. Sans ces paiements, les vergers haute-tige de plein vent, les pâturages boisés et les châtaigneraies ne seraient absolument pas rentables. Si ces contributions disparaissaient, la plupart des exploitant·es ne feraient certes pas immédiatement abattre ces arbres, mais ils ne pourraient plus tous les entretenir et ne remplaceraient plus les arbres qui dépérissent. Les contributions à la biodiversité et à la qualité du paysage ont contribué à maintenir ces systèmes et, ce faisant, à préserver le paysage et les habitats de nombreux végétaux et animaux.

Les systèmes agroforestiers modernes décrits dans le présent ouvrage, par contre, doivent devenir des systèmes de culture attractifs sur le plan économique. Ils ne doivent pas être soumis aux exigences spécifiques à respecter pour la promotion de la biodiversité mais offrir une plus grande marge de manœuvre aux agriculteurs et agricultrices afin qu'ils et elles puissent aménager un système productif rentable et adapté à leur exploitation. C'est d'ailleurs de la sorte que beaucoup de pionniers et pionnières de l'agroforesterie ont procédé jusqu'ici. Certain·es ont même sciemment renoncé aux paiements directs pour pouvoir réaliser leur projet comme ils et elles l'entendaient. C'est bien sûr une bonne chose, et conforme à la notion de systèmes agroforestiers modernes, mais, dans ces conditions, seule une minorité d'exploitant·es osera se lancer dans cette voie et l'agroforesterie risque de rester un secteur de niche.

Les systèmes agroforestiers modernes ont pourtant le potentiel d'être mis en œuvre par un plus grand nombre d'exploitant·es, car ils peuvent s'intégrer dans des structures déjà existantes et sont compatibles avec les techniques agricoles modernes. Il est souhaitable que les systèmes agroforestiers trouvent un écho plus large, car c'est le seul moyen pour que leurs services écosystémiques aient un réel impact pour l'ensemble du secteur agricole. Si 13 % de la surface agricole utile était dédiée à l'agroforesterie, on pourrait compenser jusqu'à 13 % des émissions de gaz à effet de serre du secteur agricole suisse en stockant le carbone dans les arbres et dans le sol. Mais cela ne pourra se faire que si ces capacités de compensation sont rétribuées financièrement, au même titre que les autres services environnementaux rendus par les systèmes agroforestiers.

11.5 Conclusion

Les systèmes agroforestiers offrent une multitude de possibilités d'associer les ligneux, les plantes cultivées et les animaux d'élevage et, en conséquence, représentent de nombreux défis et de nombreuses opportunités pour le secteur agricole et les exploitant·es. Le présent ouvrage est une tentative de mettre en lumière les interactions agroécologiques des systèmes agroforestiers sous leurs diverses facettes, ainsi que les schémas d'aménagement et méthodes d'exploitation possibles. Avec une compréhension globale et concrète, des conseils solides, des échanges d'expériences et l'expérience personnelle acquise dans la pratique, la vision d'une agriculture suisse plus durable, plus résiliente et plus riche en espèces peut, petit à petit, devenir une réalité.

Bibliographie

Achermann, G., Helfenstein, J., Speranza, C. I., & Herzog, F. (2023). *Drei Visionen im Realitäts-Check: Avenir Suisse, Bauernverband, Landwirtschaft mit Zukunft.* https://doi.org/10.34776/AFS14-130

Atlin, G. N., & Frey, K. J. (1989). Breeding crop varieties for low-input agriculture. *American Journal of Alternative Agriculture, 4*(2), 53–58. https://doi.org/10.1017/S0889189300002721

Daum, T. (2021). Farm robots: ecological utopia or dystopia? *Trends in Ecology & Evolution, 36*(9), 774–777. https://doi.org/10.1016/j.tree.2021.06.002

Döring, T. F., Annicchiarico, P., Clarke, S., Haigh, Z., Jones, H. E., Pearce, H., Snape, J., Zhan, J., & Wolfe, M. S. (2015). Comparative analysis of performance and stability among composite cross populations, variety mixtures and pure lines of winter wheat in organic and conventional cropping systems. *Field Crops Research, 183,* 235–245. https://doi.org/10.1016/j.fcr.2015.08.009

Döring, T. F., Knapp, S., Kovacs, G., Murphy, K., & Wolfe, M. S. (2011). Evolutionary Plant Breeding in Cereals—Into a New Era. *Sustainability, 3*(10), 1944–1971. https://doi.org/10.3390/su3101944

Fagerholm, N., Torralba, M., Moreno, G., Girardello, M., Herzog, F., Aviron, S., Burgess, P., Crous-Duran, J., Ferreiro-Domínguez, N., Graves, A., Hartel, T., Măcicăsan, V., Kay, S., Pantera, A., Varga, A., & Plieninger, T. (2019). Cross-site analysis of perceived ecosystem service benefits in multifunctional landscapes. *Global Environmental Change, 56,* 134–147. https://doi.org/10.1016/j.glo-envcha.2019.04.002

Graves, A. R., Burgess, P. J., Palma, J. H. N., Herzog, F., Moreno, G., Bertomeu, M., Dupraz, C., Liagre, F., Keesman, K., Van Der Werf, W., De Nooy, A. K., & Van Den Briel, J. P. (2007). Development and application of bio-economic modelling to compare silvoarable, arable, and forestry systems in three European countries. *Ecological Engineering, 29*(4), 434–449. https://doi.org/10.1016/j.ecoleng.2006.09.018

Graves, A. R., Burgess, P. J., Palma, J., Keesman, K. J., Van Der Werf, W., Dupraz, C., Van Keulen, H., Herzog, F., & Mayus, M. (2010). Implementation and calibration of the parameter-sparse Yield-SAFE model to predict production and land equivalent ratio in mixed tree and crop systems under two contrasting production situations in Europe. *Ecological Modelling, 221*(13–14), 1744–1756. https://doi.org/10.1016/j.ecolmodel.2010.03.008

Helfenstein, J., Diogo, V., Bürgi, M., Verburg, P., Swart, R., Mohr, F., Debonne, N., Levers, C., & Herzog, F. (2020). Conceptualizing pathways to sustainable agricultural intensification. In *Advances in Ecological Research* (Vol. 63, pp. 161–192). Elsevier. https://doi.org/10.1016/bs.aecr.2020.08.005

Herzog, F., & Nair, P. K. R. (2021). Can temperate agroforestry systems contribute to Sustainable Intensification of agriculture? In *Agroforestry for the transition towards sustainability and bioeconomy* (pp. 150–151). EURAF – European Agroforestry Federation.

Kaeser, A., Palma, J., Sereke, F., & Herzog, F. (2010, novembre). Umweltleistungen von Agroforstwirtschaft. Die Bedeutung von Bäumen in der Landwirtschaft für Gewässer- und Bodenschutz, Klima, Biodiversität und Landschaftsbild. *ART-Bericht.* https://ira.agroscope.ch/de-CH/publication/25675

Kaeser, A., Sereke, F., Dux, D., & Herzog, F. (2011). Agroforesterie en Suisse. *Recherche agronomique Suisse, 2*(3), 128–133. https://www.agrarforschungschweiz.ch/fr/2011/03/agroforesterie-en-suisse/

Kaeser, A., Sereke, F., Dux, D., & Herzog, F. (2010, mai). Agroforesterie moderne en Suisse. Vergers novateurs: productivité et rentabilité. *Rapport ART.* https://ira.agroscope.ch/de-CH/publication/21764

Kanzler, M., Böhm, C., Mirck, J., Schmitt, D., & Veste, M. (2019). Microclimate effects on evaporation and winter wheat (Triticum aestivum L.) yield within a temperate agroforestry system. *Agroforestry Systems, 93*(5), 1821–1841. https://doi.org/10.1007/s10457-018-0289-4

Kay, S., Graves, A., Palma, J. H. N., Moreno, G., Roces-Díaz, J. V., Aviron, S., Chouvardas, D., Crous-Duran, J., Ferreiro-Domínguez, N., García De Jalón, S., Măcicăşan, V., Mosquera-Losada, M. R., Pantera, A., Santiago-Freijanes, J. J., Szerencsits, E., Torralba, M., Burgess, P. J., & Herzog, F. (2019). Agroforestry is paying off – Economic evaluation of ecosystem services in European landscapes with and without agroforestry systems. *Ecosystem Services, 36,* 100896. https://doi.org/10.1016/j.ecoser.2019.100896

Kay, S., Jäger, M., & Herzog, F. (1er septembre 2019). Protection des ressources grâce aux systèmes agroforestiers adaptés aux régions. *Recherche agronomique suisse, 10*(9), 308–315. https://www.agrarforschungschweiz.ch/fr/2019/09/protection-des-ressources-grace-aux-systemes-agroforestiers-adaptes-aux-regions/

Li, Y., Herzog, F., Levers, C., Mohr, F., Verburg, P. H., Bürgi, M., Dossche, R., & Williams, T. G. (2024). Agricultural technology as a driver of sustainable intensification: insights from the diffusion and focus of patents. *Agronomy for Sustainable Development, 44*(2), 14. https://doi.org/10.1007/s13593-024-00949-5

Reisner, Y., De Filippi, R., Herzog, F., & Palma, J. (2007). Target regions for silvoarable agroforestry in Europe. *Ecological Engineering, 29*(4), 401–418. https://doi.org/10.1016/j.ecoleng.2006.09.020

Rolo, V., Roces-Diaz, J. V., Torralba, M., Kay, S., Fagerholm, N., Aviron, S., Burgess, P., Crous-Duran, J., Ferreiro-Dominguez, N., Graves, A., Hartel, T., Mantzanas, K., Mosquera-Losada, M. R., Palma, J. H. N., Sidiropoulou, A., Szerencsits, E., Viaud, V., Herzog, F., Plieninger, T., & Moreno, G. (2021). Mixtures of forest and agroforestry alleviate trade-offs between ecosystem services in European rural landscapes. *Ecosystem Services, 50,* 101318. https://doi.org/10.1016/j.ecoser.2021.101318

Sereke, F., Dobricki, M., Wilkes, J., Kaeser, A., Graves, A. R., Szerencsits, E., & Herzog, F. (2016). Swiss farmers don't adopt agroforestry because they fear for their reputation. *Agroforestry Systems, 90*(3), 385–394. https://doi.org/10.1007/s10457-015-9861-3

Sereke, F., Graves, A. R., Dux, D., Palma, J. H. N., & Herzog, F. (2015). Innovative agroecosystem goods and services: key profitability drivers in Swiss agroforestry. *Agronomy for Sustainable Development, 35*(2), 759–770. https://doi.org/10.1007/s13593-014-0261-2

Vaccaro, C., Mascher, F., Six, J., & Schöb, C. (2023). *Performance of a winter wheat composite cross population in two temperate agroforestry systems – a case study* [Preprint]. Plant Biology. https://doi.org/10.1101/2023.02.07.527524

Vollenweider, C., Haak, A., Buhmann, K., Locher, M., Weyermann, V., Schwittek, G., Mascher, F., Finckh, M., & Weedon, O. (2021). Stability of yield and baking quality parameters of heterogeneous wheat populations. In *Tagungsband der 71. Jahrestagung der Vereinigung der Pflanzenzüchter und Saatgutkaufleute Österreichs* (Vols 3–6). Vereinigung der Pflanzenzüchter und Saatgutkaufleute Österreichs.

Mot de la fin – Le point de vue des autrices et auteurs

Nom	Pourquoi vous-êtes vous engagé·e dans l'agroforesterie ?	Quelles ereurs éviter ?	Carte blanche
Felix Herzog (Agroscope) 	Enfant déjà, j'adorais cueillir les fruits sur les énormes cerisiers de mon oncle dans la Leimental. L'agroforesterie concilie la production, la protection des ressources et, aux yeux de beaucoup de gens, le bien-être personnel.	L'agroforesterie ne doit pas être défendue comme un remède miracle. Les arbres, c'est du travail. Un travail à réserver aux exploitant·es qui aiment ça. Certains de mes cousins et cousines, par exemple, ne sont pas du tout fans de la cueillette des cerises !	Je suis partagé. D'un côté, l'agroforesterie doit « sortir de sa niche » si nous voulons stocker une quantité significative de carbone, p. ex. D'un autre côté, il n'est pas question de convaincre à tout prix et il ne faut pas non plus se lancer là-dedans juste pour les paiements directs.
Lisa Nilles (Agridea) 	J'ai grandi à la frontière luxembourgeoise, dans une exploitation mixte comptant, dans les périodes les plus fastes, jusqu'à 700 arbres fruitiers dans ses prés-vergers. Aujourd'hui, il en reste peut-être 150 malgré une surface d'exploitation beaucoup plus grande. Dans toute la région, seuls quelques groupes d'arbres ressortent encore du paysage ; bien souvent des sujets isolés infestés de gui. Je pense que, dans 10 à 15 ans, les arbres auront complètement disparu, car même les jeunes arbres nouvellement plantés sont rapidement gagnés par le gui et on n'arrive plus à suivre pour l'éliminer. En même temps, la campagne est devenue beaucoup plus silencieuse. On voit moins d'insectes ou d'oiseaux. Sans ombre, c'est aussi beaucoup moins agréable pour les bovins en été. La vitesse à laquelle les choses évoluent et les conséquences visibles sont alarmantes.	La préservation par l'exploitation est un principe qui m'a marquée. Quand quelque chose n'est plus utile, sa valeur diminue. Si je ne peux pas générer de revenus, cela devient juste un passe-temps onéreux. L'agroforesterie doit donc être rentable, que ce soit au niveau de chaque exploitation ou de la société dans son ensemble. Par ailleurs, les systèmes doivent continuer à être développés, avec des choix d'espèces et une conduite des arbres plus rationnels. Ou de nouvelles formes de coopération, p. ex. en confiant les mesures d'entretien à un réseau d'exploitant·es. De plus, l'agroforesterie exige beaucoup de connaissances ; jusqu'ici, les responsables d'exploitation doivent encore trop souvent se débrouiller pour trouver de l'information.	Il y avait des raisons historiques à la forte régression des systèmes traditionnels, tout comme il y a aujourd'hui des raisons pour que les exploitant·es misent de plus en plus sur les systèmes agroforestiers, malgré le surcroît de travail et les moindres profits. La question qui se pose est : comment mieux communiquer autour des services (environnementaux) des arbres et les « monétiser » ?

Nom	Pourquoi vous-êtes vous engagé·e dans l'agroforesterie ?	Quelles ereurs éviter ?	Carte blanche
Sonja Kay (Agroscope) 	Pendant mes études de sylviculture, j'ai appris qu'il faut commencer par planter plusieurs milliers d'arbres par hectare pour pouvoir récolter 80 précieux spécimens après une centaine d'années. Je me suis demandé pourquoi on ne plantait pas simplement 80 arbres en les entretenant bien et en exploitant autrement la surface ainsi « gagnée ». J'ai trouvé une réponse en découvrant les systèmes agroforestiers traditionnels comme les pâturages boisés et les prés-vergers.	On fera toujours des « erreurs » : elles sont source d'innovation et de super solutions. Le problème, c'est plutôt de ne rien faire.	J'aime les arbres et je pense qu'il reste encore beaucoup de marge pour augmenter le nombre de grands arbres dans notre paysage.
Mareike Jäger (Haute école des sciences appliquées de Zurich [ZHAW]) 	Ce qui me motive vraiment avec les arbres plantés sur des parcelles cultivées, c'est qu'on est en interaction avec le vivant. C'est un besoin archaïque chez l'être humain et un bien de plus en plus rare à l'ère du « tout numérique ». Pour moi, interagir avec des processus vivants, entretenir des arbres p. ex., c'est aussi une invitation à s'engager et à poursuivre sur la voie choisie. Faire grandir des arbres, c'est donc toujours aussi grandir soi-même.	Les premiers systèmes agroforestiers modernes ont été plantés en Suisse il y a env. 15 ans. Quand je compare l'état des connaissances d'alors et d'aujourd'hui, je peux dire que nous en avons appris des choses !	L'agroforesterie, c'est aussi une mission pour toute la société et une responsabilité à partager entre de nombreuses épaules. Il ne serait guère compréhensible que seule une poignée d'agricultrices et d'agriculteurs engagé·es doivent porter toute la responsabilité financière et toute la charge de travail d'une mesure de protection de l'environnement aussi importante pour toutes les générations.

Nom	Pourquoi vous-êtes vous engagé·e dans l'agroforesterie ?	Quelles ereurs éviter ?	Carte blanche
Johanna Schoop (Agridea) 	Enfant déjà, les arbres représentaient quelque chose de spécial pour moi, et c'est toujours le cas aujourd'hui. Leur seule présence et toutes les fonctions qu'ils remplissent en font un élément central de notre paysage. Je vois l'agroforesterie comme un bon moyen de mieux concilier les objectifs de production et de protection de la nature et de l'environnement. Si nous voulons produire de quoi nous nourrir sur le long terme, nous avons besoin de la biodiversité autant que de la production agricole. Sans oublier que les arbres et les arbustes jouent un rôle substantiel dans l'adaptation au changement climatique.	Comme chacun sait, nous apprenons de nos erreurs. Les exploitations innovantes qui choisissent d'aménager leurs propres systèmes agroforestiers continueront à faire des erreurs et nous en tirerons des leçons. L'important, c'est qu'elles s'engagent volontairement dans cette démarche et que les projets d'agroforesterie soient adaptés à leur concept d'exploitation. Elles sont alors plus disposées à assumer le surcroît de travail. Par ailleurs, une certaine flexibilité du cadre politique est aussi essentielle.	L'agroforesterie est un bon investissement dans l'avenir. « Celui qui plante des arbres tout en sachant qu'il ne pourra profiter de leur ombre vient de commencer à comprendre le sens de la vie. » (Rabindranath Tagore)
Christina den Hond-Vaccaro (GABRIEL) 	J'ai découvert les systèmes agroforestiers pendant mon mémoire de master en Bolivie et ça m'a fascinée. Quand je suis revenue, j'ai regardé différemment, avec un œil plus critique, les vastes étendues dépourvues d'arbres et d'arbustes qu'on trouve chez nous. L'agroforesterie est une forme beaucoup plus holistique de pratique agricole et nous en avons d'urgence besoin.	Il est possible de se lancer rapidement. La plus grande difficulté avec l'agroforesterie, c'est la nécessité de penser à long terme, qui exige une sérieuse planification, une bonne prévoyance et une certaine tolérance aux « erreurs ».	Les agriculteurs·trices ne plantent pas des arbres juste pour le plaisir. Ils et elles n'ont d'ailleurs pas à le faire. En tant que consommateurs·et consommatrices, à nous de soutenir celles et ceux qui donnent à la nature une part d'eux-mêmes.

Interlocuteurs et informations complémentaires

Pour la Suisse
www.agroforst.ch www.agroforesterie.ch

Podcast sur l'agroforesterie (en allemand)
ps://www.agroforst.ch/podcast/

Organisations partenaires en Suisse

- Institut de recherche de l'agriculture biologique (FiBL) Suisse : coordination du thème interdisciplinaire agroforesterie : https://www.fibl.org/fr/standorte/schweiz/themenkoordination/agroforesterie
- Agroscope : page thématique sur l'agroforesterie : www.agroscope.ch/agroforesterie
- Haute école des sciences appliquées de Zurich (ZHAW) : Groupe de recherche sur les systèmes agricoles régénératifs www.zhaw.ch/iunr/regenerative-landwirtschafts-systeme
- Haute école des sciences agronomiques, forestières et alimentaires HAFL : Groupe de recherche permaculture : https://www.bfh.ch/fr/recherche/domaines-de-recherche/permaculture/
- École polytechnique fédérale de Zurich (ETH Zurich) : Agroforestry : https://agroecological-transitions.ethz.ch/research/agroforestry.html
- Université de Neuchâtel : CEDD-Agro-Eco-Clim : https://www.unine.ch/recherche/cedd-agro-eco-clim

Possibles promoteurs de l'agroforesterie en Suisse

- Fonds Suisse pour le Paysage : https://fls-fsp.ch/fr/focus-agroforesterie
- MyClimate : https://www.myclimate.org/
- SilvoCultura : https://www.silvocultura.ch
- First Climate : https://www.firstclimate.com/
- Visio Permacultura : https://visio-permacultura.ch/

Organisations partenaires en Europe et ailleurs dans le monde

- Association française d'Agroforesterie (AFAF) : https://www.agroforesterie.fr/
- Deutscher Fachverband für Agroforstwirtschaft (DEFAF) : https://agroforst-info.de/
- Agroforst Österreich : https://agroforst-oesterreich.at/
- Associazione Italiana di Agroforestazione (AIAF): https://www.agroforestry.it
- European Agroforestry Federation (EURAF) : https://euraf.net/
- World Agroforestry (ICRAF) : https://www.worldagroforestry.org/

Applis en lien avec l'agroforesterie

- VRD-Agroforstwirtschaft App (en allemand) : https://agroforst-info.de/app/
- Tree-App : https://www.tree-app.ch/
- Treefiles App : https://app.landfiles.com/join/treefiles

Index

Remerciements
La publication de cet ouvrage a été rendue possible grâce au soutien financier des institutions suivantes :

Agro4esterie
Un projet d'utilisation durable des ressources au sens de l'art. 77a et 77b de la loi sur l'agriculture (LAgr, RS 910.1)

BioSuisse

Fonds Suisse pour le paysage (FSP)

1re édition, 2026

ISBN : 978-3-258-08457-2

Nous utilisons du papier certifié FSC®. FSC® assure l'exploitation des forêts selon des critères sociaux, économiques et écologiques.
Imprimé en Lettonie

La bibliothèque nationale allemande a répertorié cette publication dans la Bibliographie nationale allemande ; les données bibliographiques détaillées peuvent être consultées à l'adresse http://dnb.dnb.de.

La maison d'édition Haupt bénéficie d'un soutien de l'Office fédéral de la culture pour les années 2026–2028.

www.haupt.ch

Haupt Verlag AG
Falkenplatz 14
3012 Berne
SUISSE
herstellung@haupt.ch

Responsable dans l'UE (GPSR) :
Brockhaus Kommissionsgeschäft GmbH
Kreidlerstr. 9
70806 Kornwestheim
ALLEMAGNE
haupt@brocom.de